心智、脑与教育译丛

译丛主编◎周加仙

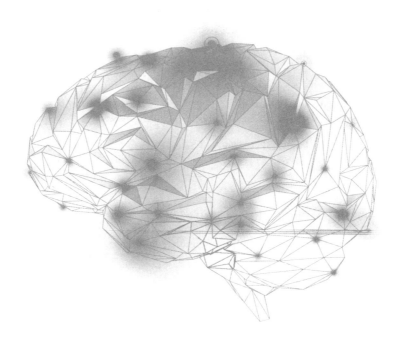

[阿根廷]安东尼奥·巴特罗
Antonio M. Battro

[法]斯坦尼斯拉斯·迪昂
Stanislas Dehaene

[德]沃尔夫·辛格
Wolf J. Singer

.... 主编

周加仙 等

.... 译

人脑的
可塑性与教育

华东师范大学出版社
·上海·

图书在版编目(CIP)数据

人脑的可塑性与教育/(阿根廷)安东尼奥·巴特罗,(法)斯坦尼斯拉斯·迪昂,(德)沃尔夫·辛格主编;周加仙等译.—上海:华东师范大学出版社,2021
(心智、脑与教育译丛)
ISBN 978 - 7 - 5760 - 1748 - 9

Ⅰ.①人… Ⅱ.①安…②斯…③沃…④周… Ⅲ.①脑科学-关系-教育科学 Ⅳ.①Q983②G40 - 056

中国版本图书馆 CIP 数据核字(2021)第 100610 号

Human Neuroplasticity and Education
Edited by Antonio M. Battro, Stanislas Dehaene, Wolf J. Singer
© Copyright 2011
Originally published by Pontifical Academy of Sciences
Simplified Chinese Translation Copyright © 2021 by East China Normal University Press Ltd.
All Rights Reserved

上海市版权局著作权合同登记　图字:09-2012-728 号

心智、脑与教育译丛

人脑的可塑性与教育

主　　编　[阿根廷]安东尼奥·巴特罗　[法]斯坦尼斯拉斯·迪昂　[德]沃尔夫·辛格
译　　者　周加仙　等
责任编辑　王丹丹
责任校对　王丽平
装帧设计　卢晓红

出版发行　华东师范大学出版社
社　　址　上海市中山北路 3663 号　邮编 200062
网　　址　www.ecnupress.com.cn
电　　话　021 - 60821666　行政传真 021 - 62572105
客服电话　021 - 62865537　门市(邮购)电话 021 - 62869887
地　　址　上海市中山北路 3663 号华东师范大学校内先锋路口
网　　店　http://hdsdcbs.tmall.com

印 刷 者　上海展强印刷有限公司
开　　本　787×1092　16 开
印　　张　14.75
字　　数　288 千字
插　　页　12
版　　次　2021 年 8 月第 1 版
印　　次　2022 年 11 月第 2 次
书　　号　ISBN 978 - 7 - 5760 - 1748 - 9
定　　价　52.00 元

出 版 人　王　焰

(如发现本版图书有印订质量问题,请寄回本社客服中心调换或电话 021 - 62865537 联系)

译丛总序

心智、脑与教育：创建教育的科学基础

库尔特·费希尔（Kurt W. Fischer）[①]，周加仙

心智、脑与教育以及教育神经科学旨在将生物科学、认知科学和发展科学联系起来，为教育奠定坚实的研究基础（Fischer 等，2007；Rodriguez，2012）。要达到这一目标，就必须在教育实践者和科学研究者之间建立合作关系，共同设计出与教育实践和政策有关的研究。传统的认知科学研究模式中，研究者在学校搜集数据、分析数据并撰写研究报告，这种研究模式忽视了教师和学生的作用，因此无法适应学科整合发展的新要求。目前亟需一种让研究者和教师合作起来的研究方式，探索对教育产生影响的知识。教育实践者能够提出有用的研究问题，形成有用的研究方案，产生有用的研究证据，从而提高学校的教育质量，提升其他教育环境中的教育实践水平。

科学研究与实践的结合有助于我们发现研究的问题，并产生 *可用的知识*（usable knowledge）。以医学为例，临床医务工作者，如外科医生和护士等，与教学医院及其他实践部门的生物学研究者合作，将研究工作与临床疾病和健康问题结合起来，在当代医学领域的研究和实践中，如干预和治疗方面，取得了重大进展。研究与实践的结合在许多领域都已经常规化了（Hinton 和 Fischer，2008）。在气象学领域，科学与实践相结合，分析气候，预测天气（如美国国家大气研究中心，http://www.ncar.ucar.edu/research/meteorology/）。雅芳和露华浓这类化妆品公司斥数亿资金研究皮肤护理、化妆和保健等问题，它们根据研究证据，并结合实践知识，生产了数以千计的产品。汽车制造业、食品加工业、农业、化学、建筑业等主要现代行业都建立在坚实的研究基础之上，而这些研究都是以实践问题为导向的，比如研究成果如何发挥作用，以及如何适用

[①] Kurt W. Fischer，哈佛大学教育研究院教授。他是"国际心智、脑与教育学会"的创始人以及学会的官方刊物《心智、脑与教育》的创刊主编。

于不同情境。芝麻街将研究与实践联结起来,提出了新的研究模型,从一开始就不断地检测项目的有效性(Lesser, 1974)。

但是教育领域却没有多少实践性的研究。没有研究的支撑,教育在某种程度上来说已经落后了。早在 1896 年,教育哲学家杜威(John Dewey)就提出建立实验学校的构想,为教学研究提供坚实的基础。但是他的远见卓识并没有受到大家的重视。教育中没有常规的基层组织来研究与评估学习和教学的有效性。露华浓和丰田公司都可以花费数亿资金研究如何提高化妆品和汽车的质量,学校怎么就能够简单地采用所谓的"最佳教育实践"而不搜集证据以弄清楚究竟什么样的教育是真正有效的呢?

由于缺乏研究基础,世界上许多政府正在建立像 PISA(国际学生评估项目;OECD, 2007a)这样的标准化测试来评估学校的学习。这些评估在确定学与教的有效性方面存在着严重的问题,一部分原因在于它们将教师和学生的意见排除在外,另一部分原因在于它们只评估了狭窄领域的技能。本田汽车公司能用竞赛的成绩来评估汽车的性能,而不管日常驾驶的速度吗? 化妆品公司能每年只对大厅里的人进行测试吗? 在学校和其他学习环境中,教育必须对学生在学校的真实表现作出评估。而这些评估应由教师、研究者和学生共同设计,用以测试哪些内容得到了有效的学习,哪些内容学生还没有掌握。丹尼尔和普尔(Daniel 和 Poole, 2009)把这类研究称为*教育生态学*(pedagogical ecology)。

一、 心智、脑与教育

20 世纪 90 年代后期,心智、脑与教育运动同时在世界上的许多地方兴起。巴黎、东京、布宜诺斯艾利斯、马萨诸塞州的剑桥市以及世界上的其他许多地方同时开展了这场运动。这场运动旨在将生物学、认知科学与教育联结起来,进而加深我们对教与学的理解。经济合作与发展组织的布鲁诺·德拉·基耶萨(Bruno della Chiesa)等人在巴黎发起了"学习科学与脑科学研究"项目,联合科学家与教育者开展教育研究。他们出版了 2 本关于学习科学与脑科学的书(OECD, 2002,2007b):《理解脑:走向新的学习科学》(*Understanding the Brain*:*Towards a New Learning Science*)、《理解脑:新的学习科学的诞生》(*Understanding the Brain*:*The Birth of a Learning Science*)。小泉英明(Hideaki Koizumi)及其同事在东京开启了系列性的纵向研究,把生物学和教育联系起来,最终创办了儿童学协会,并开始对日本儿童的发展和学习进行纵向研究

（Koizumi，2004）。阿根廷的安东尼奥·巴特罗（Antonio Battro）在布宜诺斯艾利斯出版了《半个脑足矣》（*Half a Brain is Enough：The Story of Nico*）一书，叙述了只有半个脑但发育大体正常的男孩 Nico 的案例。同时巴特罗和他的同事还在学校与医疗机构之间开展合作研究。美国哈佛大学的库尔特·费希尔、霍华德·加德纳（Howard Gardner）等人启动了国际上第一个"心智、脑与教育"研究生培养专业，将生物学尤其是认知神经科学纳入教育。这个专业项目是在哈佛大学"心智-脑-行为"项目的基础上设立的，但是研究侧重于学校的教与学活动（Blake 和 Gardner，2007；Fischer，2004，2007）。与之同时，美国的肯尼斯·科西克（Kenneth Kosik）、安妮·罗森菲尔德（Anne Rosenfeld）和凯利·威廉姆斯（Kelly Williams）主办了学习与脑的全国性会议，该会议旨在帮助教师了解神经科学和遗传学中与教育有关的知识（http：// www. edupr. com/）。仿佛就在瞬间，将生物学与教育结合起来的活动如雨后春笋般在世界的许多地方涌现出来！

　　来自世界各地的研究团队表现出浓厚的合作兴趣。2004 年"国际心智、脑与教育学会"（International Mind，Brain，and Education Society，IMBES）成立，2007 年学会的官方学术期刊《心智、脑与教育》（*Mind，Brain，and Education*）创刊。在历史上拥有40 多位诺贝尔奖获得者的罗马梵蒂冈科学院也积极推动这一新兴领域的发展。2003年，梵蒂冈科学院在其诞生 400 周年的庆典活动中，邀请哈佛大学主持"心智、脑与教育"专业项目的负责人库尔特·费希尔教授、阿根廷的安东尼奥·巴特罗等国际学者，召开了有关心智、脑与教育的研讨会。此次会议还出版了一本专辑——《受教育的脑：神经教育学的诞生》（*The Educated Brain：Essays in Neuroeducation*）。国际大型研究项目、面向脑科学研究者和教育者的会议、专业书籍以及各种各样的新兴活动，使得这个全新的研究领域充满了勃勃生机。目前世界上开设了许多专业培养项目，例如，美国哈佛大学（Hinton 和 Fischer，2008）、达特茅斯大学（Coch，Michlovitz，Ansari 和 Baird，2009）、南加州大学（Immordino-Yang，2007）、得克萨斯大学阿灵顿分校（Schwartz 和 Gerlach，2011），英国剑桥大学（Goswami，2006），中国上海华东师范大学（2010）等国际知名大学率先启动了"心智、脑与教育"专业培养项目，这些专业培养项目的培训者、研究者和教育者将生物学和教育学联系起来。此外，法国的巴黎和日本的东京也正在酝酿进一步的行动计划。

　　把实践、研究和政策联系起来的努力已经成为有关脑科学、遗传学和教育学的学术期刊的热点问题。但是，必须指出的是，由于脑科学的应用可以增加产品的销售量，一些以营利为目的的人打着脑科学的旗号,向学校教育者和家长推销所谓的"基于脑"的商业产品,这是不负责任的行为(McCabe 和 Castel,2008)。这种局面不仅令人感到遗憾,而且还造成了与脑科学和遗传机制有关的"神经神话"大行其道(Fischer,Immordino-Yang 和 Waber,2007;Goswami,2006;Hinton,Miyamoto 和 della Chiesa,2008;Katzir 和 Paré-Blagoev,2006)。目前,大多数有关脑和身体的知识往往是错误的(OECD,2007b),市场上已经出版的有关"基于脑的教育"的许多书都建立在不正确的"神经神话"的基础之上。一些所谓的"基于脑的教育"的基础是:学生有脑。他们提供的所谓脑功能的"知识"是不科学的,他们并没有把真正科学的脑功能知识作为基础。例如,人们并不是运用半个脑(左半脑或者右半脑),而是左右脑全用。同样,男孩和女孩的脑之间也不存在巨大的性别差异。基于脑的教育所产生的"神经神话"与生物科学领域有关 DNA 等的研究以及脑科学的研究进展产生了鲜明的反差(Goldhaber,2012)。研究揭示,过去所形成的有关遗传如何塑造身体和脑的观点存在着根本性的错误,当前,科学家才刚刚开始破解 DNA 和 RNA 塑造人的身体和脑的奥秘。科学家对人类遗传的理解又返回到小学一年级的水平。

由于教育神经科学和心智、脑与教育中存在的这一情况,教育神经科学的培训必须让接受培训的人形成批判性思维,能够质疑基于脑的教育主张是否具有科学性。教育者和研究者首先要问的问题是:"证据说明了什么?"总之,研究者和教育者必须合作,把生物学和认知科学的知识运用到教育中,为教育奠定科学的基础。研究者和教育者之间建立起这种合作,才能够充分地运用神经影像技术与工具来分析学习,从而打开学习的黑匣子,阐明教与学是如何发挥作用的(Hinton 和 Fischer,2008;Rodriguez,2012)。

二、 认知模型与改善教育的可能性

在使用语言与交往的过程中,人们常常运用模型来理解和分析周围所发生的一切。这些模型便构成了我们思维和感知模式的基础。几十年来,人类学家和认知科学家已经就我们如何运用这些模型的问题进行了分析(Benedict,1934)。最近,认知科学的研究说明了这些模型是如何影响人类的思维,如何形成脑与学习的"神经神话"的。其中最直接的分析来自莱考夫和约翰逊(Lakoff 和 Johnson,1980)的一个框架,该框架说明了人们是如何使用属于无意识范畴的模型来理解我们自己和他人的,其中包括 20 世纪建立的所有脑模型(Vidal,2007)。

（一）脑格和知识传递

目前，人类的心智模型把脑看作学习和意识的核心，维达尔（Vidal）称之为脑格的塑造。脑是自我和人格的核心。从最极端的角度来讲，人等同于自己的脑，就像小说里所描述的，人就像是桶里装的脑，一个人最核心的部分似乎就是他/她的脑。根据这个观点，人的身体、人际关系甚至人类文化都只是脑格这个核心的背景。我们所有人都被囊括在这个模型中，就好像是说，学习仅仅发生在脑中，因而可以忽视身体对学习的影响以及个人所处环境对他/她是谁以及做什么的影响。在这个模型里，学习包括在脑中存储知识的过程。知识存储在脑中，等候我们去使用，脑就好像是一个类似于图书馆或者计算机存储器的存储空间。一幅漫画或许能够更清晰地解释这个模型：我在早晨醒来时去下载今天要用到的所有信息，然后根据我的工作要求去加工这一信息。难道我们每个人仅仅只是一台完成工作的信息处理器吗？

我们再思考一下学校中所发生的教与学活动。这种"神话"或者模型与人类文化中普遍流行的模型相结合，即知识是信息的传递（Lakoff 和 Johnson，1980；Reddy，1979）。人们的学习就是获得某个对象，如一个想法、一个概念、一种思维或是一个事实，然后拥有这个对象，并对它进行控制。如果要把这个对象教给另外一个人，则通过简单的传递即可，就好像通过一根导管来传递一样：他们以这种方式把信息灌输给某人，然后这个人就拥有了这些信息。人们也可以将知识置于其他地方，例如书本、网站或者他人。

人们常常会运用"灌输"这个比喻来谈论学与教的活动，因为在这些常见的例子中，人们常常无意识地运用这个比喻，有时则是为了幽默。"乔恩和霍华德互相讲故事。""劳拉把这个想法告诉了赫尔曼，但是他弄混了。""劳拉在网上发现了一种解释。""本尼特窃取了梅根的假设。""我告诉你答案了，你为什么还不明白？你是笨蛋吗？"人们可以操纵概念、观点以及想法，也可以在心智中对其加以运作。"赫基默无法摆脱这种想法，他沉迷于其中。""你心里在想什么？"

根据这种知识传递的模型，教师通过与学生分享知识对象来教学，然后学生就拥有了这些对象，至少学生应该拥有这些知识对象。如果学生不能熟练地运用这些工具，人们就认为他很愚笨或是懒惰。有时人们也将这归罪于教师，因为教师没有有效地传递信息。从广义上说，人们把知识看成是学生必须接受和运用的信息。当然，许多老师和学生也意识到教与学并不是按照这个模型进行的，然而"灌输"的比喻充斥在人类的语言和文化中，很难摆脱。

（二）知识通过活动来建构

学习真是这么简单吗？如果这样的话，要掌握某项技能或主题就只需要学习一些事实，例如：在明尼苏达州的哪个地方可以找到一片好的土地，种植某种庄稼的时间，种子要埋多深，需要雨水还是灌溉，诸如此类的事情。能把这些事实集中起来的农民就能学会如何在明尼苏达州种庄稼吗？但是学习并不是这样的！把地种好远比知道一些事实复杂得多。农民首先要运用知识把几个月内的一系列活动协调整合起来：计划、播种、生长和收获，同时还要继续学习如何改善生长条件、防止害虫等更多内容。

认知科学的研究有力地说明，知识是基于活动的（Piaget，1952）。为了能够在我们所生存的世界做得更好，就必须根据这个世界的要求来塑造我们的行为。脑科学告诉我们，要学会在明尼苏达州种庄稼，就必须实实在在地改变我们脑（和身体）的生理结构和机能：改变神经元、突触，改变脑的激活模式，所有这些都有助于在明尼苏达州的耕作工作（Hubel 和 Wiesel，1970；Singer，1995）。仅仅接触信息和事件，而不去实际运作这些对象，则不能塑造我们的脑和身体，也无法为耕种或者环境中的其他任何活动做好准备。

学校学习也同样从活动开始。如果学习简单到只是获得一些知识，那么学生们不需要接受那么多年的教育，就可以成为 21 世纪的劳动者。熟练阅读的能力需要多年的学习，与之类似，解释战争的起因、写一则有关花香的故事或分析从一座塔上抛下一个小球的落地运动也是如此。知识的代际传递需要每一代人来重新建立，它并不是简单的给予或者传递（Vygotsky，1978）。在这个知识和技术发展日新月异的历史时期，仅仅记住事实远远不够！

令人高兴的是，认知科学研究者和脑科学研究者已经进行了一个多世纪的研究，分析人类如何创造和使用知识。学生要有效地学习，就必须通过自身积极的活动来塑造他们的脑（Baldwin，1894；Bartlett，1932；Piaget，1952；Singer，1995）。如果是学习片段性知识，灌输比喻可以描述学习发生的特征，但如果是要运用知识而不仅仅是复述信息片段，那么，认知科学研究者和神经科学研究者都证明，需要用积极的建构模型来取代灌输比喻。人类通过运用知识实现目标而创造出知识。皮亚杰（Piaget）关于学习的基本模型（Piaget，1952）是用心智把握概念，并在心理和物理上操纵这些概念。他非常喜欢的一个例子就是数学，数学里的基本运算包括运用加减乘除运算，对物体进行组合与分类，以产生数字。我们人类把隐喻作为模型来解释我们的思维和活动，由此创造了思维的工具。

三、架起创建学习通路的桥梁

一个有力地证明模型和隐喻在儿童发展中具有强大作用的例子,是儿童直观地建立起数轴模型的方法。凯斯和格里芬(Case 和 Griffin,1990;Griffin 和 Case,1997)首先说明了这一点。他们通过教儿童运用数轴来帮助儿童理解数字,这是一种非常有效的教育干预措施,数轴模型为算术奠定了基础。明确地教儿童运用数轴,可以促进儿童将数量有效地类推到一系列数字任务中并产生有效的迁移。这一干预非常有效,它解释了数量问题中 50% 的变化。

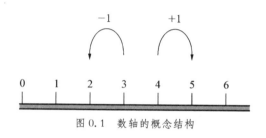

图 0.1　数轴的概念结构

在凯斯和格里芬工作的基础上,苏珊·凯里(Susan Carey)和她同事的研究揭示了儿童每次使用一个数字建立起心理数轴的过程(Carey,2009;Dehaene,1997;Le Corre 等,2006)。他们首先用 1 表示一个真实的数字,然后用更大的数字(2、3、4)表示"多"。儿童要学好几个月才开始用 2 表示真实的数。接着用 3 和 4 表示"多"。然后,他们把数字 3 放到数轴上作为一个真实的数。在儿童学到 3 或者 4 时,他们概括出规则,建立起心理数轴模型,在数轴的一端加一个数字便向前移动 1 的位置。这个例子很好地说明了儿童是如何运用活动来建立思维模型的。儿童在加工过程中,实实在在地构建出数轴的心理模型。

四、 为教育创建研究的基础

教育研究应该是日常教育活动的一部分,是一个用来指导教育政策和实践的常规组成部分。心智、脑与教育运动的目标是通过将人类发展、生物学、认知科学与教育联系起来,为教育研究奠定坚实的基础,科学地提高学习与教学的质量。我们有很好的工具来创建这个基础，但是基层组织和传统积淀都很薄弱。杜威（Dewey，1896）很久以前就呼吁进行教育研究和发展，来阐明学习和教学的基础，但是到目前为止，只有芝麻街（Lesser，1974）和几个研究团队响应了这个号召。

其他的许多行业都广泛地开展了实践研究来巩固它们的实践，例如农业、化学、气象学，甚至化妆品行业。改善教育研究的基础需要创建一个更为稳固的基层组织用于教育研究。这种研究必须是坚实的、有用的、有科学证据支持的，它还必须与教学以及教育环境中的学习联系起来，这些教育环境包括学校、运动场、电视、互联网……我们提出以下三个建议来创建一个有用的、有意义的教育研究基础。

（一）创设研究型学校

这些建议的背后是一个简单的事实：我们必须创建一个机构来支持教师和研究者的有益合作，促进研究的双方提出对学习和教学有用的问题。幸运的是，我们有一个模型可供借鉴：教学医院。在这些医院里，研究者和实践者一起参与设计、修改有用的程序和治疗方案，产生有实效的联结研究和实践的方法，培养医学研究者和实践者。同样，在农业中，研究者和农民共同努力，通过现场测试来改进农业产品和设备，并尝试不同的种植方法。但是，教育缺乏这种基层组织来创建科学的学习和教学的基础，尽管教育中已经做了如下探索：教师有目的地设计干预工具来促进学生的学习和自己的教学。但目前我们应该做的是直接测试这些干预措施的效果，看看哪些是有效的，哪些是无效的。

实验研究首先创设一种条件或干预，然后评估其结果。在医学中，干预可以是一项治疗措施，如药物、手术、疫苗接种或治疗方案，然后对功能或健康进行测试。在学校，教师努力教学（一个干预），接着要么通过直接测试，要么通过观察学生随后的活动，来评估学生的理解或技能水平。

尽管这是大家共同的美好愿望，但是医学和教育在评估联结研究和实践的方式上存在很大差异。在世界各地，每个高质量医学院至少与一所教学医院建立密切的关系，这是研究和实践相结合的地方。然而在教育领域，全世界几乎没有研究型学校，即专门从事学与教研究的学校，其目的是为教育实践提供科学基础。

教育需要一个像教学医院一样的机构，也就是我们所说的研究型学校，通过研究型学校来建立教育实践者和研究者之间的对话，并确立针对教育实践的研究问题和方法（Hinton 和 Fischer，2008）。研究型学校应该是真实的学校（包括公立学校和私立学校),它们应该与大学(通常是与教育学院)结盟。在研究型学校,教师和研究者应该协作进行联系实践的研究并培养未来的研究者和实践者。就像教学医院,研究型学校必须关注实际问题,关注教育机构中(包括中小学、幼儿园和高等教育机构)哪些做法是可行的,哪些是不可行的。

教育者已经在《心智、脑与教育》杂志上发表了教育者的很多文章,他们强调在学校做研究时要注意的实际问题(例如:Coch,Michlovitz,Ansari 和 Baird,2009;della Chiesa,Christoph 和 Hinton,2009;Kuriloff,Richert,Stoudt 和 Ravitch,2009;Kuriloff,Andrus 和 Ravitch,2011)。研究型学校建立在杜威(Dewey,1896)的观点之上,他在一个世纪以前就建议教育工作者创办实验学校,当时他是打算将其作为教育研究中心来运行的。杜威(Dewey,1900)在芝加哥大学建立了实验学校,其目的是为了检验基于认知科学和心理学的教育实践,以测试它们在现场实践中是如何运行的。

不幸的是,现在几乎没有真正的实验学校了。今天,大多数被称为"实验学校"的学校不做研究,而是服务于大学教员的孩子。因此,杜威界定的问题依然存在:尽管芝麻街的极好例子证明了教育研究相当有效,但是全世界都忽视了科学的教育研究。现在是建立真正的研究型学校,为教育政策和实践提供研究基础的时候了。

(二) 建立学习和发展数据库

为教育研究奠定基础的另一种关键方式是建立关于学习和发展的大型数据库。有一个很好的例子可以说明这种数据库的重要作用。"死亡率分析报告系统"(Fatality Analysis Reporting System)是美国交通事故和安全数据库(Hemenway,2001)。这个数据库创建于 1966 年,它致力于收集交通事故的系统数据,尤其是死亡率。该系统为高速公路工程、汽车设计等方面的分析提供了有效数据。从某种程度上来说,这个数据库的建立,使得过去 50 年的交通事故、伤亡率大幅下降。

在教育方面,美国公共服务机构和联邦政府已经开始建立数据库,包括美国国家教育进展评估(http://nces. ed. gov/NationsReportCard/)、国际儿童语料库,它们主要关注语言发展(MacWhinney,1996),此外还有美国儿童健康与人类发展研究所的儿童保健项目(NICHD Early Child Care Research Network,1994,2006),这些数据库都是根据《不让一个孩子掉队法案》建立的。但是,这些数据库并不关注课堂中的学习和教学方法,也不关注其他学习环境。理想的数据库应当是现实环境下的学习和教学数据库,类似芝麻街为儿童电视学习所做的先驱性工作。仅录入标准化测试还不够,因为这并不代表学校的正常学习。我们需要关注学校中的真实学习,包括对课堂实践的评估。我们需要超越意识形态和一般性评价或观点,实现真正的循证实践和政策。

(三) 培养教育工程师

此外,我们需要培养一种新型的教育者,专门负责创建实践和研究之间的有用联结。他们将会在短期内把教育变成一项基于研究的事业,这正是哈佛大学心智、脑与教育专业课程和国际心智、脑与教育学会的中心目标。这些教育工作者可以把神经科学、认知科学和课堂学习结合起来,创建教育活动,以促进多元化教育背景中的学习,包括学习软件和儿童电视节目的设计。在经典科学中,这种转化联结的作用非常重要,如化学、生物学和物理学的研究成果,在处理实际问题时也同样很有效,这些知识可以用于建设桥梁、生产新型的肥皂,或阻止水道中物种的入侵。在物理专业中,这种专业人士被称为工程师。政府和商业部门都需要工程师来将科学知识转化为实践。

这样的专家对教育将具有重要的作用,我们可以把他们称为神经教育学家或教育工程师(Gardner, 2008)。研究型学校可以为这种专家提供培训。在当前许多机构中,已经有专业人士在实践和研究之间建立联系。芝麻街使用实际的评估,包括形成性的评估,以决定其教育计划(Lesser, 1974)。许多非营利组织和公司在教育中专门雇用具有这种实践技能的人。例如,美国特殊技术应用中心(www. cast. org)运用教育软件来促进学习沿多种轨迹发展(Rose 和 Meyer, 2002)。

教育神经科学具有巨大的潜力,但我们不能仅仅停留于希望和潜力,而应该去创建机构,以创造连接实践与研究的有用知识。我们必须培养能够在新的世界中做研究的学生,这个新世界把心智和脑科学的研究直接与教育政策和实践联结起来,为教育奠定科学的基础。

在各国政府与国际组织的积极支持下,心智、脑与教育的整合研究以及新兴学科教育神经科学在全球范围内得到了蓬勃的发展,迄今为止,已有 40 多个专业研究机构、专业学术组织以及专业人才培养机构诞生(周加仙,2013)。心智、脑与教育的跨学科整合研究对于中国实现从人才大国迈向人才强国的国策具有重要的借鉴与参考意义。有鉴于此,我们根据中国教育神经科学的发展以及教育政策与实践的需要,精心选择了这个领域中最权威、最重要的作品,推荐给读者。入选本套丛书的书,有的是重要国际组织的前沿研讨成果,有的是国际教育神经科学的研究专家根据自己长期的科研成果撰写而成,有的系统而全面地勾勒了该领域的研究成果,这些书在不同的领域都具有重要的开拓意义。我们相信,这套丛书将对中国心智、脑与教育的整合研究以及新兴学科教育神经科学的发展发挥重要的推动作用。这套译丛的主编周加仙老师接受了教育神经科学的系统培训,具有教育学、认知神经科学与心理学的跨学科知识。她发表了 60 多篇论文,并撰写、翻译与合作出版了 20 多本有关教育神经科学的著作,主编四套丛书。这种知识背景非常适合本套丛书的翻译工作。我们期待这套丛书能够让中国致力于教育神经科学研究的学者、教育政策制定者、教育实践者更好地把握国际教育神经科学的发展趋势与热点问题,为中国教育神经科学的发展作出积极的贡献。

在本套丛书出版之际,我们由衷地感谢中国国家教育部社会科学司、中国国家教育部留学基金委员会、中国博士后科学基金会、上海市教育委员会、上海市人力资源和社会保障局、北京市教育委员会对新兴学科的大力支持。感谢韦钰院士、沈晓明博士、董奇博士、俞立中博士、任友群博士、唐孝威院士、陈霖院士、钟启泉教授、李其维教授、周永迪教授、桑标教授、杜祖贻教授、黄红教授、金星明教授对中国教育神经科学的发展所作出的努力。感谢国际教育神经科学领域的专家为我们推荐了这些优秀作品,他们是法国科学院、美国科学院、美国工程与艺术学院、梵蒂冈科学院院士斯坦尼斯拉斯·迪昂(Stanislas Dehaene)教授,美国哈佛大学库尔特·费希尔(Kurt Fischer)教授,阿根廷教育科学院、梵蒂冈科学院院士安东尼奥·巴特罗教授,日本工程院院士、中国工程院外籍院士小泉英明教授。衷心感谢华东师范大学出版社教育心理分社社长彭呈军对本套译丛的大力支持,感谢孙娟编辑对每一本译著的认真审读。感谢各位参与翻译工作的教师与研究生,他们认真负责,反复推敲每一个词句,尽自己最大的努力,力图再现原作者的思想精华。我们期待着中国有更多的研究者、实践者投身于教育神经科学领域,为实现人才强国的中国梦而共同努力。

(翻译:蔡永华、罗璐娇、贺琴　审校:周加仙)

参考文献

Baldwin, J. M. (1894). *Mental development in the child and the race*. New York: MacMillan.

Bartlett, F. C. (1932). *Remembering: A study in experimental and social psychology*. Cambridge, U. K.: Cambridge University Press.

Battro, A. (2000). *Half a brain is enough: The story of Nico*. Cambridge, U. K. : Cambridge University Press.

Benedict, R. (1934). *Patterns of culture*. Boston: Houghton Mifflin.

Blake, P. , & Gardner, H. (2007). A first course in mind, brain, and education. *Mind, Brain, and Education*, *1*, 61 – 65.

Carey, S. (2009). *The origin of concepts*. New York: Oxford University Press.

Case, R. , & Griffin, S. (1990). Child cognitive development: The role of central conceptual structures in the development of scientific and social thought. In H. Claude-Alain (Ed.), *Developmental psychology: Cognitive, perceptuo – motor and neuropsychological perspectives* (Vol. 64, pp. 193 – 230). Amsterdam, Netherlands: North-Holland.

Coch, D. , Michlovitz, S. A. , Ansari, D. , & Baird, A. (2009). Building mind, brain, and education connections: The view from the Upper Valley. *Mind, Brain, and Education*, *3*, 26 – 32.

Daniel, D. B. , & Poole, D. A. (2009). Learning for life: An ecological approach to pedagogical research. *Perspectives on Psychological Science*, *4*, 91 – 96.

Dehaene, S. (1997). *The number sense: How the mind creates mathematics*. New York: Oxford.

della Chiesa, B. , Christoph, V. , & Hinton, C. (2009). How many brains does it take to build a new light? Knowledge management challenges of a transdisciplinary project. *Mind, Brain, and Education*, *3*, 16 – 25.

Dewey, J. (1896). The university school. *University Record (University of Chicago)*, *1*, 417 – 419.

Fischer, K. W. (2004). Myths and promises of the learning brain. *The Magazine of the Harvard Graduate School of Education*, *48*(1), 28 – 29.

Fischer, K. W. , Daniel, D. B. , Immordino-Yang, M. H. , Stern, E. , Battro, A. , & Koizumi, H. (2007). Why mind, brain, and education? Why now? *Mind, Brain, and Education*, *1*(1), 1 – 2.

Fischer, K. W. , Immordino-Yang, M. H. , & Waber, D. P. (2007). Toward a grounded synthesis of mind, brain, and education for reading disorders: An introduction to the field and this book. In K. W. Fischer, J. H. Bernstein & M. H. Immordino-Yang (Eds.), *Mind, brain, and education in reading disorders* (pp. 3 – 15). Cambridge U. K. : Cambridge University Press.

Gardner, H. (2008). Quandaries for neuroeducators. *Mind, Brain, and Education*, *2*, 165 – 169.

Goldhaber, D. (2012). *The nature – nurture debates: Bridging the gap*. Cambridge U. K. : Cambridge University Press.

Goswami, U. (2006). Neuroscience and education: From research to practice? *Nature Reviews Neuroscience*, *7*(5), 2 – 7.

Griffin, S. , & Case, R. (1997). Rethinking the primary school math curriculum. *Issues in Education: Contributions from Educational Psychology*, *3*(1), 1 – 49.

Hinton, C. , & Fischer, K. W. (2008). Research schools: Grounding research in educational practice. *Mind, Brain, and Education*, *2*(4), 157 – 160.

Hinton, C. , Miyamoto, K. , & della Chiesa, B. (2008). Brain research, learning, and emotions: Implications for education research, policy, and practice. *European Journal of Education*, *43*, 87 –

103.

Hubel, D. H. , & Wiesel, T. N. (1970). The period of susceptibility to the physiological effects of unilateral eye closure in kittens. *Journal of Physiology*, *206*, 419 – 436.

Immordino-Yang, M. H. (2007). A tale of two cases: Lessons for education from the study of two boys living with half their brains. *Mind*, *Brain*, *and Education*, *1*(2),66 – 83.

Katzir, T. , & Paré-Blagoev, E. J. (2006). Applying cognitive neuroscience research to education: The case of literacy. *Educational Psychologist*, *41*, 53 – 74.

Koizumi, H. (2004). The concept of 'developing the brain': A new natural science for learning and education. *Brain & Development*, *26*, 434 – 441.

Kuriloff, P. , Richert, M. , Stoudt, B. , & Ravitch, S. (2009). Building research collaboratives among schools and universities: Lessons from the field. *Mind*, *Brain*, *and Education*, *3*, 33 – 43.

Kuriloff, P. J. , Andrus, S. H. , & Ravitch, S. M. (2011). Messy ethics: Conducting moral participatory action research in the crucible of universityh-school relations. *Mind*, *Brain*, *and Education*, *5*(2), 49 – 62.

Lakoff, G. , & Johnson, M. (1980). *Metaphors we live by*. Chicago: University of Chicago Press.

Le Corre, M. , Van de Walle, G. , Brannon, E. M. , & Carey, S. (2006). Re – visiting the competence/performance debate in the acquisition of counting as a representation of the positive integers. *Cognitive Psychology*, *52*, 130 – 169.

Lesser, G. S. (1974). *Children and television: Lessons from Sesame Street*. New York: Random House.

McCabe, D. P. , & Castel, A. D. (2008). Seeing is believing: The effect of brain images on judgments of scientific reasoning. *Cognition*, *107*, 343 – 352.

NICHD Early Child Care Research Network. (1994). Child care and child development: The NICHD Study of Early Child Care. In S. L. Friedman & H. C. Haywood (Eds.), *Developmental follow-up: Concepts*, *domains*, *and methods* (pp. 377 – 396). New York: Academic Press.

NICHD Early Child Care Research Network. (2006). Child – care effect sizes for the NICHD study of early child care and youth development. *American Psychologist*, *61*, 99 – 116.

OECD. (2002). *Understanding the brain: Towards a new learning science*. Paris: OECD Publishing.

OECD. (2007a). *PISA 2006: Science competencies for tomorrow's world*. Vol. 1: Analysis. Paris: Organization for Economic Cooperation and Development.

OECD. (2007b). *Understanding the brain: The birth of a learning science*. Paris: OECD Publishing.

Piaget, J. (1952). *The origins of intelligence in children* (M. Cook, Trans.). New York: International Universities Press.

Reddy, M. (1979). The conduit metaphor. In A. Ortony (Ed.), *Metaphor and thought* (pp. 284 – 324). Cambridge, U. K. : Cambridge University Press.

Rodriguez, V. (2012). The teaching brain and the end of the empty vessel. *Mind*, *Brain*, *and Education*, *6*(4), 177 – 185.

Rose, D. , & Meyer, A. (2002). *Teaching every student in the digital age*. Alexandria, VA: American Association for Supervision & Curriculum Development.

Schwartz, M., & Gerlach, J. (2011). The birth of a field and the rebirth of the laboratory school. *Educational Philosophy and Theory*, *43*(1), 67-74.

Singer, W. (1995). Development and plasticity of cortical processing architectures. *Science*, *270*, 758-764.

Vidal, F. (2007). Historical considerations on brain and self. In A. Battro, K. W. Fischer, & P. Léna (Eds.), *The educational brain: Essays on neuroeducation* (pp. 20-42). Cambridge U. K.: Cambridge University Press.

Vygotsky, L. (1978). *Mind in society: The development of higher psychological processes* (M. Cole, V. John-Steiner, S. Scribner & E. Souberman, Trans.). Cambridge, MA: Harvard University Press.

周加仙.教育生物学的领域建构[J].教育生物学杂志,2013,(2).

目录

1.

引言

2003 年 11 月,教皇科学院(Pontifical Academy of Sciences)隆重召开了以"心智、脑与教育"为议题的研讨会。[①] 从那时起,教育神经科学的理论和实践都取得了显著的进展。本次会议是那次会议的延续。现在,美洲、亚洲和欧洲的许多先进的研究机构都加入了这项跨学科的研究,一起探索学习和教育的认知神经基础。而神经可塑性似乎是联系不同领域基本问题的最好切入点。

人类早已形成了不同的教育制度来创建和传承知识与价值观。因为教育,人类的认知潜能得以呈数量级增长,远远超过了生物进化的极限。尤其是人类的大脑皮层,在接受教育的过程中展现出其改变自身功能甚至结构的惊人能力。在实验室研究、临床诊断和学校研究中,我们发现了多种神经可塑性机制,它们是各种学习方式的基础。

我们的研讨会将就心智、脑与教育科学的一些前沿领域展开讨论。举例来说:"神经元再利用"理论,为我们提供了理解和改进儿童学习阅读和计算的新框架。大量的实验结果表明,第一语言与第二语言习得的认知神经机制不同,代数运算和几何运算的神经机制也各不相同。此外,我们还运用新的强大技术和全新的理论模型来对对教育实践至关重要的社会认知的发展进行研究。基因组学和教育之间的鸿沟近年来也明显减小。发展性阅读障碍的认知神经模型以及智力迟滞和学习障碍的基因-表型研究表明:遗传并非命中注定。我们将会阐述治疗智力缺陷的一些出人意料的结果。

与今天的心智、脑与教育科学关系最密切的趋势之一或许就是:认知神经的研究已经走出实验室,走进了学校和社区。通过数字网络和无线网络技术提供的强大工具,我们得以实现对学习与教育各个方面的在线监控,为调查和实践开拓了新视野。

① Battro, A. M., Fischer, K. W & Léna, P. *The educated brain*: *Essays in neuroeducation*. Cambrigde University Press & Pontifical Academy of Sciences, 2008.

尤其是在数字环境下，我们亲身经历了电脑和通信设备对儿童的学习方式甚至教学所产生的巨大影响。如今有了便携式和可穿戴的实验设备，可以在自然状态下通过多种方式记录脑活动。但新的数字技术所带来的最大创新是改变了教育的规模，如今全世界数以百万计的儿童可以获得以全球认知为大背景的教育。

安东尼奥·巴特罗，斯坦尼斯拉斯·迪昂，沃尔夫·辛格

语言与阅读

2.

阅读能力对大脑的巨大影响及其对教育的重要性

斯坦尼斯拉斯・迪昂(Stanislas Dehaene)

引言

　　脑研究和教育之间的距离曾被描述为"天堑鸿沟"(Bruer，1997)。然而在过去的　　19
十年里，在有关学习和教育的实验范式中，利用先进的成人与儿童脑成像技术，我们取
得了能够弥合这条鸿沟的重大进展。实际上，我认为，很多认知神经科学知识早已和
教育紧密相连。我们对学习方法(包括已知的主动预测、预测误差和睡眠巩固的重要
性)的理解与学校或教学游戏中高效学习环境的设计直接相关。我们对集中注意和奖
赏(以及相对应的注意分散和惩罚的负面影响)的理解，对从外显到内隐学习之间转换
的理解，也早已引发了教育领域的诸多思考。

　　最重要的是，人类认知神经科学在理解主导某方面教育(比如数学、阅读、第二语
言习得)的专门的神经回路方面发挥了巨大的作用。我们可以将人脑看作是一些进化
过的装置的集合，这些装置传承了人类的进化史，并能解决各种具体问题，比如空间定
位、位置记忆、时间表征、从具体事物中抽取数的概念、辨认物体和人脸、表征声音(尤
其是人类言语)等。我认为通过教育，我们能利用这些已有的表征方式并将它们再应
用于新的用途，因为只有我们人类才能够将任意的符号联接到这些有意义的表征上，
并将它们融合成为一种精密的符号系统(Dehaene，1997/2011，2005，2009；Dehaene
和Cohen，2007)。这些专门的亚系统的运行缺陷，或者联接符号的能力不足，可以解
释一些发展缺陷，例如计算障碍、阅读障碍和运动障碍。

　　本章，我将概述再利用理论如何解释阅读习得。我关注的近期研究主要探讨阅读
学习如何改变大脑，以及这些改变如何消除儿童学习阅读时面临的特定障碍。我确　　20
信，一名教师如果对人类神经可塑性理论和学习理论有一定的了解，那么他的课堂教

学效果一定会更好。确实,如果一个老师对学生大脑运作的了解还不及对汽车运作的了解,那真是太丢人了!因此,本章的目标就是用简单易懂的方式总结阅读中的神经影像成果,并思考这些成果对教育的重要性。同时我确信,神经—教育研究不应该局限于脑成像实验室。要想证实和推广我们眼中的关于最佳教学实践的假设,扎根校园的实验不可或缺。因此,本章的另一目标是激发认知神经科学家和教育工作者之间的交流,希望他们能积极合作,为教育技术、教学手段的发展创新作出贡献。

成人阅读的脑机制

什么是阅读?阅读是一项美妙的文化发明,它使我们能"与先贤对话",是一种"用眼睛倾听逝者"的方法[佛朗西斯科·狄·格微度(Francisco de Quevedo)]。学习阅读,其实是学习以一种新的方式运用口语知识。这种方式在之前的进化中还从未出现过,那就是:视觉。书写是一种非常巧妙的编码手段,我们将口语转化成石头、陶器或纸上的印记,创造出丰富的视觉质感。而阅读就像是解码。在阅读习得过程中,我们会改变大脑视觉结构,将其转化为视觉和语言的特异接口。阅读在进化意义上实在是件新鲜事,从古至今只有很少一部分人会阅读,因此我们认为人类基因组不可能指挥大脑生成阅读特异的神经回路。我们只有对已有的大脑系统进行再利用才能支持阅读这种新活动。

对有阅读能力的成年人的认知神经成像研究清晰地显示了阅读是如何在皮层水平上运作的。当我们读到一句话和听到一句话时,脑的左半球被激活的很多区域是完全相同的(Devauchelle, Oppenheim, Rizzi, Dehaene 和 Pallier, 2009)。这个语言网络包含颞叶,主要是左侧颞上沟,包括从颞极到颞顶联合区后侧绝大部分区域;以及左侧额下回的部分区域。这些区域并不专门负责阅读,准确地说,这些是口语区域,只不过阅读时视觉会通达它们。确实,两个月大的婴儿在听到母语句子时,这种左半球偏侧化的激活就已经存在了(Dehaene-Lambertz, Dehaene 和 Hertz-Pannier, 2002; Dehaene-Lambertz 等, 2006; Dehaene-Lambertz 等, 2009)。这明显表明,人脑内有一套古老且可能进化过的系统,专门负责口语习得。开始上小学的儿童,这套口语系统(包括词汇、词素、韵律、句法、语义等亚系统)就已经准备完毕。这名儿童需要学习的是如何将视觉系统与这套语言系统联结起来。

单个词语阅读的脑成像研究逐渐明确了这个视觉交互系统的定位和组织。向成人呈现视觉单词,左半球腹侧视觉皮层的特定区域会被系统地激活,我和我的同事将该区域命名为视觉词形区(Visual Word Form Area,简称 VWFA;Cohen 等,2000)。该区域仅对视觉刺激有反应,并且进行的完全是前词汇加工:它对任意一串字母都有反应,无论这些字母组成的是单词还是毫无意义的假词,比如"flinter"(Dehaene,Le Clec'H,Poline,Le Bihan 和 Cohen,2002)。该区域的定位具有显著的个体甚至跨文化的一致性(Bolger,Perfetti 和 Schneider,2005;Cohen 等,2000;Dahaene 等,2002;Jobard,Crivello 和 Tzourio-Mazoyer,2003),它总是在左外侧枕颞沟的同一坐标上,误差在几毫米以内。此外,对于有阅读能力的成年人,该区域的损伤会系统性地导致失读症,这是一种选择性阅读失能(Déjerine,1891;Gaillard 等,2006)。因此,可以说,VWFA 在阅读中发挥了不可或缺的作用。

现在我们知道,对有阅读能力的人,VWFA 会特异化出阅读特定文字的功能。相较于其他视觉信息,比如人脸(Puce,Allison,Asgari,Gore 和 McCarthy,1996)或者物体线条(Szwed 等,2011),它更易被文字激活。不仅如此,相较于不认识的文字,它更易被认识的文字激活(比如希伯来文读者阅读希伯来文字;Baker 等,2007)。事实上,VWFA 已经适应了特定文化的书写规则,比如西方拼音文字中大小写字母的关系:只有该区域才能完成阅读习惯的内化,从而认识到"rage"和"RAGE"这两个词是相同的(Dehaene 等,2004;Dehaene 等,2001)。最近,我们发现 VWFA 对打印文字和手写文字的反应是相同的(Qiao 等,2010)。因此,VWFA 是使得我们能够不受字体、大小和位置的干扰,辨认出单词(比如 radio、RADIO、*radio*)的主要区域。值得注意的是,辨认单词的过程是自动化的,根本不需要意识的参与。

我和我的同事提出,VWFA 会成为阅读学习的主要发生区,是它拥有灵长类动物进化传承下来的特征,因而非常适合阅读。第一个特征是它对投射在中央凹(视网膜上的高分辨率中心)上的高分辨率图形的偏好(Hasson,Levy,Behrmann,Hendler 和 Malach,2002)。这种高分辨率或许是阅读印刷的小字不可或缺的。第二个特征是它对线条结构的敏感性(Szwed 等,2011):只要图像包含线条拼成的形状(比如 T、L、Y、F 等),双侧皮层的梭状回都会有强烈的反应。这些形状可能是因为它们在物体识别时十分有用而被选择。比如,"T"的轮廓明显就是一条线联结在另一条线的上面。把这些信息拼凑起来就能提供一种三维形状的恒定视觉信息(Biederman,1987)。我和我的同事假设,在文字文化的形成过程中,我们再利用了这种古老特征,特意选择了适应皮层结构的字母形状(Dehaene,2009)。确实,全球的所有文字都用到了线条结

22

构这种基本的"笔画",这就是证据(Changizi，Zhang，Ye 和 Shimojo，2006)。

最后,第三个特征:VWFA 定位的精确性可能归功于其与颞叶外侧的口语处理区域的紧密关联。确实,VWFA 的偏侧性和先前言语处理区的偏侧性有关,言语区通常但也并不绝对位于大脑左半球(Cai，Levidor，Brysbaert，Paulignan 和 Nazir，2008；Cai，Paulignan，Brysbaert，Ibarrola 和 Nazir，2010；Pinel 和 Dehaene，2009)。有趣的是,如果 VWFA 在童年早期受到损伤,与之完全对称的右半球区域能够替代 VWFA的功能(Cohen，Lehericy 等,2004)。

有一种视觉单词认知的神经结构模型叫局部组合检测模型(Local Combination Detector，LCD；Dehaene，Cohen，Sigman 和 Vinckier，2005),至今为止的大部分实验结果都符合该模型。这种模型假设,枕颞神经元适应了某种层级性的书写结构,也就是从线条结构到单字母、成对字母(双字母组合)、词素以及短单词的分级结构(Dehaene 等,2005)。事实上,fMRI 已经证明了 VWFA 在对字母(Dehaene 等,2004)、双字母组合(Binder，Medler，Westbury，Liebenthal 和 Buchanan，2006)和短单词(Glezer，Jiang 和 Riesenhuber，2009)有适应性渐变的连续响应(Vinckier 等,2007)。

当前的一种设想是,阅读一个单词时,数以百万计的神经元分别加工某一种书写结构(字母、双字母组合或词素),并有效地结合起来,共同进行视觉认知。这种大规模的平行结构,合理解释了视觉单词识别的快速和稳健。最重要的是,对教育家和老师而言,这构成了一种全字阅读的假象。阅读发生得如此迅速,读长单词和短单词的时间几乎相等,于是就有人假设,单词认知依靠的是整体形状,因而应该进行整词阅读教学而非教授字母与发音之间的关系。然而,这种说法是错误的。迄今为止的证据都表明,一定是先有对单词基本结构(笔画、字母、双字母组合、词素)的分析,再有对整词的组合和认知。只不过,这种分解发生得太快、相互独立且高效,所以看起来几乎是瞬间完成的(实际上这个过程要花费大约 1/5 秒)。对此说法,教育学的证据也给予了支持,教授形音对应关系是让儿童学习阅读的(无论是发音还是文字理解)最快、最有效的方法。

阅读能力如何改变大脑

我们对比了有阅读能力及无阅读能力的成人的大脑,以直接检测 VWFA 在阅读中扮演的角色(Dehaene，Pegado 等,2010)。这项研究有几个目的。第一,我们希望得到阅读能力习得引发的大脑变化的全脑影像，不仅包括 VWFA，还包括颞叶的语言系统和早期的枕叶视觉皮层。第二，这是一个检验"神经元再利用"理论的好机会，我们需要探索什么刺激物能激活无阅读能力者的 VWFA，以及阅读学习在赋予 VWFA 一些功能的同时是否也有所剥夺。第三，我们想知道这种大脑变化是否有必要在小时候（如学龄期）完成，还是说，成人大脑也有足够的可塑性来实现这种变化。出于这个目的，我们研究了无阅读能力者（10 名巴西成人，从未接受学校教育并几乎不认识任何单词）、早期无阅读能力者（21 名巴西和葡萄牙成人，未接受学校教育但参加了成人文化教育课程并拥有不同程度的阅读能力）和有阅读能力者（32 名巴西和葡萄牙成人，来自不同的社会经济团体，其中部分与另外两组能够很好地匹配）。

　　结果首先明确了 VWFA 与阅读能力的重要关联。阅读句子或单个假词的主要相关反应就是 VWFA 的激活（见图 1 和图 2，第 215—216 页）。在 VWFA 可以看到对字母串反应的显著加强，被试阅读速度的差异大约有一半可被预测。现在我们要问，对无阅读能力者而言，这个区域没有被用来阅读，那么激活它的是什么？我们发现它对人脸、物体和棋盘形图案有强烈的反应，这表明在进行视觉单词认知之前，VWFA 专门负责视觉对象辨认和面部辨认。与"神经元再利用"理论完全一致的是，我们发现随着阅读能力的增强，VWFA 对非阅读刺激的反应减弱，尤其是面部刺激。这种减弱尽管幅度很小但统计上达到了显著。随着阅读行为的增加，受人脸刺激激活的区域渐渐转移到右脑的梭状回。相似的是，坎特隆等人（Cantlon, Pinel, Dehaene 和 Pelphrey, 2011）对 4 岁儿童的 fMRI 研究表明，辨别数字和字母的能力和左外侧梭状回对面部的反应减弱相关。这两项发现都表明大脑皮层空间是有竞争的，阅读习得必须和视觉皮层预先存在的能力竞争。我们靠改变大脑皮层上相邻区域的边界，"腾出空间"来阅读。

　　事实上，我们发现阅读引起的大脑变化并不局限于视觉皮层，其范围远超出 VWFA。在我们的研究中，枕叶皮层后部对所有黑白对比图片的反应都有明显增强，暗示着阅读能力在较早阶段就改善了视觉编码。实际上，甚至连初级视觉皮层（V1区）都有改变，水平棋盘形图案在该区引发的激活得到增强，而垂直棋盘形图案则没有引起相应变化。我们把这项发现解释为对阅读的掌握改善了视觉编码精度，这一改变主要表现于在阅读中起作用的视网膜区域，比如说西方文化中的字母语言经常用到的视野水平区域。

　　第三种改变发生在颞叶上部的"颞平面"区域。在该区域，言语引发的激活随着阅

24

读能力的变化而改变：阅读能力强者的激活程度几乎是无阅读能力者的两倍。由于该区域与音位编码相关（例如 Jacquemot，Pallier，Lebihan，Dehaene 和 Dupoux，2003），我们相信它与音素意识的获得有关，而音素意识与阅读能力有着重要关联。我们很早就知道无阅读能力者不能有意识地识别或操控音素，如去掉某个单词的第一个音素（比如 Vatican→atican；Morais，Cary，Alegria 和 Bertelson，1979）。我们能够有意识地将音素作为语言的最小单位是拼音化的结果。左颞平面或许是阅读习得的关键区域。在这里，腹侧视觉区域储存的字形知识首次被提取并和口语的音位表征建立联系，保证了形素—音素转换。的确，该皮层区域对声音和同步呈现的视觉单词的一致性很敏感（van Atteveldt，Formisano，Goebel 和 Blomert，2004），而阅读障碍者的这种敏感性较弱或根本缺失（Blau 等，2010）。

　　总的来说，有阅读能力者与无阅读能力者的大脑对比强调了阅读习得对大脑的改变程度，（这种改变）不局限于 VWFA，还表现在早期的视觉系统以及后期的语音知觉系统。通过对早期无阅读能力者实验数据的研究，我们可以证明这些系统都极具可塑性：在早期无阅读能力者成年后的阅读学习中，上述改变几乎都部分可见（Dehaene，Pegado 等，2010；见图 2，第 216 页）。因此，我们可以说，即使是少量的阅读练习也可以改变大脑。一项对幼儿园儿童的纵向研究支持了这一结论（Brem 等，2010）：8 周的形音转换游戏项目训练（GraphoGame，一项计算机化的形素—音素转换训练项目）足以加强 VWFA 对字母串（相对于无意义字形）的反应。与之相似的是，训练成人辨识新的文字，经过一定阶段的训练，VWFA 会产生大量变化（Hashimoto 和 Sakai，2004；Song，Hu，Li，Li 和 Liu，2010；Yoncheva，Blau，Maurer 和 McCandliss，2010）。有趣的是，这些由阅读引起的改变并不是什么时候都会出现，它一定伴随着对字形和语音间关联的系统关注。因此，我们可以说，VWFA 的反应不仅包含对视觉输入的自下而上的统计，还受来自目标字音信息的自上而下的影响（Goswami 和 Ziegler，2006）。阅读学习要求在大脑内进行视觉区域和听觉区域的双向对话，视觉区域负责编码字母串，听觉区域负责编码一段话的语音片段。这种双向对话所包含的自上而下部分，我们现在可以通过神经成像技术直接将其可视化：即使在没有任何视觉输入的情况下，只要字形编码的激活对他们有用，出色的读者仅凭语音输入就能选择性地激活 VWFA 区（Cohen，Jobert，Le Bihan 和 Dehaene，2004；Dehaene，Pegado 等，2010；Desroches 等，2010；Yoncheva，Zevin，Maurer 和 McCandliss，2010）。

对教育的影响

在将这些脑科学的研究结果应用到教育领域的时候，我们应当十分谨慎。理解了大脑的变化并不一定就能找到最好的教育方法。然而我仍然坚信，更好地了解学生学习阅读时大脑的变化，对教育者有极大的好处。正如一个对引擎运作了如指掌的机械师能轻松判断引擎问题一样，一个了解儿童大脑运作的教育者自然能找到更好的教育方式。怀着这样的想法，我和我的同事没有去设计一个如何"教人阅读"的方法，而是试着总结一系列在阅读习得中起作用且任何教育方法都可以运用的认知原则。

脑成像实验使我们更清晰地看到阅读习得产生的皮层变化。阅读不是一项生来就能完成的任务。从进化上来说，儿童在生理上并没有准备好学习阅读（不像口语习得）。因此，老师们必须明白那些他们认为理所应当的阅读步骤对于儿童来说并不是那么理所应当。老师们作为专家级的阅读者拥有完全自动且无意识的阅读系统，儿童却没有。在儿童掌握阅读技能之前，在语音和视觉层面上会发生巨大的变化。没有阅读能力的人无法理解音素的概念，比如说"rat"的词首、"brat"的词中和"car"的词尾是一样的，这是拼音化的结果。与之相似，单词由基本字母构成，且每一个字母或一组字母（形素）都与一种语音或音素相关，这个概念的理解绝不是微不足道的。形—音转换规则必须系统地、逐条地教：教得越多，儿童的阅读表现包括阅读理解能力就越好（Ehri 等，2001）。简单地说，我们必须耐心地向儿童解释字母代码的所有规则：单词是由字母或形素构成的；形素映射到音素；应该按从左到右的顺序解码字母；从空间上来说，字母从左到右的组合方式和它们发音的时间顺序是相关的；改变字母的空间顺序就可以得到新的音节和单词。

显然，我在此提倡的是自然拼读法，反对整字或全语言（Whole-Word or Whole-Language）教学法。许多相互关联的要素支持我的看法（欲知详情，可参见 Dehaene，2009）。首先，对大脑阅读机制的分析没有提供任何证据来支持"单词是凭整体形状或轮廓来认知的"这种说法。恰恰相反，字母和字母组合，比如双字母组合和语素，才是构成认知的单元。第二，让成人通过整词和形—音对应两种方式来学习阅读新的文字，实验结果有巨大差异（Yoncheva，Blau 等，2010）：只有运用形—音对应方式的那一组成人习得了新的语言文字并训练了左脑的 VWFA。接受整字训练并关注单词整体形状的那组成人，右脑相同的区域发生了变化，这显然不是熟练阅读的常用脑区。

第三，这些理论和实验室结论与学校研究相结合，证明了整字教学法不能快速地提升个体的阅读学习。当然，整字教学法也不会使人患上阅读障碍，后者是生理性的，甚至有一部分是由于基因的异常引起的。然而，整字教学法的确会导致本来可以避免的在阅读能力发展方面的延迟。

　　另一项对教育十分重要的发现是，由于不同语言的形—音转换规律不同，其阅读习得的速度也会有巨大的差异（Paulesu 等，2000；Seymour，Aro 和 Erskine，2003；Ziegler 和 Goswami，2006）。在意大利和德国，儿童能在几个月内学会阅读，因为他们的文字十分规则，形—音转换的知识足以让他们读出几乎所有单词。英语和法语则完全相反，它们是极其没有规律的语言体系，充满了各种特例（比如"though"和"tough"），并只能通过词汇语境排除模糊词意。行为研究表明，英语学习者至少要经过两年的训练，才能达到意大利儿童的阅读水平（Seymour 等，2003）。神经影像实验表明，为了达到这种阅读水平，英语学习者相对于意大利语读者增强了 VWFA 和中央前皮质的激活（Paulesu 等，2000）。因此，老师们需要注意所教语言中出现的不规则拼写。他们应该注意循序渐进，从最基本、最普遍的形—音转换规则开始教起，最后再教授特例。他们应该注意音节的复杂性，从相对简单的辅音—元音结构开始教，然后再教相对复杂的多辅音字母串。不发音的字母、不规则的拼写和希腊词源、罗马词源（比如"ph"）应该在整个学年的教学中反复学习。一个好的阅读课程不能停留在最简单的形—音转换规则层面：语素，对前缀、后缀、词根、词尾的理解，这些内容对熟练阅读而言同样重要（Devlin，Jamison，Matthews 和 Gonnerman，2004）。

　　近年来，我们越来越了解大脑是如何被再利用来阅读的，这阐明了儿童时期的另一神秘现象：镜像阅读和镜像书写。许多儿童会混淆镜像字母，比如"p"和"q"或者"b"和"d"。除此以外，他们偶尔还会左右相反地书写出镜像字，写得十分顺手，并且似乎并没有发现自己的错误。我们可以通过腹侧视觉皮层的功能来解释这种特别的行为。腹侧视觉皮层在习得阅读前，对物体、脸孔和场景的认知有恒常性。在自然界，左右明显不一样的物体很少。大多数情况下，一个自然物体的左右视图是成镜像的，这有助于人们将它统一起来看作同一个物体。对猴子的单细胞记录表明，这个原理深深扎根于视觉系统：对于许多枕颞视觉皮层的神经元来说，同一物体或人脸的左右视图对它们的激活完全相同（Freiwald 和 Tsao，2010；Logothetis，Pauls 和 Poggio，1995；Rollenhagen 和 Olson，2000）。通过神经影像，我和我的同事发现，主导这种镜像恒常性的正是大脑的 VWFA（Dehaene，Nakamura 等，2010；Pegado，Nakamura，Cohen 和

28

Dehaene，2011)。难怪儿童容易混淆"b"和"d"：他们试着用来学习阅读的大脑区域正是分不清左右图像的区域！镜像混乱是视觉系统的正常属性，所有儿童及无阅读能力者都有这种情况。但在他们开始识字后，对字母和几何图形的镜像混淆会逐渐消失(Cornell，1985；Kolinsky 等，2010)。但若延续到童年后期，则是阅读障碍的征兆(Lachmann 和 van Leeuwen，2007；Schneps，Rose 和 Fischer，2007)。因此老师需要注意镜像字母带来的难题，并且花功夫解释"b"和"d"的不同以及与它们相对应的音素(十分不幸的是，这两个音素也十分相似且容易混淆)。有趣的是，教孩子书写笔画有助于阅读，可能是因为这有助于储存字母和它们对应音素的特定视觉记忆(Fredembach，de Boisferon 和 Gentaz，2009；Gentaz，Colé 和 Bara，2003)。

许多学校都已经运用了这些观点，并没有等到认知神经科学诞生之后才开始。我只希望，通过揭示大脑机制，着眼阅读的认知神经科学研究能够将这些观点广泛传播，从而设计出更系统的、更具有理性的阅读教育方案。一门关于阅读的真正科学正在形成。将来，科学家、教育家紧密协作的新实验将进一步揭示大脑采用的渐进的学习步骤，并将探寻如何运用它来提高课堂的学习效果。

参考文献

Baker, C. I., Liu, J., Wald, L. L., Kwong, K. K., Benner, T., & Kanwisher, N. (2007). Visual word processing and experiential origins of functional selectivity in human extrastriate cortex. *Proc Natl Acad Sci USA*, *104*(21), 9087 - 9092.

Biederman, I. (1987). Recognition-by-components: a theory of human image understanding. *Psychol Rev*, *94*(2), 115 - 147.

Binder, J. R., Medler, D. A., Westbury, C. F., Liebenthal, E., & Buchanan, L. (2006). Tuning of the human left fusiform gyrus to sublexical orthographic structure. *Neuroimage*, *33*(2), 739 - 748.

Blau, V., Reithler, J., van Atteveldt, N., Seitz, J., Gerretsen, P., Goebel, R., et al. (2010). Deviant processing of letters and speech sounds as proximate cause of reading failure: a functional magnetic resonance imaging study of dyslexic children. *Brain*.

Bolger, D. J., Perfetti, C. A., & Schneider, W. (2005). Cross-cultural effect on the brain revisited: universal structures plus writing system variation. *Hum Brain Mapp*, *25*(1), 92 - 104.

Brem, S., Bach, S., Kucian, K., Guttorm, T. K., Martin, E., Lyytinen, H., et al. (2010). Brain sensitivity to print emerges when children learn letter-speech sound correspondences. *Proc Natl Acad Sci USA*, *107*(17), 7939 - 7944.

Bruer, J. T. (1997). Education and the brain: A bridge too far. *Educational Researcher*, *26*(8), 4 - 16.

Cai, Q., Lavidor, M., Brysbaert, M., Paulignan, Y., & Nazir, T. (2008). Cerebral lateralization of frontal lobe language processes and lateralization of the posterior visual word processing system. *J Cog Neurosci*, *20*, 672 – 681.

Cai, Q., Paulignan, Y., Brysbaert, M., Ibarrola, D., & Nazir, T. A. (2010). The left ventral occipito-temporal response to words depends on language lateralization but not on visual familiarity. *Cereb Cortex*, *20*(5), 1153 – 1163.

Cantlon, J. F., Pinel, P., Dehaene, S., & Pelphrey, K. A. (2011). Cortical representations of symbols, objects, and faces are pruned back during early childhood. *Cereb Cortex*, *21*(1), 191 – 199.

Changizi, M. A., Zhang, Q., Ye, H., & Shimojo, S. (2006). The Structures of Letters and Symbols throughout Human History Are Selected to Match Those Found in Objects in Natural Scenes. *Am Nat*, *167*(5), E117 – 139.

Cohen, L., Dehaene, S., Naccache, L., Lehéricy, S., Dehaene-Lambertz, G., Hénaff, M. A., et al. (2000). The visual word form area: Spatial and temporal characterization of an initial stage of reading in normal subjects and posterior splitbrain patients. *Brain*, *123*, 291 – 307.

Cohen, L., Jobert, A., Le Bihan, D., & Dehaene, S. (2004). Distinct unimodal and multimodal regions for word processing in the left temporal cortex. *Neuroimage*, *23*(4), 1256 – 1270.

Cohen, L., Lehericy, S., Henry, C., Bourgeois, M., Larroque, C., Sainte-Rose, C., et al. (2004). Learning to read without a left occipital lobe: right-hemispheric shift of visual word form area. *Ann Neurol*, *56*(6), 890 – 894.

Cornell (1985). Spontaneous mirror-writing in children. *Can J Exp Psychol*, *39*, 174 – 179.

Dehaene-Lambertz, G., Dehaene, S., & Hertz-Pannier, L. (2002). Functional neuroimaging of speech perception in infants. *Science*, *298*(5600), 2013 – 2015.

Dehaene-Lambertz, G., Hertz-Pannier, L., Dubois, J., Meriaux, S., Roche, A., Sigman, M., et al. (2006). Functional organization of perisylvian activation during presentation of sentences in preverbal infants. *Proc Natl Acad Sci USA*, *103*(38), 14240 – 14245.

Dehaene-Lambertz, G., Montavont, A., Jobert, A., Allirol, L., Dubois, J., Hertz-Pannier, L., et al. (2009). Language or music, mother or Mozart? Structural and environmental influences on infants' language networks. *Brain Lang*.

Dehaene, S. (1977/2011). *The number sense (2nd edition)*. New York: Oxford University Press.

Dehaene, S. (2005). Evolution of human cortical circuits for reading and arithmetic: The 'neuronal recycling' hypothesis. In S. Dehaene, J. R. Duhamel, M. Hauser & G. Rizzolatti (eds.), From monkey brain to human brain (pp. 133 – 157). Cambridge, *Massachusetts: MIT Press*.

Dehaene, S. (2009). *Reading in the brain*. New York: Penguin Viking.

Dehaene, S., & Cohen, L. (2007). Cultural recycling of cortical maps. *Neuron*, *56*(2), 384 – 398.

Dehaene, S., Cohen, L., Sigman, M., & Vinckier, F. (2005). The neural code for written words: a proposal. *Trends Cogn Sci*, *9*(7), 335 – 341.

Dehaene, S., Jobert, A., Naccache, L., Ciuciu, P., Poline, J. B., Le Bihan, D., et al. (2004). Letter binding and invariant recognition of masked words: behavioral and neuroimaging evidence. *Psychol Sci*,

15(5),307 - 313.

Dehaene, S. , Le Clec'H, G. , Poline, J. B. , Le Bihan, D. , & Cohen, L. (2002). The visual word form area: a prelexical representation of visual words in the fusiform gyrus. *Neuroreport*, *13*(3),321 - 325.

Dehaene, S. , Naccache, L. , Cohen, L. , Bihan, D. L. , Mangin, J. F. , Poline, J. B. , et al. (2001). Cerebral mechanisms of word masking and unconscious repetition priming. *Nat Neurosci*, *4*(7),752 - 758.

Dehaene, S. , Nakamura, K. , Jobert, A. , Kuroki, C. , Ogawa, S. , & Cohen, L. (2010). Why do children make mirror errors in reading? Neural correlates of mirror invariance in the visual word form area. *Neuroimage*, *49*(2),1837 - 1848.

Dehaene, S. , Pegado, F. , Braga, L. W. , Ventura, P. , Nunes Filho, G. , Jobert, A. , et al. (2010). How learning to read changes the cortical networks for vision and language. *Science*, *330*(6009), 1359 - 1364.

Déjerine, J. (1891). Sur un cas de cécité verbale avec agraphie suivi d'autopsie. *Mémoires de la Société de Biologie*, *3*,197 - 201.

Desroches, A. S. , Cone, N. E. , Bolger, D. J. , Bitan, T. , Burman, D. D. , & Booth, J. R. (2010). Children with reading difficulties show differences in brain regions associated with orthographic processing during spoken language processing. *Brain Res*.

Devauchelle, A. D. , Oppenheim, C. , Rizzi, L. , Dehaene, S. , & Pallier, C. (2009). Sentence syntax and content in the human temporal lobe: an fMRI adaptation study in auditory and visual modalities. *J Cogn Neurosci*, *21*(5),1000 - 1012.

Devlin, J. T. , Jamison, H. L. , Matthews, P. M. , & Gonnerman, L. M. (2004). Morphology and the internal structure of words. *Proc Natl Acad Sci USA*, *101*(41),14984 - 14988.

Ehri, L. C. , Nunes, S. R. , Stahl, S. A. , & Willows, D. M. M. (2001). Systematic phonics instruction helps students learn to read: Evidence from the National Reading Panel's meta-analysis. *Review of Educational Research*, *71*,393 - 447.

Fredembach, B. , de Boisferon, A. H. , & Gentaz, E. (2009). Learning of arbitrary association between visual and auditory novel stimuli in adults: the 'bond effect' of haptic exploration. *PLoS One*, *4*(3),e4844.

Freiwald, W. A. , & Tsao, D. Y. (2010). Functional compartmentalization and viewpoint generalization within the macaque face-processing system. *Science*, *330*(6005),845 - 851.

Gaillard, R. , Naccache, L. , Pinel, P. , Clemenceau, S. , Volle, E. , Hasboun, D. , et al. (2006). Direct intracranial, fMRI, and lesion evidence for the causal role of left inferotemporal cortex in reading. *Neuron*, *50*(2),191 - 204.

Gentaz, E. , Colé, P. , & Bara, F. (2003). Evaluation d'entranements multisensoriels de préparation à la lecture pour les enfants en grande section de maternelle: une étude sur la contribution du système haptique manuel. *L'Année Psychologique*, *104*,561 - 584.

Glezer, L. S. , Jiang, X. , & Riesenhuber, M. (2009). Evidence for highly selective neuronal tuning to whole words in the 'visual word form area'. *Neuron*, *62*(2), 199 – 204.

Goswami, U., & Ziegler, J. C. (2006). A developmental perspective on the neural code for written words. *Trends Cogn Sci*, *10*(4), 142 – 143.

Hashimoto, R., & Sakai, K. L. (2004). Learning letters in adulthood: direct visualization of cortical plasticity for forming a new link between orthography and phonology. *Neuron*, *42*(2), 311 – 322.

Hasson, U., Levy, I., Behrmann, M., Hendler, T., & Malach, R. (2002). Eccentricity bias as an organizing principle for human high-order object areas. *Neuron*, *34*(3), 479 – 490.

Jacquemot, C., Pallier, C., LeBihan, D., Dehaene, S., & Dupoux, E. (2003). Phonological grammar shapes the auditory cortex: a functional magnetic resonance imaging study. *J Neurosci*, *23*(29), 9541 – 9546.

Jobard, G., Crivello, F., & Tzourio-Mazoyer, N. (2003). Evaluation of the dual route theory of reading: a metanalysis of 35 neuroimaging studies. *Neuroimage*, *20*(2), 693 – 712.

Kolinsky, R., Verhaeghe, A., Fernandes, T., Mengarda, E. J., Grimm-Cabral, L., & Morais, J. (2010). Enantiomorphy through the Looking-Glass: Literacy effects on mirror-image discrimination. *JEP: General*, *in 2nd revision*.

Lachmann, T., & van Leeuwen, C. (2007). Paradoxical enhancement of letter recognition in developmental dyslexia. *Dev Neuropsychol*, *31*(1), 61 – 77.

Logothetis, N. K., Pauls, J., & Poggio, T. (1995). Shape representation in the inferior temporal cortex of monkeys. *Curr Biol*, *5*(5), 552 – 563.

Morais, J., Cary, L., Alegria, J., & Bertelson, P. (1979). Does awareness of speech as a sequence of phones arise spontaneously? *Cognition*, *7*, 323 – 331.

Paulesu, E., McCrory, E., Fazio, F., Menoncello, L., Brunswick, N., Cappa, S. F., et al. (2000). A cultural effect on brain function. *Nat Neurosci*, *3*(1), 91 – 96.

Pegado, F., Nakamura, K., Cohen, L., & Dehaene, S. (2011). Breaking the symmetry: Mirror discrimination for single letters but not for pictures in the Visual Word Form Area. *Neuroimage*, *55*, 742 – 749.

Pinel, P., & Dehaene, S. (2009). Beyond hemispheric dominance: brain regions underlying the joint lateralization of language and arithmetic to the left hemisphere. *J Cogn Neurosci*, *22*(1), 48 – 66.

Puce, A., Allison, T., Asgari, M., Gore, J. C., & McCarthy, G. (1996). Differential sensitivity of human visual cortex to faces, letterstrings, and textures: a functional magnetic resonance imaging study. *Journal of Neuroscience*, *16*, 5205 – 5215.

Qiao, E., Vinckier, F., Szwed, M., Naccache, L., Valabregue, R., Dehaene, S., et al. (2010). Unconsciously deciphering handwriting: subliminal invariance for handwritten words in the visual word form area. *Neuroimage*, *49*(2), 1786 – 1799.

Rollenhagen, J. E., & Olson, C. R. (2000). Mirror-image confusion in single neurons of the macaque inferotemporal cortex. *Science*, *287*(5457), 1506 – 1508.

Schneps, M. H., Rose, L. T., & Fischer, K. W. (2007). Visual learning and the brain: Implications for dyslexia. *Mind, Brain and Education*, *1*(3), 128 – 139.

Seymour, P. H. , Aro, M. , & Erskine, J. M. (2003). Foundation literacy acquisition in European orthographies. *Br J Psychol*, *94*(Pt 2),143 - 174.

Song, Y. , Hu, S. , Li, X. , Li, W. , & Liu, J. (2010). The role of top-down task context in learning to perceive objects. J Neurosci, 30(29),9869 - 9876. Szwed, M. , Dehaene, S. , Kleinschmidt, A. , Eger, E. , Valabregue, R. , Amadon, A. , et al. (2011). Specialization for written words over objects in the visual cortex. *Neuroimage*.

van Atteveldt, N. , Formisano, E. , Goebel, R. , & Blomert, L. (2004). Integration of letters and speech sounds in the human brain. *Neuron*, *43*(2),271 - 282.

Vinckier, F. , Dehaene, S. , Jobert, A. , Dubus, J. P. , Sigman, M. , & Cohen, L. (2007). Hierarchical coding of letter strings in the ventral stream: dissecting the inner organization of the visual word-form system. *Neuron*, *55*(1),143 - 156.

Yoncheva, Y. N. , Blau, V. C. , Maurer, U. , & McCandliss, B. D. (2010). Attentional focus during learning impacts N170 ERP responses to an artificial script. *Dev Neuropsychol*, *35*(4),423 - 445.

Yoncheva, Y. N. , Zevin, J. D. , Maurer, U. , & McCandliss, B. D. (2010). Auditory selective attention to speech modulates activity in the visual word form area. *Cereb Cortex*, *20*(3),622 - 632.

Ziegler, J. C. , & Goswami, U. (2006). Becoming literate in different languages: similar problems, different solutions. *Dev Sci*, *9*(5),429 - 436.

3.

语言习得关键期背后的脑机制：理论与实践相结合

帕特里夏·库尔（Patricia K. Kuhl）

33　　**引言**

　　半个世纪前，人类的言语和语言能力引发了天赋论（Chomsky，1959）和学习论（Skinner，1957）这两派拥护者对于人类存在本质的激烈论战。争论主要围绕儿童习得语言过程中的学习和发展以及伴随的显著变化展开。尽管我们现在了解的有关婴幼儿的大量知识已经远远超出了当时这场论战的水平，比如我们知道婴儿暴露在人类自然语言环境中就表现出无比惊人的却又是与生俱来的语言学习能力（Kuhl，2009；Saffran，Werker 和 Werner，2006），但对语言发展及其"关键期"（Critical Period）背后的脑机制这一块我们才刚刚起步（见 Friederici 和 Wartenburger，2010；Kuhl 和 Rivera-Gaxiola，2008；Kuhl 等，2008）。发展神经科学已经开始深化我们对语言本质以及学习"机遇期"（Window of Opportunity）的理解。

　　在语言关键期及其实践意义这个主题下，我将一岁以内的婴儿作为研究的主要对象，把这些最年轻的学习者与成年学习者进行比较。语言学证据将聚焦于组成词汇的辅音和元音，这些是最基本的语言单位。婴儿对言语基本单位的反应为实验上探讨语言习得的先天和后天之争打开了一扇窗。语音层面的比较研究有助于我们了解人类刚刚出生时，以及接触语言后的独一无二的语言加工能力。我们开始探索早在婴幼儿时期就接触双语将如何造就双语脑，并且双语教育也让我们检验关键期的相关理论成为可能。婴儿脑成像正推进着我们对人类独一无二的语言能力的理解。

观测婴幼儿脑的尺与规

　　用于研究幼儿语言加工能力的非侵入性观测技术近年来发展迅速（图 1，见 217

页），包括脑电图描记法（Electroencephalography，EEG）/事件相关电位技术（Event-Related Potentials，ERPs）、脑磁图（Magnetoencephalography，MEG）、功能性磁共振成像（fuctional Magnetic Resonance Imaging，fMRI）和近红外光学成像技术（Near-Infrared Spectroscopy，NIRS）。 34

ERPs 广泛运用于婴幼儿的言语和语言加工研究中（综述请参考 Conboy，Rivera-Gaxiola，Silva Pereyra 和 Kuhl，2008；Friederici，2005；Kuhl，2004）。作为 EEG 的一部分，ERPs 反映了与特定感觉刺激（比如音节或词汇）呈现或某种认知过程（比如识别句子或短语中的语义违反）在时间上紧密关联的脑电活动。通过在幼儿头皮上放置传感器，我们可以测量神经网络在开放性电场环境中的协同性放电活动，并探测到皮层神经活动所引发的电压变化。ERPs 可以提供精确的时间分辨率（毫秒级），非常适合研究人类语言的高速时序结构。ERP 实验也可以用在受制于年龄和认知损伤而无法作出明显反馈的人群。然而，它对脑激活来源进行定位的空间分辨率是有限的。

MEG 是另一种具有高精度时间分辨率的追踪脑活动的神经影像技术。MEG 头盔里的超导量子干涉器（superconducting quantum interference device，SQUID）传感器测量处理感觉、运动或认知任务时大脑活动引发的与电流相关的微磁场。与 EEG 相比，MEG 能够更进精确地定位扰动磁场的神经放电。凯尔等人（Cheour 等，2004）和今田等人（Imada 等，2006）采用新的头部跟踪方法和 MEG 技术呈现了新生儿和婴幼儿在一岁以内的语音辨别能力。精密的头部追踪软硬件帮助研究者校正婴儿的头部移动，并且使得在婴儿听人讲话时检查多脑区成为可能（Imada 等，2006）。MEG（以及EEG）技术是完全安全、无噪音的。

MRI 可以结合 MEG 或 EEG，提供大脑的静态结构和剖面成像。结构性 MRI 能够显示脑区在一生中的解剖差异，并且在最近被用来预测成人第二语言的语音学习（Golestani，Molko，Dehaen，LeBihan 和 Pallier，2007）。对初生婴儿的结构性 MRI 测量结果能够确定多种脑结构的大小，并且这一结果与晚期语言能力相关（Ortiz-Mantilla，Choe，Flax，Grant 和 Benasich，2010）。当结构性 MRI 与 MEG 或 EEG 探 35 测到的生理活动相互叠加之后，由这些方法记录的脑活动的空间定位将得以改善。

fMRI 提供高空间分辨率的全脑神经活动成像，因此是一种常用于成人的神经成像手段（如 Gernsbacher 和 Kaschak，2003）。与 EEG 和 MEG 不同，fMRI 探测的是神经活动触发的血液中氧含量水平的变化而非直接的神经活动。神经活动的发生以毫秒为计，但其触发的血氧变化却延长至数秒，因此严重限制了 fMRI 的时间分辨率。

由于 fMRI 技术要求实验对象保持完全的静止不动,并且因 MRI 设备产生较大的噪声而有必要对婴儿的耳朵采取适当的保护措施,因此鲜有研究尝试在婴儿身上采用这种技术。fMRI 研究能够进行大脑活动的精确定位,而一些开拓性的研究显示出婴儿和成人对语言反应的大脑结构高度相似(Dehaene-Lambertz, Dehaene 和 Hertz-Pannier, 2002;Dehaene-Lambertz 等,2006)。

NIRS 也测量神经活动相应的脑血流动力响应情况,但采用对血红蛋白浓度敏感的光的吸收量来测量激活情况(Aslin 和 Mehler,2005)。NIRS 通过近红外光来测量含氧和脱氧血红蛋白在大脑中的浓度以及大脑皮层中不同区域的血液总量变化。NIRS 系统可以通过持续监测血液中的血红蛋白水平来确定大脑特定区域的活动。报告显示,婴儿在头两年已经开始对音素和较慢言语速度的"妈妈语"以及正序和逆序句子的对比作出反应(Bortfeld,Wruck 和 Boas,2007;Homae,Watanabe,Nakano,Asakawa 和 Taga,2006;Peña,Bonatti,Nespor 和 Mehler,2002;Taga 和 Asakawa,2007)。与 fMRI 等其他血流动力学影像技术相似,NIRS 不具备优良的时间分辨率。然而,已经有研究者开发出事件相关的 NIRS 范式(Gratton 和 Fabiani,2001a,2001b)。NIRS 技术的一项最重要的潜在用途即与 EEG、MEG 等其他技术一起配合使用。

语音学习

对言语的语音单位——构成词汇的元音和辅音的感知是研究最广泛的婴儿期和成人期语言的技能之一。研究者研究了语音感知和学习过程中经验的作用,研究对象包括在发展期接触了特定语言的婴儿、来自不同文化的成人、发展障碍儿童以及动物。语音感知研究为语言发展及其理论提供了有力的检验。目前在言语感知发展方面已有大量的文献,相应的脑测量也大大扩充了我们对语音发展和学习的认识(见 Kuhl,2004;Kuhl 等,2008;Werker 和 Curtin,2005)。

近十年以来,脑与行为研究表明,婴儿期最初的语言习得存在着一套非常复杂的相互作用的大脑系统,其中一些与成人语言加工相似(Dehaene-Lambertz 等,2006)。在成人阶段,语言是高度模块化的,这解释了中风后的成年人在语言缺陷以及脑损伤上的特定模式(Kuhl 和 Damasio,2013)。然而,婴儿必须在出生时就拥有让他们能够掌握所接触到的任何语言的脑系统,并且使得以听觉—声音或视觉—文字编码形式的语言习得的发展时间进程相似(Petitto 和 Marentette，1991)。对于理解婴儿在早期语言习得时的灵活性，比如他们通过眼耳掌握语言的能力、掌握一种以及多种语言的能力，以及随着年龄增长逐渐降低的早期灵活性以及我们在成人时期掌握新语言的能力大大减弱等的机制，我们还处在起步阶段(Newport，1990)。婴儿的脑能够以一种精妙的方式"破解语言密码"，而成人的大脑未必能做到这点。探索其中的成因是一个非常有趣的课题。

在这篇综述中，我也将探讨当前的一个热点假说及其对语言关键期的理解——即关键期不仅仅是由时间(生长发育)驱动的，也受到经验的影响。在对语音学习关键期的探索中，我们将检验经验的作用，特别是在学习最佳时期结束时的情况。我也将阐释如下的观点：那些诸如支配社会认知的自上而下的系统机制对婴儿"破解语言密码"的能力有着至关重要的作用。根据这个观点，婴儿结合了一整套普适的强大计算能力以及他们同样非凡的社交能力使学习成为可能。因此，社会认知和语言加工背后的脑机制彼此影响，控制发展关键期的开始和结束。自然语言实验——同时学习一种以上的语言——揭示了很多经验是如何改变大脑的，这些数据也影响了关键期的有关争论。数据启发了对已有理论的修正。同样重要的是，这些数据告诉我们应该如何促进幼儿的语言学习，提高识字水平。

考虑到社会性的影响，我提出了社会脑——以我们还未理解的方式——"开启"语言学习背后的计算机制(Kuhl，2007，2011)。社会因素开闭语言学习的假设将有助于解释发育正常的儿童如何习得语言，自闭症儿童为什么在社会认知和语言上同时具有缺陷，以及拥有非凡计算能力的非人类动物为何不能掌握语言。此外，这种开闭假说也可以解释为什么社会因素对人类一生中的跨领域学习发挥着以前所未意识到的更为深远的作用(Meltzoff，Kuhl，Movellan 和 Sejnowski，2009)。社会学习理论一直以来强调社会因素在语言习得中的作用(Bruner，1983；Tomasello，2003a，2003b；Vygotsky，1962)。然而，这些模型强调词汇理解的发展以及利用他人的交流意图来促进学习者理解词语和事物之间的映射关系。最新证据表明，社会交往控制着语言更基本的层面——基本语音单位学习的开启，这证实了之前假说中人类社会认知背后的大脑机制与语言起源之间存在更为基本的关联。

对婴儿在一岁以内语音知觉的研究揭示了，计算、认知和社会技能是如何结合起来以形成非常强大的学习机制的。有趣的是，这种机制并不像斯金纳(Skinner)的操作条件反射和强化学习模型，也不像乔姆斯基(Chomsky)关于参数设定的详细观点。

当暴露在语言环境中时,婴儿采用的加工方式是复杂且多通道的,而且这些过程也源自婴儿时期对自然世界中事物和事件的高度关注:他人的面部(表情)、行为和声音。

语言学习存在"关键期"

人类语言学习的一个阶段性概念如图 2 所示,该图由约翰逊和纽波特(Johnson 和 Newport,1989)根据对母语为韩语、英语为第二语言的学习者的研究进行了重绘。该图呈现了第二语言学习的能力随着第二语言习得年龄而变化的简化原理图。

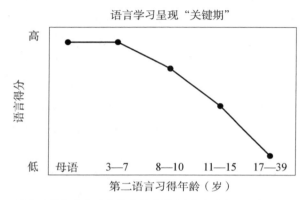

图 2　第二语言习得年龄与语言技能关系图(改编自 Johnson 和 Newport,1989)

从更为一般的人类学习观点来看,图 2 呈现的内容令人吃惊。尽管成年人具有认知方面的优势,但是在语言学习领域,婴幼儿比他们更为优秀。语言是神经生物学上具有"关键期"或者"敏感期"的一个经典例子(Bruer,2008;Johnson 和 Newport,1989;Knudsen,2004;Kuhl,2004;Newport,Bavelier 和 Neville,2001)。

科学家们普遍认为,上述学习曲线可以代表各种第二语言学习研究的数据结果(Bialystok 和 Hakuta,1994;Birdsong 和 Molis,2001;Flege,Yeni-Komshian 和 Liu,1999;Johnson 和 Newport,1989;Kuhl,Conboy,Padden,Nelson 和 Pruitt,2005a;Kuhl 等,2008;Mayberry 和 Lock,2003;Neville 等,1997;Weber-Fox 和 Neville,1999;Yeni-Komshian,Flege 和 Liu,2000;也参见 Birdsong,1992;White 和 Genesee,1996)。然而,并非语言的所有方面都表现出相同的关键期。尽管研究还不能准确记录每个个体的精确发生时间,但语言的语音、词汇和语法学习发展的关键期有所不同。

比如研究表明,语音学习的关键期发生在 1 岁末前,而语法学习的关键期在 18 个月到 36 个月之间。词汇发展在 18 个月大时激增,但并不像语言学习的其他方面那样有着严格的年龄节点——个体可以在任何年龄习得全新的词汇。未来研究的一个目标将是记录语言各个方面关键期的"起点"和"终点",并了解它们之间重叠和差异的原因。

基于普遍认同的事实,即我们在一生中的学习能力是不均等的,目前理论聚焦于试图理解学习如何以及为何受制于特定时期。如何解释成人掌握新语言的困难而婴儿却学习自如?

关键期的近期证据中有一部分关于视觉研究,尤其是用眼优势,正从生理学的角度探讨细胞水平上关键期的开启与理想学习阶段的关闭的生化触发机制。举例来说,自休博尔(Hubel)和维瑟尔(Wiesel)的开创性工作以来(Hubel 和 Weisel,1963;Weisel 和 Hubel,1963;Hensch,2005),我们已经知道大脑视觉皮层的用眼优势是由发展中的特定经验所决定的——双眼的信息输入会决定其中一只眼睛对另一只的相对优势地位。在双眼视像融合的关键期,封闭一只眼睛将导致永久性的视力下降。最近的研究表明,在双眼视知觉的形成过程中,是大脑的抑制回路在控制可塑性的开始和结束(Hensch 和 Stryker,1996;Hensch,2005)。这一发现在理解视觉关键期背后的机制方面迈出了激动人心的新的一步。

控制学习期开闭的分子成分(抑制性的 GABA 能系统等)的研究从理论角度提出了一个重要的问题:是什么触发了这些抑制性回路?是个体成熟触发了分子机制,使得它们启动了学习并最终减缓学习,还是说这种触发来自环境?视觉研究提供了一条线索:在完全黑暗中饲养动物(比如通过眼缝合),然后在典型的学习期之后打开眼睛可以延长关键期(Cho 和 Bear,2010)。至少对于双眼视觉来说,关键期并非严格地受发展成熟过程的影响。了解视觉之外其他能力是否如此,将推进理论的发展。

语音层面对"关键期"理论的贡献

我在实验室的工作一直致力于这样的想法:经验而非简单的时间或成熟度控制着语言关键期的开始和结束(Kuhl,2000)。我们发表过的研究成果主要集中在"随语言经验增长而导致语音学习减退"的关闭机制上。最近我们已经开始了关键期开启方面的研究。

语言习得通常被作为学习关键期的例子,来说明关键期受到时间和荷尔蒙等来自学习过程外部的因素的影响。言语研究（以及鸟类习得鸟鸣；见 Doupe 和 Kuhl，1999）提示了另一种可能性（Kuhl，2000）。言语方面的研究表明，早期的学习本身可能会限制以后的学习。在已经发表的文章中，我提出了神经定型（Neural Commitment）的概念，即以婴儿早期形成的神经回路和整体架构来检测言语的语音和韵律模式（Kuhl，2004；Zhang，Kuhl，Imada，Kotani 和 Tohkura，2005；Zhang 等，2009）。随着经验形成的神经结构旨在最大限度地提高婴儿对一种或多种语言的加工效率。一旦完全建立起来，比如接触法语或者塔加拉语而形成的神经结构，将阻碍与之不相符的其他语言的学习。

婴儿语音学习：社会脑控制学习的"开闭"

世界上的语言包含约 600 个辅音和 200 个元音（Ladefoged，2001）。每种语言都使用一组独特的音素来改变一个单词的含义（如英语中的"bat"和"pat"）。但是音素实际上是一组不相同的声音或语音单元，在语言中享有功能上的等价。学习日语的婴儿要把"r"和"l"这两种音素单位归入一个语音类别（日语的"r"），而学习英语的婴儿要严格区分这两个类别，即"rake"是有别于"lake"的。学习西班牙语的婴儿必须区分对西班牙语单词至关重要的语音单元（"baño"和"paño"），而学习英语的婴儿则把这两类并入一类（英语中的"b"）。

如果婴儿接触的语言环境中只包括最终将用于区分他们母语词汇中的那一部分语音单位，这个问题将是微不足道的。但婴儿要接触比实际运用的音素更多的语音变体。因此婴儿在一岁之内的任务是弄清楚他们语言中 40 多个语音范畴的构成，然后再尝试掌握基于这些基本单位的词语。20 世纪 70 年代的一项重要发现是，婴儿最初能够听出所有的语音差异，他们的这种普遍性的语音辨别能力是与生俱来的（Eimas，1975；Eimas，Siqueland，Jusczyk 和 Vigorito，1971；Lasky，Syrdal-Lasky 和 Klein，1975；Werker 和 Lalonde，1988）。

在 6 个月到 12 个月之间，非母语的语音辨别能力逐渐减弱（Best 和 McRoberts，2003；Rivera-Gaxiola，Silvia-Pereyra 和 Kuhl，2005a；Tsao，Liu 和 Kuhl，2006；Werker 和 Tees，1984），而母语感知能力表现出显著的增长（Kuhl 等，2006；Tsao 等，2006；参见第 218 页图 3）。

是什么导致了在两个月的时间里发生的这场转变？利用现有数据可以创建一个语音知觉转变的模型，我们目前的加工过程模型（Kuhl 等，2008）表明，有两个因素对于敏感期的语音学习至关重要,即计算学习和社会认知。

计算学习因素

被称为"统计学习"的一种内隐形式的学习(Saffran,Aslin 和 Newport,1996)在婴幼儿语音学习中起着重要的作用。图4(第218页)提供了这一过程的卡通版。研究表明,英日双语的成人能够发出英语的"/r/"、英语的"/l/"以及日语中"/r/"的发音,因此,婴儿听到的语言中的发音并不能完全解释学习的过程(Werker 等,2007)。而事实上,两种语言发音的频率分布模式向学习英语和日语的婴儿提供了语音学习的信息。

在婴儿听英语、日语时,他们关注于两种语言所包含的音素单位的分布特性。这些分布信息影响他们对音素单位的知觉(Kuhl,Williams,Lacerda,Stevens 和 Lindblom,1992;Maye,Weiss 和 Aslin,2008;Maye,Werker 和 Gerken,2002;Teinonen,Fellman,Naatanen,Alku 和 Huotilainen,2009)。这些分布上的差异在"妈妈语"中被夸大了。在世界各地,对儿童所用的语言,在音调上和语音上的夸张说法几乎是普遍的(Kuhl 等,1997;Vallabha,McClelland,Pons,Weker 和 Amano,2007;Werker 等,2007)。

在理想的情况下(参见图4,第218页),英语和日语发音的分布是不同的:英语"妈妈语"中包含许多英语的"/r/"和"/l/"发音,但只有极少数的日语舌音"/r/",然而在日语"妈妈语"中却与此恰恰相反。各种研究表明,婴幼儿能够辨别出环境语言中的频率分布模式,不管是在短期的实验室情境还是在长期的自然情境中,而这改变了他们对语音的感知(Maye 等,2002;Maye 等,2008)。因此言语中的分布式属性的统计学习支持了婴儿从出生时的一般性感知转变为一岁末时的母语感知。

上述数据和论据让我们看到统计学习过程可以支配大脑的可塑性(Kuhl,2002;Kuhl 等,2008)。如果婴幼儿对他们所听到的语言中的发音建立起相应的统计分布,到某些时候这些分布将趋于稳定。在稳定点,其他语言输入不会导致发音的整体统计分布发生重大变化,而且根据我们的模型,这种稳定性会减弱对语言输入的敏感性。换言之,即假设可塑性下降的原因就是稳定性削弱可塑性的统计过程。举例来说,可以想象婴儿在听到第一百万次的元音"/a/"时,其相应的表征可能已经稳定下来,而这

可能会触发关键期的结束阶段的开启。根据这个解释,可塑性与时间并无关系,而是依赖于语言经验的输入量和变异性。这种推理本身提供了可证实的假设。本章后面回顾的有关双语婴儿的研究,提供了检验这一模型的例证。

脑节律是言语统计学习的指标

统计学习是引导婴儿而非成人的语音学习的一个内隐策略——在国外待上几个月尽管会体验到新的统计分布,但并不会改变言语感知。最近我的实验室的工作表明,与注意、认知努力等高级认知功能相关的大脑振荡("节律")是言语统计学习中发生转变的指标(Bosseler,Taulu,Imada 和 Kuhl,2011)。

以往研究已经显示,脑节律中的 θ 波(约 4—8 Hz)是成人(Jensen 和 Tesche,2002)和婴儿(Kahana,Sekuler,Caplan,Kirschen 和 Madsen,1999)的注意和认知努力的指标。采用经典的怪球范式(oddball paradigm),使用高频和低频的母语和非母语语音,我们测试了三个年龄组:6—8 个月大婴儿,10—12 个月大婴儿以及成人。采用全脑成像的脑磁图(MEG)技术收集数据,安全无噪音。

博塞勒等人(Bosseler 等,2011)预测,在发育早期,当婴儿表现出对语言经验最大程度的敏感时,注意和认知努力受到对事件分布频率的敏感性的驱动,如图 4(参见第218 页)所示。学习一旦发生(在完成神经定型后),注意和认知努力就会受到已习得类别的支配;与习得的音素类别相符合的刺激更容易处理,而不相符的新异刺激将需要更多的注意和认知努力。我们预计,6—8 个月大的婴儿对任何语言的任何频率的刺激都会有 θ 波的增强,成人只对任何频率的新异语言刺激表现出 θ 波的增强。我们预计,10—12 个月大的婴儿会表现出类似成人的中间模式。

我们的研究结果证实了这些预测(Bosseler 等,2011)。6—8 个月大的婴儿对母语和非母语的高频言语发音表现出 θ 波的增强。成人表现出相反的反应模式,对非母语的任何频率的发音都表现出 θ 波的增强。10—12 个月大的婴儿表现出中间模式的结果,接近成人的 θ 波模式。

这些结果表明,θ 波标志着接触特定语言时言语感知中出现的明确变化——当婴儿接触一种特定语言时,大脑的神经回路会集中注意于环境语言中所使用的音素范畴中表征高频言语的事件。这一内隐策略使婴儿拥有了通过经验学习语言的能力,关注他们本身文化环境中情境语言的关键发音。成人不再内隐地吸收新语言中音素范畴的统计特性。注意和认知努力受到已习得的语音范畴的制约。

我们仍然需要回答这样一个问题,以大脑节律 θ 波为指标的内隐策略是否是言语习得所特有的。一系列研究表明,第一次观察到的言语感知(Werker 和 Teas,1984)的收缩现象也出现在其他领域。婴儿在 8—12 个月之间表现出的面部(Pascalis,deHaan 和 Nelson,2002)或语言(Weikum 等,2007)视觉识别、词义概念再认(Hespos 和

Spelke，2004)以及跨通道感觉中都存在感知的收缩现象(Lewkowicz 和 Ghazanfar，2006)。在所有情况下,婴幼儿的能力最初比成人要更好,而在 6—12 个月的时间段下降。婴儿多种形式的区分能力与生俱来,而这一初始能力随着经验的增长而窄化了。

因此,知觉收窄现象可能反映了知觉策略领域一般性的发展性变化,这是由大脑对经验的反应引起的,而不是言语上的特定学习关键期。通过社会学习所习得的反映文化范畴的刺激(言语、人脸、概念范畴、音程)也会体现这个模式。进一步的实证研究有必要采用各种刺激来验证这一更广泛的假设。

社会因素

无论言语感知学习过程中观察到的以 θ 波为标志的知觉收窄是否是一个多领域的普遍现象,相比其他领域的研究,语音学习的研究已经在理解 6—12 月龄的婴儿学习的复杂情境条件方面更进了一步。目前的数据显示,婴幼儿的计算能力不能完全解释 6—12 月龄这一阶段语音认知上的转变。我们的研究表明,婴幼儿在复杂自然环境中的语言学习需求超过了原始的计算。通过测试暴露在复杂语言环境中的婴儿的语音和词汇学习,实验室研究发现了统计学习的限制,并提供了新的信息来表明社会脑系统(Social Brain Systems)全面参与了,或者更确切地说,是触发了自然语音学习的必要条件(Kuhl，Tsao 和 Liu，2003；Conboy 和 Kuhl，2011)。

新的实验采用以下方法测试婴儿:婴儿在 9 月龄时首次被暴露在外语环境中,这个年龄段是婴儿的感知从最初的一般模式转变为特定的语言模式的阶段(Kuhl 等,2003)。9 月龄的美国婴儿在 4—5 周的时间里,分 12 次听 4 位普通话母语者讲话。外语"教师"念书给婴儿听,并和他们玩玩具(伴随即兴说话)。对照组也暴露了 12 次,但只从英语母语者那里听英语的话语。当实验组和对照组都完成了 12 个阶段的语言暴露后,婴儿被试都接受不会出现在英语中的中文普通话中的语音对立对测试。实验采用 ERP 和行为学这两种测量方法。结果表明,婴儿在向"真人"学习的阶段中表现出了非凡的能力,他们的表现明显好于只听英语的控制组的表现。事实上,他们与在中国台湾听了 10 个月的中文普通话的相同年龄组的婴儿表现得一样好(Kuhl 等,2003)。

研究发现,婴儿可以在 9 月龄首次自然接触外语时学习语言,并回答了最初的实验问题:婴儿可以从 9 月龄时首次外语自然暴露中掌握新语言的语音统计结构吗?如果婴儿需要长期听这种语言——即如果需要在最初的 9 个月的生命里建立起统计

44

分布——我们的答案可能是否定的。然而,这些数据清楚地表明,当暴露在新的语言环境中,9 月龄的婴儿是能够学习的。此外,这种学习是持久的。婴儿在最后一个语言暴露阶段完成后的第 2 到 12 天内回到实验室进行行为辨别测试,在第 8 到 33 天内进行 ERP 测量。结果表明,在 2—33 天的延后里没有发现中文普通话语音对立对的"遗忘"。

暴露在中文普通话语言环境中的婴儿都显示出社会性的投入。而在无人参与的情况下,比如通过电视或者录音带,婴儿接触同样的实验材料是否也会学习呢? 如果统计学习足够充分,只通过电视和音频应该也能产生学习。同时以同样的速率向婴儿被试呈现相同的外语材料,但仅仅通过普通的电视或者录音带,却没有发现学习——他们的表现与未暴露在普通话环境中的控制组婴儿基本持平(参见图 5,第 219 页)。

因此,在语言暴露情境中成人与婴儿的互动,尽管在较简单的统计学习任务中并不要求这一条件(Maye 等,2002;Saffran 等,1996),却是复杂的自然语言学习情境中至关重要的因素(Kuhl 等,2003)。研究者采用相同的实验设计,研究了西班牙语婴儿,并将其运用于库尔等人(Kuhl 等,2003)的领域之外的研究中。康博伊(Conboy)发现,婴儿在语言暴露阶段不仅学习西班牙语的音素(Conboy 和 Kuhl,2011),也学习西班牙语的单词(Conboy 和 Kuhl,2010)。此外,康博伊和他的同事证明,婴儿暴露在西班牙语环境中的社会行为的个体差异与他们的音素和单词的学习程度显著相关,正如语言暴露阶段的社会行为与暴露后反映学习程度的脑测量结果之间的关系所显示的那样(Conboy,Brooks,Meltzoff 和 Kuhl,2008)。

这些研究表明,婴幼儿的计算能力是由社会互动启动的,这种情况同样反映在有关鸟类等其他物种的声音交流的神经生物学研究中(Doupe 和 Kuhl,2008)。社会互动"开启"婴儿最初的语言学习这一观点对自闭症儿童有着重要的意义,我们目前正准备在这方面展开研究(参见 Kuhl,Coffey-Corina,Padden 和 Dawson,2005b;Kuhl,2010a)。对低社会经济地位家庭的儿童语言和大脑的研究也说明了社会文化情境对语言学习的更广泛的作用。我们在这个领域的工作将儿童在 5 岁时大脑左半球在语言和识字方面的特异性程度和其所处环境中提供的学习机会的程度联系了起来(参见 Raizada,Richards,Meltzoff 和 Kuhl,2008;Neville,本书)。越来越多的研究成果表明,儿童早期的语言环境对语言学习有着显著的影响。

我们提出的模型表明,可能是计算能力和社会认知之间的互动开启了语音学习的关键期。婴儿的计算能力与生俱来(Teinonen 等,2009)。在 8 个月前的婴儿身上没有观察到语言经验对语音知觉的作用，这一事实表明，计算本身并不能触发学习。如前所述，我们最初给出的解释是，婴儿可能需要 8 个月的时间通过听力练习建立起所接触到的语言中发音的可靠统计分布，但我们的结果证实了 9 月龄的婴儿并不需要 8 个月的时间听取发音的经验来学习新的语言——他们暴露在新语言环境中不到 5 个小时就开始了学习，只要是暴露发生在社会化的情境中。

这些数据强调了一种可能性，即婴儿的社会技能——追踪眼动的能力，实现联合视觉注意，以及开始了解他人交流意图的能力和这些能力的发展——作为一种开关触发了可塑性。社会理解可能是触发人类婴儿语音学习的"开关"（Kuhl，2011）。以往的研究中，存在一个社会互动触发鸣禽学习的神经生物学上的先例。有一点已经达成共识，即更自然的社会情境会延伸学习期并且操纵其他社会因素来缩短或延长学习的最佳时期（Knudsen，2004；Woolley 和 Doupe，2008）。社会互动开启人类可塑性的这种可能性提出了许多新的问题，并且也对发育障碍有一定的意义（进一步的讨论参见 Kuhl，2010a）。

双语学习

在我们的早期语言发展模型中（Kuhl 等，2008），双语学习者应该与单语学习者遵守相同的原则——计算学习因素和社会因素会影响可塑性的持续时间。尽管如此，我们仍然认为，这个过程可能会导致相比于只学习其中一种语言的婴儿，学习英语和中文的双语婴儿会在较晚时候到达认知发展的转折点。我们认为，同时学习两种语言的婴儿会在较长的时间里都对经验保持开放性的状态，因为他们的语言输入映射有两种形式，每一种都具有独特的统计分布。社会输入常常使得特定语言的统计分布与不同的社会同伴个体联系起来，这也许有助于婴儿区分不同语言的统计规则。如果这个推论是正确的，那么双语者就需要更长的时间来开始关闭关键期，因为两种语言都需要较长时间来获得足够的数据以达到分布的稳定性——这取决于婴儿所在环境中对婴儿说两种语言的人数以及该环境中每个讲话者向婴儿的输入量。在更长一段时间内都保持感知开放的双语婴儿会具有高度的适应性。

只有少数的研究探讨了时机的问题，结果也是混杂的，原因可能是针对个体双语被试采用的方法不同或是两种语言的暴露量不同，以及语言和言语的对立对各具特征。博施和塞卫斯蒂安-盖尔斯（Bosch 和 Sebastián-Gallés，2003a）比较了西班牙语、加泰罗尼亚语单语环境以及西班牙语—加泰罗尼亚语双语环境中 4 月龄、8 月龄和 12

月龄的婴儿对加泰罗尼亚语而非西班牙语元音的辨别反应。他们的结果显示，4 月龄的婴儿可以区别元音对立对，而 8 月龄时，只有暴露在加泰罗尼亚语环境中的婴儿可以做到这点。有趣的是，同组的双语者在 12 月龄时重新获得了辨别这些元音的能力。作者报告了辅音研究（Bosch 和 Sebastián-Gallés，2003b）和之后的元音研究（Sebastián-Gallés 和 Bosch，2009）中的双语婴儿表现出了同样的发展模式。作者把这一结果作为证据，支持双语和单语语音范畴的形成可能遵循不同的进程。

相比之下，其他研究发现，双语婴儿区分他们母语的语音对立对在时间进程上与单语婴儿是一致的。例如，伯恩斯、吉田、希尔和韦克尔（Burns，Yoshida，Hill 和 Werker，2007）采用英语以及法语语音刺激测试了英语单语和英—法双语婴儿在 6—8 月龄、10—12 月龄、14—20 月龄时的辅音辨别能力。6—8 月龄的英语单语婴儿成功区分了两种语言中不同的语音类别，而 10—12 月龄和 14—20 月龄的英语单语婴儿只区分出了英语中不同的语音类别。在双语婴儿中，所有年龄组都成功区分了两种语言不同的语音类别。同样，桑达拉、波尔卡和莫尔纳（Sundara，Polka 和 Molnar，2008）发现 10—12 月龄的英—法双语婴儿能够区分法语的"/d/"和英语的"/d/"，而相同年龄组的单语婴儿却无法这样做。这些研究支持了这样一种观点：单语和双语婴儿以同样的速度发展语音表征（参见 Sundara 和 Scutellaro，2011）。

我们采用脑测量技术（事件相关电位技术，ERPs）对英语—西班牙语双语婴儿在辨别两种语言的语音对立对的能力方面进行了一项纵向研究，在发展早期的两个时间点上对家庭环境中的语言输入进行了评估，并在几个月后对这两种语言的词汇产生进行测验（Garcia-Sierra 等，2011）。这是第一例 ERP 研究，结合了横向和纵向方法评估双语婴儿的言语知觉，评估婴儿发展的早期音素感知、早期语言暴露和后续词汇产生。这项研究探讨了三个问题：双语婴儿对两种语言的音素单位的辨别能力在神经上的 ERP 成分是否在时间上与单语婴儿一致？对语音辨别的脑测量结果与两种语言的暴露量之间是否存在相关性？婴儿早期对两种语言语音的 ERP 反应和/或对每种语言的早期暴露量是否可以预测后续的词汇产生？

正如我们的言语感知模型所预测的，在使用与之前测试相同的刺激材料和方法下，双语婴儿表现出的神经定型模式与单语婴儿是不同的（Rivera-Gaxiola 等，2005a；Rivera-Gaxiola，Klarman，Garcia-Sierra 和 Kuhl，2005b）。里维拉-加科斯拉等人（Rivera-Gaxiola 等，2005a，2005b）收集了单语婴儿在 7 月龄和 11 月龄时候的数据。单语婴儿在 7 月龄时对母语语音（英语）和非母语语音对立对（西班牙语）的辨别都引

发了神经反应[以失匹配负波(mismatch Negativity，MMN)的形式]；11 月龄的单语
婴儿只对母语语音对立对(英语)表现出失匹配负波，这表明他们已经掌握了母语发
音，并且不再处于最初的一般性感知阶段。双语婴儿在 6—8 月龄时对西班牙语和英
语都没有表现出失匹配负波，而是表现出非显著的正波，这是一种更不成熟的反应。
在 10—12 月龄时，在两种语音对立对上都观测到了失匹配负波。在对 11 月龄和 14
月龄的单语和双语婴儿的研究中，这个模式都重复出现了；相比单语婴儿，双语婴儿在
更晚的时候对他们(两种)母语的发音都表现出失匹配负波。我们认为这对双语婴儿
来说，意味着一个更长的经验开放期(参见图 6，第 220 页)。

　　因此，我们对双语语音发展的脑测量为以下观点提供了一些支持，双语婴儿与单
语婴儿同时触发语音学习，但前者在较长一段时间里仍然对经验保持开放的状态。这
一模式表明，双语婴儿对他们更加丰富多样的语音环境表现出高度的适应性。

　　我们还假设，双语婴儿对英语和西班牙语的语音辨别能力可能与家庭中的语言暴
露程度相关，而且这种关系模式会受到年龄的影响。结果表明，年龄与对语言的高/低
暴露程度下的脑活动模式之间存在一种有趣的关系。具体来说，只有对英语(或者西
班牙语)高度暴露并对第二种语言低度暴露的婴儿，年龄才对言语的脑反应产生影响。
目前针对这种关系正在进行进一步的研究，但加西亚·谢拉等人(Garcia-Sierra 等，
2011)的发现表明，高度暴露于其中某一种语言环境的双语婴儿具有与相应的单语婴儿
相似的神经反应。考虑到双语婴儿语言经验的变化多样性，有必要进行更多的研究来
确定多大量的语言输入会关闭关键期，以及早期双语经验是否会在一生中带来更大的
语言可塑性。

　　最后，我们推测早期语言的脑测量结果和之后单词的产出之间存在关联，早期语
言暴露与之后单词的产出之间存在关联。两种假设都得到了证实。单词产出上英语
占优势的 15 月龄的儿童在英语语音对立对上表现出较好的神经区分性，同时，在家庭
环境里也接受了较强程度的英语暴露。同样，在单词产出上西班牙语占优势的 15 月
龄的儿童，在西班牙语对立对上表现出较好的神经性区分，以及在家庭环境里接受了
较强程度的西班牙语暴露。

　　从整体来看，这些结果表明，相比单语婴儿，接受两种母语语音单位测试的双语婴
儿在知觉上保持开放的时间更长——也即在时间上更晚形成认知收缩。我们推测，双
语婴儿具有高度的适应性。我们也发现，婴儿对语言的神经反应的个体差异以及后续
的单词产出，都受到其家庭环境中每种语言暴露量的影响。

社会经验会促进成人第二语言的学习吗?

对计算学习和社会机制作用的理解是否可以用来设计干预手段以提高成人第二语言的学习成绩? 我们在日本针对学习英语的日语母语者的研究表明,这一点是可能的。日语母语者对"/r/"和"/l/"区分的困难有据可查,即使大量训练也无济于事(Flege, Takagi 和 Mann, 1996; Goto, 1971; Miyawaki 等, 1975; Yamada 和 Tohkura, 1992)。我们假设,英语的加工需要发展出英语特定的频率分布,因为早期的日语暴露导致对于日语分布模式的神经定型,这可能使得"/r/"和"/l/"被归入日语"/r/"的类别(参见图 4,第 218 页)。计算神经模型实验得出的发现也与这一观点保持了一致(Vallabha 和 McClelland, 2007)。

我们实验室小组在东京与日本电信电话株式会社的研究人员合作,运用脑磁图研究技术的新培训结果表明,采用自然的婴儿学习的方式的培训有助于第二语言学习从而建立新的认知图谱。我们测试了 10 名日本被试和 10 名美国被试对英语"/ra/"和"/la/"的认知情况(Zhang 等, 2005)。行为测量包括语音音节的判断与辨别。在被试听音节的时候采集脑磁图数据。听母语语音会导致脑中更集中的显著激活,持续时间较短——我们把这种模式解释为听母语语音时神经效率较高。我们推测,神经效率反映了早期学习带来的高度熟练,神经效率的发展是以失去神经可塑性为代价的。

我们在后续的培训研究中测试了这个观点,在研究中我们采用了高度社会化的言语信号来培训日语受试者对"/r/"和"/l/"语音刺激的反应(Zhang 等, 2009)。我们从"妈妈语"研究中得到提示,日本受试者听到并观看到了美国人发出的经过音频修正过的"/ra/"和"/la/"音节。修正过的刺激大大地增强了共振峰频率,减少了带宽,并延长了持续时间,像妈妈对婴儿说话的语音一样。在电脑培训项目中,收听者可以从许多不同的说话者中选择,呈现的音节存在很大的差异。在 12 个学习阶段中,收听者在电脑上向自己呈现刺激,且没有接收到任何明确的反馈。行为学的数据揭示,日语受试者在识别这些英语(非母语)语音刺激上取得了显著的进步,比以往的研究结果提高了三倍以上。相应地,脑磁图的研究结果显示,在听英语音节时,日语受试者在左半球的神经效率更高,脑激活更集中,持续时间更短。

这些结果表明,"妈妈语"背后的基本原则可能有助于引导成人第二语言的学习。

其中有三个重要的相关参数：(a)夸大语音对立对中至关重要的音频维度，(b)无人监督的"社会化"学习情境，以及(c)模仿自然学习中语音的广泛变化。我们的研究表明，反馈和巩固在这个过程中并不是必要的；被试只需要获得正确的收听体验，夸张的听觉提示，被试可选择性地听或者观看多个说话者给出的多个实例，以及没有"测试"的大量聆听体验，即具有提供给婴儿的"妈妈语"特征的语言，可能是语言学习的一种自然方式。这些特征，尤其是更社会化的经验的性质——看得见说话者并选择性地收听——可以让被试创建全新的认知图谱，而不是仅仅把英语中的"/r/"和"/l/"归并到日语中的已有类别来模糊英语的区分度（参见 McClelland，Thomas，McCandliss 和 Fiez，1999）。我们目前的研究正在进一步地探索这个问题。

语音学习预测语言能力发展的速度

上述回顾表明，早期语音学习是一个复杂的过程：婴儿、计算技能、社会认知这些因素共同开启了 8 月龄婴儿的生命中可塑性不断增强的机遇期。在 8—10 月龄之间，单语婴儿对母语语音感知能力增强，而对非母语语音感知能力减弱，通过与实验室里说新语言的人互动的社会经验可以产生对新语言的语音学习（尽管可能不是通过电视）。

早期语言学习上迈出的第一步与未来语言技能的增长以及后来的前识字期的语言技能密切相关。我们的初期研究表明早期言语感知和后来的语言能力之间存在关系，我们进行了一项纵向研究测试来了解 6 月龄婴儿的语音感知能力是否能预测 18 个月后儿童的语言技能。数据显示，6 月龄婴儿的语音辨别能力与他们 13 月龄、16 月龄以及 24 月龄的语言能力显著相关（Tsao，Liu 和 Kuhl，2004）。然而我们认识到，在这一初步的研究中，我们观察到的关联可能是因为婴幼儿的认知技能，比如在我们用以评估辨别能力的行为任务中所表现出来的能力，或者在语音辨别能力背后影响听觉共振频率分辨能力的感官判断能力。

为了解决这些问题，我们评估了 7.5 月龄的婴儿的母语和非母语语音辨别能力，采用行为学（Kuhl 等，2005a）和事件相关电位技术中的失匹配负波（MMN）来测量婴儿的表现（Kuhl 等，2008）。通过神经学测量消除认知对行为的潜在影响；使用母语和非母语对立对来讨论感官的问题，因为我们预计较好的感知能力将同时提高母语和非母语的言语辨别能力。

根据我们的发展模型,未来的语言发展应该与早期母语和非母语语音对立对的成绩相关,但是两种相关的方向相反。我们预测,在 14 月龄、18 月龄、24 月龄和 30 月龄时,较好的母语知觉能力会导致显著优秀的语言能力,而在同一年龄段,更好的非母语语音知觉能力会在上述同样的四个时间点上表现出较差的语言能力。结果也与这一预测一致。在测量 7.5 月龄的同一批婴儿的母语和非母语语音感知时(Kuhl 等, 2005a;Kuhl 等,2008),较好的母语语音感知与后来较好的语言结果相关,而较好的非母语成绩与较差的表现相关。14—30 月龄之间的婴儿词汇的分层线性增长模型的

52 MMN 值(参见图 7,第 220 页)表明,母语和非母语语音辨别能力能够预测未来的语言能力,但两者相关的方向相反。母语语音辨别能力较好可以预测未来语言发展得也更好,而非母语辨别能力较好则预测未来语言发展得较差。

我们的模型可以解释这些结果:母语语音辨别能力较好强化了婴儿探测单词的能力,因而支持了语言上的跳跃性发展,而非母语能力较好则表明其在早期的发展阶段停留的时间更长——仍然对所有语音的差异保持敏感。语言学习之路上必不可少的第一步,即婴儿学到了哪种音素单位与他们环境中的语言相关,从而降低或抑制对不能辨别母语单词的音素单位的关注。

更重要的是,我们实验室最近的数据表明,婴儿语音感知能力的早期测量与未来语言和阅读技能之间存在关联。我们的研究表明,7—11 月龄之间的婴儿对两种简单元音进行辨别的变化轨迹,可以预测儿童的语言能力以及他们的语音意识技能;这两种能力对婴儿 5 岁时的阅读十分关键(Cardillo,2010;Cardillo Lebedeva 和 Kuhl,2009)。

在 7 月龄和 11 月龄时接受测试的婴儿,他们的言语感知发展模式存在三种分类方式:(1)在 7 月龄时表现出优秀的母语辨别能力并在 11 月龄时保持该能力的婴儿——"高—高"组,(2)在 7 月龄时表现出较差能力但在 11 月龄时表现进步的婴儿——"低—高"组,以及(3)在 7 月龄和 11 月龄时都表现出较差能力的婴儿——"低—低"组。我们跟踪这些儿童直到他们 5 岁:在 18 月龄、24 月龄以及 5 岁时对他们的接受性和表达性的语言能力进行评估;在 5 岁时对他们的语音意识技能(最终阅读技能的最准确测量)进行评估。结果观察到,婴儿早期的言语感知表现与他们后来各种年龄点上的语言技能之间、婴儿的早期言语感知表现与 5 岁时的语音意识之间都存在强相关。在所有情况下,11 月龄时母语语音辨别能力优异的婴儿("高—高"组和"低—低"组)在 18 月龄、24 月龄和 5 岁时都具有显著较高的语言表达能力和接受能

力。此外,在 5 岁时,两个组在与语音意识有关的前语言能力评估中取得了显著的高分;重要的是,这些显著模式在回归分析中排除了社会经济地位(Social Economic Status,SES)的测量后依然成立(Cardillo,2010;Cardillo Lebedeva 和 Kuhl,2009)。

从理论到实践

53

尽管将理论延伸至实践的建议应谨慎,但将这里回顾的早期语言和识字的研究结果拓展至实践并不是很困难。首先,数据表明,婴儿在 1 岁内向语言迈出的第一步至关重要——似乎为儿童迈向后来的语言和识字能力打开了一条通道。婴儿早期的语言能力,可以在 1 岁内用相当简单的方式测量并预测 4.5 年后的语言能力和识字技能。尽管这些数据呈现的是相关关系而非因果关系,但仍然使我们能够开始连结各点,并指出儿童早期语言环境的丰富性可以创造出对强大的语言和识字发展必不可少的神经结构。我们的模型和数据也提示环境可能影响这些早期的步骤。6—12 月龄之间的语音学习轨迹(可以预测儿童未来的技能)本身与孩子在家庭环境中体验到的语言复杂性和频率高度相关(Raizada 等,2008)。在发展早期聆听"妈妈语"这种夸张的话语与实验室中测量的早期言语辨别能力高度相关(Liu,Kuhl 和 Tsao,2003)。"妈妈语"夸大了言语中的关键音频线索(Kuhl 等,1997;Werker 等,2007),我们认为,婴儿在言语中的社交兴趣对社会学习过程至关重要。因此,我们极力主张,在孩子生命早期对其说话、朗读或两者兼具,并同时在语言和识字活动中与孩子进行社交互动,为所有孩子创建一个在关键期可塑性得以最大化的环境。

致谢

本文作者与本研究受到了美国国家科学基金学习科学项目对华盛顿大学 LIFE 中心(SBE-0354453)的支持,以及美国国家健康研究院(HD37954,HD55782,HD02274,DC04661)的支持。本章更新了库尔已经发表的信息(Neuron,2010)。

参考文献

Aslin, R. N. , & Mehler, J. (2005). Near-infrared spectroscopy for functional studies of brain activity in human infants: promise, prospects, and challenges. *Journal of Biomedical Optics*, *10*, 11009.

Best, C. C. , & McRoberts, G. W. (2003). Infant perception of nonnative consonant contrasts that adults assimilate in different ways. *Language and Speech*, *46*, 183 – 216.

Bialystok, E. , & Hakuta, K. (1994). *In other words: the science and psychology of secondlanguage acquisition*. New York, NY: Basic Books. Birdsong, D. (1992). Ultimate attainment in second language acquisition. Linguistic Society of America, 68, 706 – 755.

Birdsong, D. (1992). Ultimate attainment in second language acquisition. *Language*, *68*, 706 – 755.

Birdsong, D. , & Molis, M. (2001). On the evidence for maturational constraints in second-language acquisitions. *Journal of Memory and Language*, *44*, 235 – 249.

Bortfeld, H. , Wruck, E. , & Boas, D. A. (2007). Assessing infants'cortical response to speech using near-infrared spectroscopy. *NeuroImage*, *34*, 407 – 415.

Bosch, L. , & Sebastián-Gallés, N. (2003a). Simultaneous bilingualism and the perception of a language-specific vowel contrast in the first year of life. *Language and Speech*, *46*, 217 – 243.

Bosch, L. , & Sebastián-Gallés, N. (2003b). Language experience and the perception of a voicing contrast in fricatives: Infant and adult data. In D. Recasens, M. J. Solé & J. Romero (Eds.), *Proceedings of the 15th international conference of phonetic sciences*. (pp. 1987 – 1990). Barcelona: UAB/Casual Productions.

Bosseler, A. N. , Taulu, S. , Imada, T. , & Kuhl, P. K. (2011). Developmental Changes in Cortical Rhythms to Native and NonNative Phonetic Contrasts. Symposium presentation at the 2011 Biennial Meeting for the Society for Research in Child Development, Montreal, Canada, March 31 – April 2, 2011.

Bruner, J. (1983). *Child's talk: Learning to use language*. NewYork: W. W. Norton.

Bruer, J. T. (2008). Critical periods in second language learning: distinguishing phenomena from explanation. In M. Mody & E. Silliman (Eds.), *Brain, behavior and learning in language and reading disorders* (pp. 72 – 96). NewYork, NY: The Guilford Press.

Burns, T. C. , Yoshida, K. A. , Hill, K. , & Werker, J. F. (2007). The development of phonetic representation in bilingual and monolingual infants. *Applied Psycholinguistics*, *28*, 455 – 474.

Cardillo, G. C. (2010). Predicting the predictors: Individual differences in longitudinal relationships between infant phoneme perception, toddler vocabulary, and preschooler language and phonological awareness (Doctoral dissertation, University of Washington, 2010). *Dissertation Abstracts International*.

Cardillo Lebedeva, G. C. , & Kuhl, P. K. (2009). *Individual differences in infant speech perception predict language and pre-reading skills through age 5 years*. Paper presented at the Annual Meeting of the Society for Developmental & Behavioral Pediatrics. Portland, OR.

Cheour, M. , Imada, T. , Taulu, S. , Ahonen, A. , Salonen, J. , & Kuhl, P. K. (2004). Magnetoencephalography is feasible for infant assessment of auditory discrimination. *Experimental Neurology*, *190*, S44 – S51.

Cho, K. K. A. , & Bear, M. F. (2010). Promoting neurologic recovery of function via metaplasticity. *Future Neurology*, *5*, 21 – 26.

Chomsky, N. (1959). Review of Skinner's Verbal Behavior. *Language*, *35*,26 – 58.

Conboy, B. T. , Brooks, R. , Meltzoff, A. N. , & Kuhl, P. K. (submitted). Relating infants' social behaviors to brain measures of second language phonetic learning.

Conboy, B. T. , & Kuhl, P. K. (2010, November). Brain responses to words in 11-month-olds after second language exposure. Poster presented at the American Speech-Language-Hearing Association, November 18 – 20, Philadelphia, PA.

Conboy, B. T. , & Kuhl, P. K. (2011). Impact of second-language experience in infancy: brain measures of first- and second-language speech perception. *Developmental Science*, *14*,242 – 248.

Conboy, B. T. , Rivera-Gaxiola, M. , Silva Pereyra, J. F. , & Kuhl, P. K. (2008). Eventrelated potential studies of early language processing at the phoneme, word, and sentence levels. In A. D. Friederici & G. Thierry (Eds.), *Early language development: bridging brain and behaviour*, *Trends in language acquisition research series*, *Volume 5* (pp. 23 – 64). Amsterdam/The Netherlands: John Benjamins.

Dehaene-Lambertz, G. , Dehaene, S. , & Hertz-Pannier, L. (2002). Functional neuroimaging of speech perception in infants. *Science*, *298*,2013 – 2015.

Dehaene-Lambertz, G. , Hertz-Pannier, L. , Dubois, J. , Meriaux, S. , and Roche, A. , Sigman, M. , & Dehaene, S. (2006). Functional organization of perisylvian activation during presentation of sentences in preverbal infants. *Proceedings of the National Academy of Sciences of the United States of America*, *103*,14240 – 14245.

Doupe, A. , & Kuhl, P. K. (1999). Birdsong and speech: Common themes and mechanisms. *Annual Review of Neuroscience*, *22*,567 – 631.

Doupe, A. J. , & Kuhl, P. K. (2008). Birdsong and human speech: common themes and mechanisms. In H. P. Zeigler & P. Marler (Eds.), *Neuroscience of Birdsong* (pp. 5 – 31). Cambridge, England: Cambridge University Press.

Eimas, P. D. (1975). Auditory and phonetic coding of the cues for speech: discrimination of the/r-l/ distinction by young infants. *Perception and Psychophysics*, *18*,341 – 347.

Eimas, P. D. , Siqueland, E. R. , Jusczyk, P. , & Vigorito, J. (1971). Speech perception in infants. *Science*, *171*,303 – 306.

Flege, J. , Takagi, N. , & Mann, V. (1996). Lexical familiarity and English language experience affect Japanese adults'perception of/r/and/l/. *Journal of the Acoustical Society of America*, *99*, 1161 – 1173.

Flege, J. E. , Yeni-Komshian, G. H. , & Liu, S. (1999). Age constraints on second-language acquisition. *Journal of Memory and Language*, *41*,78 – 104.

Friederici, A. D. (2005). Neurophysiological markers of early language acquisition: from syllables to sentences. *Trends in Cognitive Science*, *9*,481 – 488.

Friederici, A. D. , & Wartenburger, I. (2010). Language and brain. *Wiley Interdisciplinary Reviews: Cognitive Science*, 1,150 – 159. Onlinepub-lication: DOI: 10. 1002/WCS. 9.

Garcia-Sierra, A. , Rivera-Gaxiola, M. , Conboy, B. T. , Romo, H. , Percaccio, C. R. , Klarman, L. , Ortiz, S. , & Kuhl, P. K. (2011). Bilingual language learning: An ERP study relating early brain responses to speech, language input, and later word production. *Journal of Phonetics*.

Gernsbacher, M. A., & Kaschak, M. P. (2003). Neuroimaging studies of language production and comprehension. *Annual Review of Psychology*, *54*, 91 – 114.

Golestani, N., Molko, N., Dehaen, S., LeBihan, D., & Pallier, C. (2007). Brain structure predicts the learning of foreign speech sounds. *Cerebral Cortex*, *17*, 575 – 582.

Goto, H. (1971). Auditory perception by normal Japanese adults of the sounds 'l' and 'r'. *Neuropsychologia*, *9*, 317 – 323.

Gratton, G., & Fabiani, M. (2001a). Shedding light on brain function: The event related optical signal. *Trends in Cognitive Science*, *5*, 357 – 363.

Gratton, G., & Fabiani, M. (2001b). The event-related optical signal: A new tool for studying brain function. *International Journal of Psychophysiology*, *42*, 109 – 121.

Hensch, T. K., & Stryker, M. P. (1996). Ocular dominance plasticity under metabotropic glutamate receptor blockade. *Science*, *272*, 554 – 557.

Hensch, T. K. (2005) Critical period plasticity in local cortical circuits. *Nature Review Neuroscience*, *6*, 877 – 888

Hespos, S. J., & Spelke, E. S. (2004). Conceptual precursors to language. *Science*, *430*, 453 – 456.

Homae, F., Watanabe, H., Nakano, T., Asakawa, K., & Taga, G. (2006). The right hemisphere of sleeping infant perceives sentential prosody. *Neuroscience Research*, *54*, 276 – 280.

Hubel, D. H., & Wiesel, T. N. (1963). Receptive fields of cells in striate cortex of very young, visually inexperienced kittens. *Journal of Neurophysiology*, *26*, 994 – 1002.

Imada, T., Zhang, Y., Cheour, M., Taulu, S., Ahonen, A., & Kuhl, P. K. (2006). Infant speech perception activates Broca's area: a developmental magnetoenceohalography study. *Neuroreport*, *17*, 957 – 962.

Jensen, O., & Tesche, C. D. (2002). Frontal theta activity in humans increases with memory load in a working memory task. *European Journal of Neuroscience*, *15*, 1395 – 1399.

Johnson, J., & Newport, E. (1989). Critical period effects in second language learning: the influence of maturation state on the acquisition of English as a second language. *Cognitive Psychology*, *21*, 60 – 99.

Kahana, M. J., Sekuler, R., Caplan, J. B., Kirschen, M., & Madsen, J. R. (1999). Human theta oscillations exhibit task dependence during visual maze navigation. *Nature*, *399*, 781 – 784.

Knudsen, E. I. (2004). Sensitive periods in the development of the brain and behavior. *Journal of Cognitive Neuroscience*, *16*, 1412 – 1425.

Kuhl, P. K. (2000). A new view of language acquisition. *Proceedings of the National Academy of Science*, *97*, 11850 – 11857.

Kuhl, P. K. (2004). Early language acquisition: cracking the speech code. *Nature Reviews Neuroscience*, *5*, 831 – 843.

Kuhl, P. K. (2007). Is speech learning 'gated' by the social brain? *Developmental Science*, *10*, 110 – 120.

Kuhl, P. K. (2009). Early language acquisition: Neural substrates and theoretical models. In M. S.

Gazzaniga (Ed.), *The Cognitive Neurosciences*, *4th Edition* (pp. 837 – 854). Cambridge, MA: MIT Press.

Kuhl, P. K. (2010a). Brain mechanisms in early language acquisition. *Neuron*, *67*,713 – 727.

Kuhl, P. K. (2010b, October). *The linguistic genius of babies*. ATEDTalk retrieved from TED. comwebsite: www. ted. com/talks/lang/eng/patri-cia_kuhl_the_linguistic_genius_of_babies. html.

Kuhl, P. K. (2011). Social mechanisms in early language acqui-sition: Understanding integrated brain systems supporting language. In J. Decety & J. Cacioppo (Eds.), *The handbook of social neuro-science*. Oxford UK: Oxford University Press.

Kuhl, P. K. , Andruski, J. E. , Chistovich, I. A. , Chistovich, L. A. , Kozhevnikova, E. V. , Ryskina, V. L. , Stolyarova, E. I. , Sundberg, U. , & Lacerda, F. (1997). Cross-language analysis of phonetic units in language addressed to infants. *Science*, *277*,684 – 686.

Kuhl, P. K. . ,Coffey-Corina, S. , Padden, D. , & Dawson, G. (2005b). Links between social and linguistic processing of speech in preschool children with autism: behavioral and electrophysiological evidence. *Developmental Science*, *8*,1 – 12.

Kuhl, P. K. , Conboy, B. T. , Coffey-Corina, S. , Padden, P. , Rivera-Gaxiola, M. , & Nelson, T. (2008). Phonetic learning as a pathway to language: New data and native language magnet theory expanded (NLM-e). *Philosophical Transactions of the Royal Society B: Biological Sciences*, *363*, 979 – 1000.

Kuhl, P. K. , Conboy, B. T. , Padden, D. , Nelson, T. , & Pruitt, J. (2005a). Early speech perception and later language development: implications for the ' critical period '. *Language and Learning Development*, *1*,237 – 264.

Kuhl, P. K. , & Damasio, A. (2013). Language. In E. R. Kandel. J. H. Schwartz, T. M. Jessell, S. Siegelbaum, & J. Hudspeth (Eds.), *Principles of neural science: 5th Edition*. McGraw Hill: NewYork.

Kuhl, P. K. , & Rivera-Gaxiola, M. (2008). Neural substrates of language acquisition. *Annual Review of Neuroscience*, *31*,511 – 534.

Kuhl, P. K. , Stevens, E. , Hayashi, A. , Deguchi, T. , Kiritani, S. , & Iverson, P. (2006). Infants show facilitation for native language phonetic perception between 6 and 12 months. *Developmental Science*, *9*,F13 – F21.

Kuhl, P. K. , Tsao, F. M. , & Liu, H. M. (2003). Foreign-language experience in infancy: effects of short-term exposure and social interaction on phonetic learning. *Proceedings of the National Academy of Sciences of the United States of America*, *100*,9096 – 9101.

Kuhl, P. K. , Williams, K. A. , Lacerda, F. , Stevens, K. N. , & Lindblom, B. (1992). Linguistic experience alters phonetic perception in infants by 6 months of age. *Science*, *255*,606 – 608.

Ladefoged, P. (2001). *Vowels and consonants: An introduction to the sounds of language*. Oxford: Blackwell Publishers.

Lasky, R. E. , Syrdal-Lasky, A. , & Klein, R. E. (1975). VOT discrimination by four to six and a half month old infants from Spanish environments. *Journal of Experimental Child Psychology*, *20*,215 –

225.

Lewkowicz, D. J. & Ghazanfar, A. A. (2006). The decline of cross-species intersensory perception in human infants. *Proceedings of the National Academy of Sciences of the United States of America*, *103*,6771 – 6774.

Liu, H. M. , Kuhl, P. K. , & Tsao, F. M. (2003). An association between mothers' speech clarity and infants'speech discrimination skills. *Develop-mental Science*, *6*, F1 – F10.

Mayberry, R. I. , & Lock, E. (2003). Age constraints on first versus second language acquisition: evidence for linguistic plasticity and epigenesis. *Brain Language*, *87*,369 – 384.

Maye, J. , Werker, J. F. , & Gerken, L. (2002). Infant sensitivity to distributional information can affect phonetic discrimination. *Cognition*, *82*, B101 – B111.

Maye, J. , Weiss, D. , & Aslin, R. (2008). Statistical learning in infants: Facilitation and feature generalization. *Developmental Science*, *11*,122 – 134.

McClelland, J. , Thomas, A. , McCandliss, B. , & Fiez, J. (1999). Understanding failures of learning: Hebbian learning, competition for representational space, and some preliminary experimental data. In J. Reggia, E. Ruppin & D. Glanzman (Eds.), *Progress in Brain Research. Volume 121. Disorders of Brain, Behavior and Cognition: The Neurocomputational Perspective* (pp. 75 – 80). Amsterdam: Elsevier.

Meltzoff, A. N. , Kuhl, P. K. , Movellan, J. , & Sejnowski, T. (2009). Foundations for a new science of learning. *Science*, *17*,284 – 288.

Miyawaki, K. , Strange, W. , Verbrugge, R. , Liberman, A. M. , Jenkins, J. J. , & Fujimura, O. (1975). An effect of linguistic experience: the discrimination of [r] and [l] by native speakers of Japanese and English. *Perception and Psychophysics*, *18*,331 – 340.

Neville, H. J. , Coffey, S. A. , Lawson, D. S. , Fischer, A. , Emmorey, K. , & Bellugi, U. (1997). Neural systems mediating American Sign Language: effects of sensory experience and age of acquisition. *Brain and Language*, *57*,285 – 308.

Newport, E. (1990). Maturational constraints on language learning. *Cognitive Science*, *14*,11 – 28.

Newport, E. L. , Bavelier, D. , & Neville, H. J. (2001). Critical thinking about critical periods: Perspectives on a critical period for language acquisition. In E. Dupoux (Ed.), *Language, Brain, and Cognitive Development: Essays in Honor of Jacques Mehler* (pp. 481 – 502). Cambridge, MA: MIT Press.

Ortiz-Mantilla, S. , Choe, M. S. , Flax, J. , Grant, P. E. , & Benasich. A. A. (2010). Association between the size of the amygdala in infancy and language abilities during the preschool years in normally developing children. *NeuroImage*, *49*,2791 – 2799.

Pascalis, O. , de Haan, M. , & Nelson, C. A. (2002). Is face processing species-specific during the first year of life? *Science*, *296*,1321 – 1323.

Peña, M. , Bonatti, L. , Nespor, M. , & Mehler, J. (2002). Signal-driven computations in speech processing. *Science*, *298*: 604 – 607.

Petitto, L. A. , & Marentette, P. F. (1991). Babbling in the manual mode: Evidence for the ontogeny of language. *Science*, *251*, 1493 – 1496.

Raizada, R. D. , Richards, T. L. , Meltzoff, A. N. , & Kuhl, P. K. (2008). Socioeconomic statuspredicts hemispheric specialization of theleft inferior frontal gyrus in young children. *NeuroImage*, *40*, 1392 – 1401.

Rivera-Gaxiola, M. , Silvia-Pereyra, J. , & Kuhl, P. K. (2005a). Brain potentials to native and non-native speech contrasts in 7- and 11-month-old American infants. *Developmental Science*, *8*, 162 – 172.

Rivera-Gaxiola, M. , Klarman, L. , Garcia-Sierra, A. , & Kuhl, P. K. (2005b). Neural patterns to speech and vocabulary growth in American infants. *NeuroReport*, *16*, 495 – 498.

Saffran, J. , Aslin, R. , & Newport, E. (1996). Statistical learning by 8-month-old infants. *Science*, *274*, 1926 – 1928.

Saffran, J. , Werker, J. , & Werner, L. A. (2006) The infant's auditory world: Hearing, speech and the beginnings of language. In D. Kuhn & R. S. Siegler (Eds.), *Handbook of ChildPsychology*, *Vol. 2*, *Cognition*, *Perception and Language* (*6th edition*) (pp. 58 – 108). NewYork, NY: Wiley.

Sebastián-Gallés, N. , & Bosch, L. (2009). Developmental Shift in the Discrimination of Vowel Contrasts in Bilingual Infants: Is the distributional account all there is to it? *Developmental Science*, *12*, 874 – 887.

Skinner, B. F. (1957). *Verbal Behavior*. New York: Appleton-Century-Crofts.

Sundara, M. , Polka, L. , & Molnar, M. (2008). Development of coronal stop perception: Bilingual infants keep pace with their monolingual peers. *Cognition*, *108*, 232 – 242.

Sundara, M. , & Scutellaro, A. (2011). Rhythmic distance between languages affects the development of speech perception in bilingual infants. *Journal of Phonetics*.

Taga, G. , & Asakawa, K. (2007). Selectivity and localization of cortical response to auditory and visual stimulation in awake infants aged 2 to 4 months. *Neuroimage*, *36*, 1246 – 1252.

Teinonen, T. , Fellman, V. , Naatanen, R. , Alku, P. , & Huotilainen, M. (2009). Statistical language learning in neonates revealed by event-related brain potentials. *BMC Neuroscience*, *10*, doi: 10. 1186/ 1471 – 2202 – 10 – 21.

Tomasello, M. (2003a). *Constructing A Language: A Usage-Based Theory of Language Acquisition*. Cambridge, MA: Harvard University Press.

Tomasello, M. (2003b). The key is social cognition. In D. , Gentner & S. Kuczaj(Eds), *Language and Thought* (pp. 47 – 51). Cambridge, MA: MIT Press.

Tsao, F. M. , Liu, H. M. , & Kuhl, P. K. (2004). Speech perception in infancy predicts language development in the second year of life: a longitudinal study. *Child Development*, *75*, 1067 – 1084.

Tsao, F. M. , Liu, H. M. , & Kuhl, P. K. (2006). Perception of native and non-native affricate-fricative contrasts: cross-language tests on adults and infants. *Journal of the Acoustical Society of America*, *120*, 2285 – 2294.

Vallabha, G. K. , McClelland, J. L. , Pons, F. , Werker, J. F. , & Amano, S. (2007). Unsupervised learning of vowel categories from infant-directed speech. *Proceedings of the National Academy of Sciences* (*USA*), *104*, 13273 – 13278.

Vallabha, G. K. , & McClelland, J. L. (2007). Success and failure of new speech category learning in adulthood: Consequences of learned Hebbian attractors in topographic maps. *Cognitive, Affective and Behavioral Neuroscience*, 7,53 – 73.

Vygotsky, L. S. (1962). *Thought and Language*. Cambridge, MA: MIT Press.

Weber-Fox, C. M. , & Neville, H. J. (1999). Functional neural subsystems are differentially affected by delays in second language immersion: ERP and behavioral evidence in bilinguals. In D. Birdsong (Ed.), *Second Language Acquisition and the Critical Period Hypothesis* (pp. 23 – 38). Mahwah, NJ: Lawerence Erlbaum and Associates, Inc.

Weikum, W. M. , Vouloumanos, A. , Navarra, J. , Soto-Faraco, S. , Sebastian-Galles, N. , & Werker, J. F. (2007). Visual language discrimination in infancy. *Science*, 316,1159.

Werker, J. F. , & Curtin, S. (2005). PRIMIR: a developmental framework of infant speech processing. *Language Learning and Development*, 1,197 – 234.

Werker, J. F. , & Lalonde, C. (1988). Crosslanguage speech perception: initial capabilities and developmental change. *Developmental Psychology*, 24,672 – 683.

Werker, J. F. , Pons, F. , Dietrich, C. , Kajikawa, S. , Fais, L. , & Amano, S. (2007). Infantdirected speech supports phonetic category learning in English and Japanese. *Cognition*, 103,147 – 162.

Werker, J. F. , & Tees, R. C. (1984). Crosslanguage speech percep perceptual reorganization during the first year of life. *Infant Behavior and Development*, 7,49 – 63.

White, L. , & Genesee, F. (1996). How native is near-native? The issue of ultimate attainment in adult second language acquisition. *Second Language Research*, 12, 233 – 265. Online publication: DOI: 10. 1177/026765839601200301.

Wiesel, T. N. , & Hubel, D. H. (1963). Single cell responses in striate cortex of kittens deprived of vision in one eye. *Journal of Neurophysiology*, 26,1003 – 1017

Woolley, S. C. , & Doupe, A. J. (2008). Social context-induced song variation affects female behavior and gene expression. *Public Library of Science Biology*, 6, e62.

Yamada, R. , & Tokhura, Y. (1992). The effects of experimental variables on the perception of American English/r/and/l/by Japanese listeners. *Perception and Psychophysics*, 52,376 – 392.

Yeni-Komshian, G. H. , Flege, J. E. , & Liu, S. (2000). Pronunciation proficiency in the first and second languages of Korean-English bilinguals. *Bilingualism: Language and Cognition*, 3,131 – 149.

Zhang, Y. , Kuhl, P. K. , Imada, T. , Kotani, M. , & Tohkura, Y. (2005). Effects of language experience: neural commitment to language-specific auditory patterns. *Neuroimage*, 26,703 – 720.

Zhang, Y, Kuhl, P. K. , Imada, T. , Iverson, P. , Pruitt, J. , Stevens, E. B. , Kawakatsu, M. , Tohkura, Y. , & Nemoto, I. (2009). Neural signatures of phonetic learning in adulthood: a magnetoencephalography study. *Neuroimage*, 46,226 – 240.

4.

早期左半球损伤后的言语和语言组织的重组

法拉内·瓦尔加-哈德姆（Faraneh Vargha-Khadem）[①]

背景

通常认为，如果脑损伤发生在生命早期，这时神经可塑性和重组能力最强，损伤的 60
不利结果可能最弱。虽然这个观点被广为接受，但是正如可塑性领域的先驱玛格丽
特·肯纳德（Margaret Kennard）在其早期研究（例如，Kennard，M. A. 1936,1938,
1940)中所证实的那样，未成熟大脑中的再组织进程有着早已证实的缺陷和代价（例
如，Schneider，1974,1979；Isaacson，1975)，一些代偿机制会导致永久的功能缺失
(Goldman-Rakic，1980；Giza 和 Prins，2006；Lidzba 等,2006)。

人类引以为傲的可塑性案例，是早期左半球损伤后言语和语言功能的显著恢复
（例如，Vargha-Khadem 等,1985,1991；Ogden，1998；Bates 等,2001；Liegeois 等,
2008a)。这里，有代表性的解释是，无关的右半球在左半球早期受到严重损伤后负
责了言语和语言功能，因此它牺牲了自己晚期发展的对于非语言和视觉空间能力
的特异性，最后形成两类不同的认知功能"挤在"一个半球内（Teuber，1975)的
情况。

语言的半球特异化发展

大量的实验证据表明，绝大多数人在基因上就倾向于使用左半球来执行语言交流
能力，比如关于不同发展阶段的婴儿和儿童的语言网络和偏侧化模式的报告

[①] 英国伦敦大学学院儿童健康研究所；大奥蒙德街儿童医院。

(Dehaene-Lambertz 和 Baillet，1998；Dehaene-Lambertz，2000；Dall'Oglio 等，1994)，还有婴儿和儿童期语言激活的脑成像研究(Dehaene-Lambertz，Dehaene，和 Hertz-Pannier，2002；Gaillard 等，2000；Liegeois 等，2008b)，以及与言语和语言特异性相关的基因的分子生物学研究(Lai 等，2001)等。

61　　在正常大脑的成熟过程中,语言能力的发展似乎是随着年龄和经验而变化的。这种变化,是通过神经活动日渐物尽其用与神经可塑性随着年龄增加逐步衰退之间的交互作用实现的(Vargha-Khadem 等,1994)。前一种进程反映了到青少年时期逐渐建立起的稳定的半球特异性;而后一种进程解释了在儿童和青少年时期左半球损伤后出现的选择性和长期性言语困难症状(例,Patterson 等,1989)。

　　因此,早期的单侧脑损伤改变了与年龄和经验相关的神经活动及神经可塑性之间的平衡;通过阻止大脑两半球分工的出现,并在剩余可用的神经区域增加可塑性以修复濒危功能的方式实现(Vargha-Khadem 等,1994)。半球特异化偏离正常轨迹的程度取决于若干互相影响的变量:(1)损伤时的年龄;(2)有无进行性损伤(如难治性癫痫);(3)损伤的半球;(4)损伤的程度——由损伤脑区的多寡作指标,以及损伤主要发生的位置是皮层还是皮层下水平;(5)对侧半球有无损伤;(6)损伤时的认知发展阶段;(7)测量脑功能时距损伤发生的时间长度;(8)测量时个体的年龄。要解释这些自变量,并且评估它们对言语和语言不同方面的影响,需要一个非常大且相对同质的损伤病人群体,但即使现在世界上最大的儿科中心也提供不了这样的资源。要应对目前的大样本队列研究还解决不了的这个问题,一个成果丰硕的方法是对特殊被试进行详尽的个案研究,这可为未成熟大脑的可塑性和再组织的能力范围及不足之处这个关键问题提供答案。我们将在此使用这种方法,来检验言语和语言能力在一位年轻成人仅存的右脑半球内的表征。这位年轻人在其童年期接受了左脑半球切除术来治疗难治性癫痫。儿童期接受大脑半球切除术的病人,为检验言语和语言组织在仅存的右脑半球的背景下可塑性的作用范围和不足之处提供了独特的模型(Boatman 等,1999；Devlin 等,2003；另见 Battro，2000；Immordino-Yang，2007；Liegeois 等,2008a)。

62　　**大脑半球切除术**

　　大脑半球切除术——完整地或部分地切除或分离某个大脑半球——是儿科神经

手术中治疗癫痫最常见的方法之一（Devlin 等，2003）。当评估儿童是否适合大脑半球切除术时，决定手术的关键因素有：儿童的神经系统状态（例，有无运动和/或视野损伤及其严重性）、智力状态、经由 fMRI 确认的语言偏侧化模式、语言优势半球切除的风险因素确认，还有手术对言语和语言发展可能造成的长期影响。待术者通常表现出单侧化结构损伤以及癫痫症状，这些可追溯至先天神经发展的病变或早期的获得性失常；也有些儿童被诊断为晚期的获得性失常，如可能在 1 岁到青少年阶段发生的拉斯姆森综合征（Rasmussen's syndrome；Freeman，2005）。

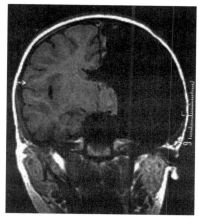

图 1　一个完全的大脑半球切除术。可以看到：右半球上的切迹，由于左半球和基底神经节移除而产生的硬脑膜腔，以及保留下来的左侧纹状体。

独立的右半球是否存在言语和语言发展的关键期？　亚历克斯的个案研究　63

正常人发展的一个重要特征，是绝大多数健康儿童在其生命早期的几年中都会习得其母语的语法和词汇。如果没有听力损伤、社会剥夺，也没有严重的智力障碍，但却没能成功实现上述的重要节点，则标志着终身的口语交流缺陷。这种现象促使语言学家们提出假设：言语、语言发展的不同方面具有"关键期"（例如，Shriberg 等，1994；Doupe 和 Kuhl，1999），其时间窗口在五六岁左右（例如，Grimshaw 等，1998）。

亚历克斯（Alex）的个案提供了对"关键期假设"的可靠验证（Vargha-Khadem 等，1997）。小男孩亚历克斯在出生的时候就被诊断出斯特奇—韦伯综合征（Sturge-Weber syndrome），一种罕见的先天性神经和皮肤疾病，常伴随面部葡萄酒色痣、青光眼、癫痫和严重的智力缺陷。就如诊断的那样，亚历克斯出生后几个月内就发生了左半球癫痫、右半身偏瘫以及右侧偏盲。2 岁时，他又被诊断出严重的发育迟缓和多动，伴随言语能力的缺失。他的内科医生认为依他的情况看，斯特奇—韦伯综合征影响了大脑双侧言语和语言的神经基础，因此永久地阻碍了言语和语言功能的发展。

这种神经发展状态持续到亚历克斯 8 岁，那年的一次静息态正电子发射断层扫描发现他的右脑半球新陈代谢保持正常，萎缩的左脑半球新陈代谢则消失殆尽。基于这些证据，医生们决定给亚历克斯进行完全的大脑半球切除术，当时亚历克斯是 8 岁 6 个月。

手术是成功的——亚历克斯的癫痫被遏制了，之前存在的神经系统上的损伤（例如偏瘫和右侧视野缺陷）也不再加重。抗痉挛机构逐渐减少了亚历克斯的预防痉挛药物，并最终在 9 个月后停用，此时亚历克斯 9 岁 3 个月。在抗痉挛药物停用大约一个月后，亚历克斯的父母注意到他可以发出音节和单词的音，渐渐可以与人交流，多动也减轻了。这项巨大突破的几个月后，他已然能够说出完整的句子。

11 岁的时候，亚历克斯进行了一次完整的神经心理学的测查。他可以清楚地说出结构完整、发音明晰的句子，口语句子的平均长度增加到 11.6 个单词，等于正常发展的 6 到 7 岁儿童的水平。在 9 岁 4 个月到 15 岁之间，研究者详细测量了亚历克斯的语言能力和智力，由此能够定量描述他的言语、语言和其他认知技能的建立和发展（Vargha-Khadem 等，1997；Rankin 和 Vargha-Khadem，2007）。这份报告后来又跟进了调查研究，一直追踪到亚历克斯成年后的 22 岁。

智力发展

在手术之前的 8 岁 2 个月时，亚历克斯的认知和行为能力方面的心理年龄在 1 岁 9 个月和 3 岁 11 个月之间（Griffiths Mental Development Scale；Griffiths，1970）。在口语能力出现及心理年龄达到大约 6 岁后，研究者使用韦氏智力量表（Wechsler Scales of Intelligence）对亚历克斯的智力状况进行了纵向观测（见 221 页的图 2），一直到亚历克斯 21 岁。随着年龄和经验的增加，到 16 岁 10 个月时，亚历克斯在韦氏儿童量表上的语言和非语言智商得分逐渐提高，语言能力表现出相对于非语言能力的些许优势（大约 1/2 个标准差）。研究者在亚历克斯 17 岁 9 个月时，对其改用韦氏成人量表进行测量，两项智商的得分（70 多分）都表现出令人印象深刻的增加，不过这是把量表从儿童版换到成人版的缘故——在 18 岁 5 个月时用韦氏儿童量表重测时表明，亚历克斯的表现和他 16 岁 10 个月时几乎在同一个水平上。22 岁时亚历克斯进行了成人版量表的最后一次智力测验，表现出智商水平在一个特别低的范围内。总的来说，在大约 11 年的时间跨度中，亚历克斯的全量表智商得分从 40 多分增加到 60 多分，虽然仍比较低，但是 20 分的增加却是令人印象深刻的。

言语和语言能力

在亚历克斯 11 岁时,研究者对他的言语和语言能力进行了详细的测量。亚历克斯带有英国口音,说话流畅,没有任何犹豫或智力缺陷迹象。特别是,虽然会有极少的语法错误,但他没有表现出任何失语症状,也没有找词困难。这些从他对听到的"公共汽车的故事"(Bus Story)的自由复述中可以看出(Renfrew,1969)。对这篇短文的即时回忆显示出他处于 7 岁儿童的水平。相比于他在大脑半球切除术前的假性缄默症状态,他的口语产生大约只有 18 个月,但口语产生能力增长了 5—6 年的水平。文中的粗体表示亚历克斯自己加入的对故事的描述(图 3)。

65

> **公共汽车的故事**
> 从前有一个很调皮的公共汽车。当他的司机想修理他的时候,他决定逃跑。他沿着路与火车并肩跑。他们互相做着有趣的表情,相互追逐。但公共汽车不得不独自前行了,因为火车驶进了一条隧道。他匆匆进城,在那里他遇到了一个吹着口哨的警察,他喊道:"停车,公共汽车。"但他没有理会,继续往乡下跑。他说:"我已经厌倦了在路上奔跑。"于是他跳过了围栏。他遇到了一头牛,它说:"哞,我简直不敢相信自己的眼睛。"公共汽车从山上飞快地跑下来。他看到山脚有水,便想停下来。但他不知道如何踩刹车,所以他掉进了池塘,水花四溅,卡在了泥泞中。在他的司机找到他的时候,他已经打电话叫来吊车把他拉出来,并让他再次上路。

> **即时回忆"公共汽车的故事"**
> "**从前**……有一辆漂亮的公共汽车,他决定逃跑。他相互做着一些有趣的表情。他走遍了全国,打人,打警察,他的哨子吹得很响。他无法停止,他穿过乡村,他跳过栅栏,冲进田里。牛说'哞',他说'**天哪,天哪**',他大吼大叫着下山了。他掉进了水里,水花四溅。**讲完了**"。

图 3 "公共汽车的故事"的文本以及亚历克斯的即时回忆(从 Vargha-Khadem 等,1997 的附录 2 整理得到)。

研究者使用韦氏客观语言维度测验(Wechsler Objective Language Dimensions)考察了亚历克斯在 14 岁 2 个月到 17 岁 9 个月之间的听力和口语表达能力(Rust,1996),这个测验适用于日常语言的使用(见 221 页,图 4)。虽然他的听力稳定在较低水平(即标准分在 70 多分),但是他的口语表达技能显著增长,从标准分近 60 分(特别低)增加到 82 分(中下等),令人印象深刻。

语音能力

众所周知,语音意识发生在生命早期,体现在对韵律的敏感性、声音操纵和语音模仿能力中,它是正常儿童随后出现的阅读能力(Goswami 和 Bryant,1990；Carroll 等,2003),以及各种神经发展性和后天获得性语言缺陷的可靠预测指标,比如发展性阅读障碍(Hulme 和 Snowling,2009)和深层阅读障碍(Patterson 等,1989)。最近的研究成果表明,左背外侧前额皮层可能在促进口语语音意识方面有重要作用(Kovelman 等,2011)。因此,大脑左半球这块区域的完整性可能对于阅读能力的获得至关重要。

为了研究亚历克斯的语音意识,研究者在他 14 岁 11 个月到 16 岁 10 个月之间施测了穆特尔(Muter,1994a,1994b)编制的语音意识量表。这套量表由韵脚探测、韵脚产生、音节和音素的识别和切分、音素删除以及语音混合等测验组成。同时施测的还有一个非词阅读测验,这个测验对于语音加工和音素—形素转换困难特别敏感(Nonword Reading Test；Snowling 等,1996)。结果表明,亚历克斯在 14 岁 11 个月的语音意识能力相当于 5 到 6 岁儿童(也就是比平均数低了 2 个标准差),与音节分测验相比,在音素分测验上的缺陷表现得更显著。同时也有证据表明,随着年龄的增加和训练经验的增长,亚历克斯在各方面能力上都有提升。到 16 岁 10 个月的时候,语音加工中对亚历克斯来说依然很难的方面是非词阅读(Snowling 等,1996)和语音混合(Muter,1994b),这两项几乎没什么显著提高(表 1)。

表 1　在亚历克斯青少年期语音加工能力的发展情况

测验	语音加工能力		
	年龄		
	14：11	15：11	16：10
	％	％	％
韵脚探测	40	40	70
音素补全	62	75	100
音素删除—首音	12	50	100
音素删除—尾音	0	25	87
语音混合	53	75	72
非词阅读	0	5	35

阅读能力的获得和发展

当亚历克斯完成了 4 个学期的正式阅读训练后,研究者在他 14 岁 11 个月的时候测量了他的阅读能力(Wechsler Objective Reading Dimensions, WORD；Wechsler,

1993）。亚历克斯在单词阅读和拼写上的得分都只相当于 6 岁孩子的水平①。他严重匮乏的视觉词汇限制了其在 WORD 中所有阅读理解分测验上的得分。

在 14 岁 11 个月到 16 岁 10 个月研究者测量亚历克斯的语音加工能力的那段时间,亚历克斯的读写能力的增长十分有限——虽然增加了的些许视觉词汇,确实使得他在阅读理解测验上的标准分提高至稍微高于最低水平。因此,在两年时间的跨度上（就是 14 岁 11 个月到 16 岁 10 个月这两年,见表 1）,语音加工某些方面的能力提升并没有导致阅读能力的显著提升上。

17 岁 9 个月时相同测验的重测没有发现亚历克斯的分数相比于他 14 岁 2 个月刚获得阅读能力时有任何显著提升。事实上,尽管亚历克斯在 15 到 18 岁之间参加了大密度的认知和运动康复计划,包括每天进行几个小时的阅读训练,然而在获得基础的视觉词汇并能进行阅读和单词拼写之后,他的阅读能力就没有更多的发展了（见 222 页图 5）。

结论

亚历克斯在他生命的第二个 10 年里,清晰发音和日常交流能力都得到了令人难以置信的发生、发展。这明确地表明,独立的右半脑可以在五六岁的"关键期"过后发展出这些能力。因此,有效学习母语的年龄可以延长至生命的第一个 10 年,甚至可能到青春期。尽管在言语能力出现后,语言理解能力在一个较低水平上保持稳定（标准分在 70 到 79 分之间）,语言表达能力在青春期后期的增强是毋庸置疑的（见 221 页图 4）。因此,亚历克斯的标准分从 14 岁 2 个月时的极低水平（小于 60 分）增加到 17 岁 9 个月时的中下水平（80 到 89 分）。这确实是令人印象深刻的增长,尤其是考虑到同期及之后亚历克斯的智力水平一直稳定在同样的极低范围（小于 60 分）内（见 221 页图 2）。与假性缄默症相比,8 年时间里,亚历克斯的表达性语言得到了显著的发展,这说明日常交流能力是重中之重,尽管智力水平受限,但日常交流能力还是保留下来了。

然而,口语交流的恢复是以损害其他功能作为代价的。比如,语音能力和阅读技能的某些重要方面一直都存在缺陷,还有那些之前报告过的领域,如智力——特别是非语言智力、工作记忆、语言加工较正式的方面以及语法,还有视知觉能力（Vargha-

68

---

① 英国孩子 6 岁才开始学习读写。——译者注

Khadem 等,1997)。这些认知缺陷一直持续到成年早期。另外,在特定技能上的系统训练,比如阅读训练,没有使阅读能力提高。在大量认知能力损伤的背景下,日常口语交流能够特异化地恢复,提示了一个有趣的可能:右半脑只在高级的"听说"能力上和左半脑有同样的潜力。其他认知能力的有效发展,包括那些高级语言加工能力,似乎需要左半脑的特定潜能,以及智力提供的推动力。

致谢

感谢亚历克斯和他的家人参与我们的研究。伦敦大学学院的儿童健康学院从国家健康和研究专家协会生物医药研究中心获得资助。这份研究由英国癫痫研究基金会赞助。

参考文献

Bates, E. , Reilly, J. , Wulfeck, B. et al. (2001). Differential effects of unilateral lesions on language production in children and adults. *Brain and Language*. *79*(2),223 – 265.

Battro, A. (2000). *Half a Brain is Enough*:*The Story of Nico*. Cambridge, UK: Cambridge University Press.

Boatman, D. , Freeman, J. , Vining, E. , Pulsifer, M. , Miglioretti, D. , Minahan, R. , Carson, B. , Brandt, J. & McKhann, G. (1999). Language recovery after left hemispherectomy in children with late-onset seizures. *Annals of Neurology*. *46*(4),579 – 586.

Carroll, J. M. , Snowling, M. J. , Stevenson, J. , Hulme, C. (2003). The development of phonological awareness in preschool children. *Developmental Psychology*. *39*(5),913 – 923.

Dall'Oglio, A. M. , Bates, E. , Volterra, V. , DiCapua, M. & Pezzini, G. (1994). Early cognition, communication and language in children with focal brain injury. *Developmental Medicine and Child Neurology*. *36*,1076 – 1098.

Dehaene-Lambertz, G. & Baillet, S. (1998). A phonological representation in the infant brain. *Neuroreport*. *9*(8),1885 – 1888.

Dehaene-Lambertz, G. (2000). Cerebral specialization for speech and non-speechstimuli in infants. *Journal of Cognitive Neuroscience*. *12*(3),449 – 460.

Dehaene-Lambertz, G. , Dehaene, S. & Hertz-Pannier, L. (2002). Functional neuroimaging of speech perception in infants. *Science*. *6*,*298*(5600),2013 – 2015.

Dehaene-Lambertz, G. , Hertz-Pannier, L. & Dubois, J. (2006). Nature and nurture in language acquisition:Anatomical and functional brain-imaging studies in infants. *Trends in Neurosciences*. *29*

(7),367 – 373.

Devlin, A. M. , Cross, J. H. , Harkness, W. , Harding, B. , Vargha-Khadem, F. & Neville, B. (2003). Clinical outcomes of hemispherectomy for epilepsy in childhood and adolescence. *Brain*. Vol. 126, No. 3,556 – 566.

Doupe, A. J. , and Kuhl, P. K. (1999). Birdsong and human speech: Common themes and mechanisms. *Annual Review of Neuroscience*. 22: 567 – 631.

Freeman, J. M. (2005). Rasmussen's syndrome: progressive autoimmune multifocal encephalopathy. *Pediatric Neurology*. 32(5): 295 – 299.

Gaillard, W. D. , Hertz-Pannier, L. , Mott, S. H. , Barnett, A. S. , LeBihan, D. & Theodore, W. H. (2000). Functional anatomy of cognitive development: fMRI of verbal fluency in children and adults. *Neurology*. 54(1),180 – 185.

Giza, C. C. , and Prins, M. L. (2006). Is being plastic fantastic? Mechanisms of altered plasticity after developmental acquired traumatic brain injury. Developmental Neuroscience, 28: 364 – 379.

Goldman-Rakic, P. S. (1980). Morphological consequences of prenatal injury to the primate brain. *Progress in Brain Research*. 53: 3 – 10.

Goswami, U. and Bryant, P. (1990). *Phonological Skills and Learning to Read*. Lawrence Erlbaum Associates. London.

Griffiths, R. *The abilities of young children*(1970). London: Child Development Research Centre.

Grimshaw, G. M. , Adelstein, A. , Bryden, M. P. & MacKinnon, G. E. (1998). Firstlanguage acquisition in adolescence: Evidence for a critical period for verbal language development. *Brain and Language*. 63,237 – 255.

Hulme, C. and Snowling M. J. (2009) *Developmental Disorders of Language, Learning and Cognition*. Oxford: Wiley-Blackwell. pp. 37 – 89.

Immordino-Yang, M. H. (2007). A tale oftwo cases: Lessons for education from the study of two boys living with half their brains. *Mind, Brain and Education*. 1,66 – 83.

Isaacson, R. L. (1975). The myth of recovery from early brain damage. In: N. R. Ellis(Ed.), *Aberrant Development in Infancy: Human and Animal Studies*. Lawrence Erlbaum Associates, Hillsdale, NJ. 1 – 25.

Kennard, M. A. (1936). Age and other factors in motor recovery from precentral lesions in monkeys. *American Journal of Physiology*. 115,138 – 146.

Kennard, M. A. (1938). Reorganization of motor function in the cerebral cortex of monkeys deprived of motor and premotor areas in infancy. *Journal of Neurophysiology*. 1,477 – 496.

Kennard, M. A. (1940). Relation of age to motor impairment in man and in subhuman primates. *Archives of Neurology and Psychiatry*. 44,377 – 397.

Kovelman, I. , Norton, E. S. , ChristodoulouJ. A. , GaabN. , Lieberman, D. A. , Triantafvllou, C. , Wolf, M. , Whitfield-Gabrieli, S. , Gabrieli, J. D. (2011). Brain basis of phonological awareness for spoken language in children and its disruption in dyslexia. *Cerebral Cortex*. E-Pub ahead of publication.

Lai, C. S. L. , Fisher, S. E. , Hurst, J. A. , VarghaKhadem, F. and Monaco, A. P. (2001) A novel forkhead-domain gene is mutated in a severe speech and language disorder. *Nature*. *413*,519 – 523.

Lidzba, K. , Staudt, M. , Wilke, M. , Grodd, W. &. Kraggeloh-Mann, I. (2006). Visuospatial deficits in patients with early lefthemispheric lesions and functional reorganization of language: Consequenceof lesion or reorganization? *Neuropsychologia*. *44*(7),1088 – 1094.

Liegeois, F. , Cross, J. H. , Polkey, C. , Harkness, W. , &. Vargha-Khadem, F. (2008a). Language after hemispherectomy in childhood: Contri-butions from memory and intelligence. *Neuropsychologia*. *46*, 3101 – 3107.

Liegeois, F. , Connelly, A. , Baldeweg, T. &. Vargha-Khadem, F. (2008b). Speaking with a single cerebral hemisphere: Fmri language organization after hemispherectomy in childhood. *Brain and Language*. *106*(3),195 – 203.

Muter, V (1994a). *Phonology and learning to read in normal and hemiplegic children*. (Ph. D. Thesis). University of London.

Muter, V. , Snowling, M. , Taylor, S. (1994b). Orthographic analogies and phonological awareness: Their role and significance in early reading development. *Journal of Child Psychology and Psychiatry*. *35* (2): 293 – 331.

Ogden, J. A. (1998). Language and memory functions after long recovery periods in left-hemispherectomized subjects. *Neuropsychologia*. *26*(5),645 – 659.

Patterson, K. , Vargha-Khadem, F. , and Polkey, C. E. (1989). Reading with one hemisphere. *Brain*. *112*: 39 – 63.

Rankin, P. and Vargha-Khadem, F. Neuropsychological evaluation-Children. (2007). In: *Epilepsy: A Comprehensive Textbook*, Engel, J. and Pedley, T. A. (eds.). Philadelphia: Lippincott Williams &. Wilkins.

Renfrew, C. E. (1969). *The Bus Story*. Old Headington (Oxford): C. E. Renfew.

Rust, J. (1996). *Wechsler Objective Language Dimensions*. Psychological Corporation, London.

Schneider, G. E. (1974). Functional recovery after lesions of the nervous system: 3 developmental processes in neural plasticity. Anomalous axonal connections implicated in sparing and alteration of function after early lesions. *Neuroscience Research Program Bulletin*. *12*(2): 222 – 227.

Schneider, G. E. (1979). Is it really better to have your brain lesion early? A revision of the "Kennard principle". *Neuropsychologia*. *17*(6),557 – 583.

Shriberg, L. D. , Gruber, F. A. , and Kwiakowski, J. (1994). Developmental pho-nological disorders III: Long-term speech-sound normalization. *Journal of Speech and Hearing Research*. *37* (6): 1151 – 1177.

Snowling, M. , Stofhard, S. , McLean, J. (1996). *Graded Nonword Reading-Test*. Bury St Edmunds (Suffolk): Thames Valley Test Company.

Teuber, H. L. (1975). Effects of focal brain injury on human behavior. In: Tower, D. (Editor). *The Nervous System*. Vol. 2, Raven Press, New York, pp. 182 – 201.

Vargha-Khadem, F. , Watters G. V. , O'Gorman, A. M. (1985). Development of speech and language following bilateral frontal lesions. *Brain and Language*. *25*: 167 – 183.

Vargha-Khadem, F., Isaacs, E. B., Papaleloudi, H., Polkey, C. E., and Wilson, J. (1991). Development of language in six hemispherectomized patients. *Brain.* 114: 473 – 495.

Vargha-Khadem, F., Isaacs, E. & Muter, V. (1994). A review of cognitive outcome after unilateral lesions sustained during childhood. *Journal of Child Neurology.* 9, supplement, 2S67 – 2S73.

Vargha-Khadem, F., Carr, L. J, Isaacs, E., Brett, E., Adams, C. & Mishkin, M. (1997). Onset of speech after left hemispherectomy in a nine-year-old boy. *Brain.* 120(1),159 – 182.

Wechsler, D. (1992). *Wechsler Intelligence Scale for Children*, Edition III. UK. Sidcup, Kent. UK. The Psychological Corporation.

Wechsler, D. (1993). *Wechsler Objective Reading Dimensions.* Sidcup, Kent, UK. The Psychological Corporation.

Wechsler, D. (1998). *Wechsler Adult Intelligence Scale*, Edition III, UK. Sidcup, Kent, UK. The Psychological Corporation. stimuli in infants. Journal of Cognitive Neuroscience. 12(3),449 – 460.

学习与教学

5.

人类知识的核心系统及其发展：自然几何学

伊丽莎白·斯派克（Elizabeth S. Spelke）

培育人类知识的种子： 自然几何学

与学会阅读和掌握阅读一样（Dehaene，本书），掌握初等数学也是一项很重要的成 73 就。对数字和几何的基本了解，几乎是所有现代人类活动的基础：从经济和贸易到测量和技术，再到社会和艺术都是如此。而且，和阅读一样，数学对很多学生来说也是一项严峻的挑战，这些学生可能终生都难以学会数字、地图和图表并进行推理。因此，加强数学教育是提高所有儿童教育水平的重中之重。但在这里，我们主要关注数学学习的基础之一：几何直觉的发展。与数字和算术相比，它并未受到足够的关注。

一般地，直到小学高年级，欧几里得几何才作为正式的专题引进数学课堂，因为这个专题实在太难教了。小学课堂的多数专题都和有意义的、吸引人的活动有关：数字和数数可以在棋类游戏中讲授（Siegler 和 Ramani，2011），阅读可以在讲故事、游戏、唱歌中讲授。相比之下，几何学的对象——没有维度的点、无限延伸的线以及理想的形状——既看不见也摸不着。可能正因为如此，正规的几何教学在青少年阶段才正式引入数学课堂，并常常以证明逻辑定理的练习形式出现。

尽管如此，受过教育的成人都能拥有良好的几何直觉。而且长期以来，这种直觉一直是指导人类思想与行动的基本知识。欧几里得几何学点线面的自然性和玄妙性，曾使苏格拉底认定几何学根本无法讲授与学习，只能在先天的记忆中回忆（Plato，ca. 380 B. C.）。但是，近来的研究表明，欧几里得几何认知能力是人类婴儿时期出现的系统的产物，并在整个童年期都在发展。而且，早在儿童学会阅读和数数前，它就已经开始指导各种各样丰富多彩的活动了。

74　　**几何直觉的发展**

　　人类以下三种能力的发展,可以证明欧几里得几何直觉出现得较晚:能够根据纯几何地图定位,能够推理平面或曲面上三角形的属性,能够思考点和面的基本性质。通过对生活在两种完全不同的背景下(北美和欧洲工业化的城市以及亚马逊偏远地区的乡村)的成人和儿童的研究,我们可以对这些能力进行测量。下文我会简单地介绍这些研究发现。

　　首先,我们研究了成人和 4 岁儿童是如何根据几何地图进行定位的(Dehaene 等,2006;Shusterman 等,2008)。在该研究中,我们先让被试看到以特殊的几何形状(三角形或者不相等的线段)排列的三个不透明的容器,然后要求被试在其中一个容器里放置或找到一个物体。被试在寻找正确的容器时,没有看到这三个容器的布局,而看到的是一幅这些容器布局的鸟瞰图。图中,三个圆盘以同样的三角形或线段排列,被试用星号标出目标物的位置(参见图 1,第 222 页)。结果发现,任何年龄的儿童和成人都能根据地图上物体排列的**距离**关系找到目标,甚至 4 岁大的儿童都能理解并完成任务。而且,通过对欧几里得几何学中另外两个基本属性:**角度**(区分三角形角度大小的信息)和**对称性**(区分一种图形及其镜像的信息,参见:Dehaene 等,2006)的分析,两种文化背景下的成人也都能准确找到目标。相比之下,4 岁儿童却只能从地图上获知距离关系(Shusterman 等,2008)。进一步的研究表明,6 岁儿童开始使用角度信息(Spelke 等,2011),青少年时期开始使用对称性信息(Hyde 等,2011)。这些研究显示出人类对欧几里得图形敏感性的发展是循序渐进的。

　　第二,通过让成人和儿童找到并画出三角形的第三个角,测量他们的几何推理能力(Izard 等,2011a)。为了完成这项任务,我们先在电脑屏幕上给被试呈现了一些模拟图像,显示一个宽广的平面或球面,在指导语中说明这个面是一块有三个小村庄的土地,而这三个村庄由三条直路联系(见图 2a,第 223 页)。同时两个各带两个箭头的点出现在屏幕的下方,这些点就是村庄,而箭头是连通各村庄道路的起点。但是代表第三个村庄的点没有呈现。

75　　　这项任务要求被试指出第三个村庄的位置,及两条路在第三个村庄交汇出的角。结果发现,在推理平面上的小路时,两种文化背景下的成人和较大年龄组的儿童的判断和欧几里得几何学的原则一致:无论两点间的距离是多少,三角形的面积是多大,他们画出的第三个角和屏幕上其他两个可见的角都十分接近 180 度。而在推理球面上的小路时,较大年龄组的儿童和成人都会进行适当的调整,画出的角的度数也会随着三角形面积的增长而增长(虽然成人和儿童一样,都倾向于低估球面上角增长的度数)。相比之下,6 岁儿童还没有能力区分平面和球面。与欧几里得平面几何学的基本原则相悖,他们画出的角和屏幕上出现的角没有任何关系,反倒随着两点间距离的变化而变化。而最小的儿童对虚拟路线的推理则更是违背了欧几里得所述的平面三角形的基本特性。

参加虚拟定位任务的成人和儿童也都参加了点和线的直觉任务(Izard 等,2011a)。在该任务中,我们在电脑屏幕上向被试呈现了两个带有纹路的平面(Surface):一组测试是关于平面的,另一组测试是关于球面的。接着图像渐渐拉近平面,直到所有提示平面曲度的信息完全消失。最后让被试完成一些简单的关于点或线的是非判断题(参见图 2b,第 223 页)。其中一些题探索的点线性质是对平面和球面都通用的(比如,过两点可以画一条直线么? 过三点呢?)。另外一些问题探索的点线性质却只适用于一种表面而不适用于另一种(比如,是否存在永不相交的两条直线? 是否存在相交多于一次的直线?)。

和之前的研究一致,成人和 10 岁以上的儿童都能够系统地回答这些问题。当问及平面问题的时候,他们的反应高度统一,并与欧几里得几何学一致:平面上有一些直线是永远不会相交的,而且没有任何两条直线可以相交一次以上。而在球面问题中,他们可能会将第二个问题的答案调整为:球面上的两条直线可以相交两次(虽然两种文化背景下的被试也都可能作出错误的判断:球面上有些直线可能永不相交)。6 岁孩子的表现再一次和年长者形成鲜明的对比:虽然他们对平面和球面通用的点线属性的判断与成人和较大年龄儿童一致,但不如他们那么系统,也无法在判断中区分出平面和球面。

总之,成人和较大年龄儿童在三种任务中都表现出对抽象的欧几里得几何学的认识:地图任务,需要他们在一个二维图片中提取长度、角度和关系信息,并将这些信息运用到三维模型中;三角形补全任务,需要他们推理平面或曲面中连接村庄的那些小路;纯直觉测试,测验被试对无维度的点和无限长的直线的基本性质的直觉。在 6 岁之前,儿童的能力还是有限的。那么,欧几里得几何学到底是在什么时候,又是怎样成为儿童天然的直觉的? 又是什么样的经验促成了这种发展呢?

探索几何直觉的来源

在本章的剩余部分，我们将会探讨一个由来已久的观点：人类在正式学习和运用几何学知识时，利用了人类进化而来的心智和大脑的功能，这些功能随婴幼儿的发育而发展，并为其他功能服务；而且我们也利用了这些功能来实现这一新的目的。通过四种对比性研究，认知心理学家和认知神经科学家探索了这些系统及其功能。第一个研究思路是对比从婴儿到成人之间不同年龄段儿童的几何能力。第二个研究思路是从人类近亲灵长类动物到稍远的脊椎动物再到无脊椎动物，对这些不同物种的能力进行对比。第三个研究思路是对比不同文化背景下的人，受教育程度不同的人，接触地图、尺子等文化产品机会不同的人，还有空间能力不同的人的能力。第四个研究思路是从基因到神经元到大脑系统再到学习行为等不同的层面来分析几何认知能力。

在我看来，这四种研究思路集中揭示了两个核心系统，它们构成了人类几何知识的基础。其中一个系统表征大尺度的定位布局：人类和动物用该系统来定位自己在该布局中的位置。另外一个系统表征小尺度的可操作的物体及其形状：人类和动物用该系统来对重要的几种物体进行识别与分类。我认为，通过对这两个系统的表征的创造性融合，人类才能够理解抽象的欧几里得几何系统。反过来，这种融合也依赖人类特有的符号工具。

在本章剩余部分，我将同时从丰富性和有限性两个方面，分别讲述这两个核心几何知识系统。最后讲述第三个系统，儿童和成人正是用该系统将前两个系统的表征融合在一起。也正基于此，儿童才可能建构出一个更加抽象的几何系统：自然语言系统。

定位几何学

有一个恰切的名字可以形容对地球的测量，即"几何学"（Geometry）。通过几何学的核心知识系统，人类和动物可以测算周围的地势特征，进而计算重要对象的位置，最终完成定位。有个实验研究的就是这一系统，该实验的被试是18—24个月大的婴儿（Hermer 和 Spelke，1996）。婴儿先是被带进一个密闭的无任何装饰的矩形屋子，屋角有可以隐藏玩具的嵌板（参见图3a，第224页）。由于房间颜色一致，照明一致，因此只有相对长度这一信息可以提示墙的四面是非对称性的。但是站在斜对角的位置无法区分任何方向信息。我们将玩具隐藏在房屋的某一角时,让婴儿站在房子正中观看。接着蒙上婴儿的眼睛,将其抬起,并慢慢转圈直到失去方向感。最后将其放下,让其寻找玩具。婴儿的寻找范围限定在两个屋角处:正确的位置及其相反的位置,这两个位置在几何学上是对等的。结果表明,婴儿是以某种方式通过周围物体的形状进行定位的。

虽然,在人类定位过程中,几乎不会出现完全失去方向感(Disorientation)这种事情。但是,运用再定位(Reorientation)任务的实验很有价值,它可以证明定位者能够自动编码环境信息(因为孩子没有预期到会失去方向感),进而再确定自己的位置。因此,有大量的实验来考查各年龄段的儿童在多种环境下的定位能力。这些研究发现,人类早在 12 月龄的时候就能根据矩形房间的形状进行再定位了,而且这种能力一直延续到成年以后(Hermer 和 Spelke,1996)。24 个月大的时候,婴儿就可以同时根据大、小矩形环境的形状进行再定位了(Learmonth, Newcombe 和 Huttenlocher, 2001),无论四面墙壁的颜色和装饰是否相同(Hermer 和 Spelke,1996;Learmonth 等,2001)。而且当儿童在其他形状的房间(如等腰三角形;Lourenco 和 Huttenlocher, 2006;参见图 3b,第 224 页)及有特殊突起的正方形(Wang 等,1999;参见图 3c,第 224 页))中受测时,他们也能够根据周围墙壁的距离和位置进行再定位。但是,儿童的再定位能力是有局限性的,这提供了线索来揭示引导他们行动的定位表征的性质,使得研究者可以追踪不同种属、不同文化的人群的定位表征,进而探究其脑机制。

该核心几何系统的一个主要局限和接收到的信息的布局有关:儿童是根据延伸表面的距离和方向再定位的,而不是根据独立物体(即使物体很大)的距离和方向。最近有一系列的实验证明了这种局限(Lee 和 Spelke,2010;同时参见 Lew 等,2006;Wang 等,1999)。在这些实验中,先让儿童在一个圆柱体的环境中失去方向感,该环境中有两根很大很稳的柱子,其明度和色彩与圆柱状墙面形成鲜明的对比,两根柱子都位于房间的一侧并成 90 度角分开(图 4a,第 224 页)。当柱子紧靠在圆柱状墙上时,儿童可以用它们来重新定位自己并找到隐藏物体,无论物体是直接隐藏在某根柱子的后面,还是藏在其他地方。但是,当柱子稍微远离墙面时,儿童就不能根据柱子的位置来定位隐藏的物体了。这并不是因为他们没能注意或记住物体和柱子的关系:如果物体直接被隐藏在某根柱子背后,儿童只在该柱子处寻找,他们就会十分留意物体和柱子的关系,会将任何一根柱子都当成"标志",来标记物体可能被隐藏的地方。但是,儿童却不能将搜索锁定在正确的那根柱子上：如果物体隐藏在**右边**的柱子那里，儿童还是会同时在左边和右边的柱子处寻找。只有当柱子紧靠墙面而立时，才起到改变四周表面布局形状的作用，让儿童能够依此定位。

在该系列研究中，也有实验进一步揭示了儿童在几何定位中的第二个明显的局限：儿童是根据延伸的三维而非二维表面的距离和方向进行再定位的（Lee 和 Spelke，2010；同时参见 Lee，Shuterman 和 Spelke，2006；Gouteux 和 Spelke，2001；Wang 等，1999）。这类研究还是让儿童在一个圆柱状环境中受测，但这次不再是两根三维的柱子紧靠在墙壁上了，而是两块角度和柱子完全相同的二维墙壁，它们的材料和柱子相同，而且也和周围的墙壁在亮度、质地和颜色上形成鲜明的对比（参见图 4b，第 224 页）。当把物体隐藏在某块墙壁的背后时，儿童还是会把搜索同时锁定在两块墙壁上。这再次表明，儿童识别出了这两块墙壁，并且将这两块墙壁当作标志来直接标记物体可能存在的位置。但他们还是不能区分两个位置的不同，所以才会既在正确的墙壁处（比如右边的墙壁）寻找，又在错误的墙壁（左边的墙壁）寻找。虽然墙壁已经确定地被识别出来，但它们并没有改变圆柱体环境的形状，也没有破坏其对称性。因此，儿童在用几何定位系统对隐藏的物体进行定位时，墙壁并未发挥作用。

令人震惊的是，核心几何系统也可能会忽视二维的图案信息，这也导致了一些惊人的发现。最戏剧化的一项发现来自胡滕洛赫尔和洛伦寇（Huttenlocher 和 Lourenco，2007；Lourenco 等，2009）的一系列研究。在该系列研究中，儿童在一个正方形房间中失去方向感，但该房间没有任何形状信息可以用来对四个墙角进行区分。而在另一种条件下，正方形房间中对立的墙面可以通过二维的图案信息与另外一对墙壁进行区分：比如，墙面花色是"×"或圆圈（参见图 5，第 225 页）。虽然"×"或圆圈的区别完全是几何学的，但是失去方向感的儿童还是忽略了这些信息，同等地搜索了四个墙角。其实在很多情景下，甚至在墙面颜色（红或蓝）或图案（黑圆圈白底或统一灰色）不同的正方形房间里，儿童都会忽略表面标识物的不同。这并不是因为儿童不能探测或使用二维图案信息，而是因为在最后一种实验条件中儿童会将搜索锁定在其中两个方向一致的墙角处，而这一条件下相对的墙壁上都是圆形图案，只是大小和密度不同（一对墙面上是大的、较稀疏的花纹，另一对墙面上是小的、较密集的花纹）。

既然儿童无法区分大圆圈的墙和无圆圈的墙，那么他们又如何能在第二种条件下顺利地完成任务呢？最近的实验回答了这一问题，并揭示了这种核心几何系统细腻的敏感性（Lee，Winkler-Rhoads 和 Spelke，出版中）。当被试看到距离相同的墙面上布满形状相同但大小和密度不同的图案时,他们会认为含有大的、稀疏的图案的墙面离自己较近。这种**相对大小**的深度线索从婴儿 7 个月大开始就会影响其深度知觉(Yonas,Granrud 和 Pettersen,1985)。在胡滕洛赫尔和洛伦寇的研究中,虽然房间是方形的,但相对大小线索却让儿童将其知觉为狭长的,因为有大圆圈的墙看起来要比有小圆圈的墙近。这一结论来源于另外的验证实验,该实验检验了上述"相对大小可以作为深度知觉线索"观点的两个假设。首先,儿童应该在一个统一着色的房间中再定位,即使房间是略微狭长的方形(因为相对大小的深度线索效应是十分微妙的)。第二,可以预测,相对大小线索会和其他深度线索相互作用,促进或阻碍儿童的再定位。

80

　　为了验证这些假设,我们首先在两个颜色一致,近乎方形却不是方形的房间里对儿童进行测试。其中一个房间的长宽比是 8∶9,另一个房间的长宽比是 23∶24。结果发现,儿童不能根据第二个房间的长方形形状进行再定位,却可以根据第一个房间的长方形形状再定位。这说明,与正方形有一定细微的形状差别就足以引导儿童再定位。接着,我们设置了三种带有圆圈图案的环境,与胡滕洛赫尔和洛伦寇(Huttenlocher 和 Lourenco,2007)的研究进行对比:一个正方形房间;一个略呈长方形的房间,大圆圈出现在较近的墙上;另一个略呈长方形的房间,大圆圈出现在较远的墙上。结果发现,儿童在前两种条件下可以有效地进行搜索,却不能在第三种条件下有效地进行搜索。这些发现说明,大小和密度不同的图案起着深度线索的作用,可以破坏正方形房间的对称性。这些发现也与前面的实验发现一致,说明二维几何图案不能作为一个独立的信息来指导儿童的再定位。同时,核心几何定位系统受三维几何结构中极细微的差别的影响。其他的研究也支持了这一结论,发现儿童在有效地再定位时,环境中唯一特别的三维形状仅仅是地面上一个极小的长方形的框架或突起(Lee 和 Spelke,2001;见图 6,第 226 页)。

　　儿童再定位系统的最后一个显著特征是,影响儿童注意状态的任务操作不会对儿童的再定位造成影响。儿童能够利用特殊颜色的墙、二维图案或独立物体来标记隐藏物体的位置,这不仅取决于儿童对这些特征的注意,还取决于他们对潜在关系的理解。比如,那些被告知色彩鲜艳的墙壁可以作为寻找线索的儿童,会利用墙壁来指导他们对物体进行搜索,而那些未被告知的儿童就不会利用墙壁这一线索(Shusterman 等,2011)。相比之下,儿童利用墙壁几何结构的能力却不受这样或者那样的注意力操作的影响。在探索过程中,儿童会自动编码并记住自己在延展的三维布局中的位置。

　　总之,关于儿童的定位研究证明,表征系统对定位延伸表面的几何结构(geometric

configuration)敏感,但对相似结构的可移动物体或二维标志(除非能制造出一种三维

81 错觉)并不敏感。而且,这种敏感性与儿童的注意状态或对几何信息的使用意识无关。这种特殊的局限性使研究者可以在多元文化情景下对成人和动物类似的系统以及大脑的特定系统进行测量。我将会在下文简要提到以上各点。

从程(Cheng,1986)和法利斯特(Fallistel,1990)设计出再定位任务研究小白鼠时,对再定位的研究就已经开始了。很多动物,从灵长类到鸟类再到蚂蚁(综述参见Weustrach 和 Beugnon,2009;Cheng 和 Newcombe,2005),都可以根据环境形状进行再定位。所有这些物种即便是从未受过训练,也都能表现出与儿童相似的再定位能力。比如,像儿童一样,蚂蚁可以使用二维几何信息作为标志,但仅能使用三维环境的形状进行再定位(Wystrach 和 Beugnon,2009)。新孵出的小鸡也同样如此,它们可以使用二维图案和大的独立物体作为标志,却不能根据这些标志进行再定位(Lee,Spelke 和 Vallortigara,unpublished),不过它们与儿童一样,也能够根据几何图案之间的微妙差异进行再定位。在图案的相对大小信息能够唤起深度知觉的正方形房间里,老鼠的再定位成绩也和儿童相当(Twyman 等,2009)。所以,改变动物对环境特征的注意及对环境特征重要性的意识的训练机制,显著改变了动物在与表面亮度、二维图案及独立物体相关的定位任务中的表现(如,Wystrach 和 Beugnon,2009;Pearce 等,2001)。但是,这些训练几乎都不能影响动物对表面几何布局的反应。

起初,对成人的研究发现好像与这些发现有所不同:成人在一个有明确标志的房间里失去方向感后,他们会利用任何标志性信息,以寻找隐藏物体。这项研究我将会在本章的最后部分详述。虽然成人有更好的表现,但是,使用的却是与儿童及动物同样的几何定位系统。例如,同时完成再定位任务和持续言语任务的成人,在搜索任务中的表现就与儿童和动物比较相似:他们会将物体和二维图案作为标志,但再定位时却仅仅依据三维的几何表面布局(Hermer-Vazquez 等,1999),除非任务指导语明确提示他们根据标志进行定位(Ratliff 和 Newcombe,2008)。更令人惊奇的是,只接触了不多手势语的聋人也是根据布局的形状进行再定位的,虽然没有同时性任务的干扰;而相比于听力或者语言能力较强的聋人,在再定位任务中将颜色信息作为标志的能力

82 反而较差(Pyers 等,2010)。这些发现都表明,通过种系发展和个体发育形成的古老的再定位系统会一直持续作用到人类成年期,成年后人类会用语言等其他认知资源来弥补该系统的一些局限。稍后我将会在本章详述语言的作用。

用神经生理学的方法研究动物定位时,在一些脑区也发现了同样的模式:有的脑

区负责动物的位置[位置细胞(Place Cells)],有的负责动物的前进方向[头部朝向细胞(Head-Direction Cells)],还有的负责动物的移动[网格细胞(Grid Cells)]。位置细胞在海马区,头部朝向细胞和网格细胞在皮层的相邻区域。在密闭的房间中,它们的放电形式会随着与三维展开面的距离和方向发生系统的变化(O'Keefe 和 Burgess,1996;Lever 等,2002;Solstad 等,2008)。相比之下,这些细胞的活动不受独立物体的位置或房间墙壁的颜色、结构的影响(Lever 等,2002;Solstad 等,2008)。更有趣的是,位置细胞的活动还会随经验发生变化:当动物进行相关的学习时,物体、表面质地和其他环境信息同时也会被编码(Lever 等,2002)。对幼鼠的研究证明,定位系统在幼鼠发育的最初期就已经出现了。幼鼠一移动,就能探测到其位置细胞和头部朝向细胞的活动;网格细胞的活动随后迅速发展起来(Wills 等,2010)。所有这些发现都和对儿童的行为研究结果一致。

和上文所述的行为研究结果一致,最近的功能性磁共振成像研究也证实了成人具有位置细胞和网格细胞(Doeller 等,2008,2010)。当成人学习在一个虚拟的延伸的三维环境中辨认位置时,就会激活海马(Doeller 和 Burgess,2008;Doeller 等,2008)。而当成人学习辨认独立地标的相对位置时,纹状体的另一个脑区会与任务表现明显相关。学习与虚拟场所展开面有关的环境位置时,海马的活动显然不受注意和干扰的影响;而与学习地标有关的纹状体的活动就明显地受到注意的影响。不管是人类还是啮齿类动物,不管是用行为研究还是用神经生理学的方法,这一发现都表现出惊人的一致,即对周围表面布局形状编码的核心机制是相同的。

最后,激动人心的最新研究发现,核心几何系统可能有特定的遗传基础。这项研 83
究聚焦患有威廉姆斯综合征的成人,这是一种源于基因缺失的发展性障碍,会导致多种结构和认知异常,包括空间推理缺陷。拉库斯特、德索勒恩和兰道(Lakusta,Dessalegn 和 Landau,2010)重点关注的正是这种空间推理缺陷,他们发现,威廉姆斯综合征的成人患者在多种空间任务中的表现仅仅停留在 3 岁儿童的水平。但是,当在颜色统一的长方形房间里测量他们的再定位表现时,却发现了一个全新的模式:和上文的所有发现都不同,威廉姆斯综合征的成人患者在长方形房间的四角都会进行同等的搜索。这种表现并不是因为他们记不住物体隐藏的位置,因为在一个相似的任务(延迟时间相同只是没有失去方向感)中,他们表现得很好。这种表现也并不是由于失去方向感环节的任何弱化效应,因为在一个一面墙壁颜色特殊的长方形房间里,他们在失去方向感后的表现仍然很好。但是,3 岁儿童的测试成绩却表现出了明显的双重分离：儿童可以根据环境形状进行成功的定位，却不能根据颜色特殊的墙壁进行成功的定位，而威廉姆斯综合征成人患者的表现却恰恰相反。因此，在根据几何布局进行定位的核心系统中，这一发展性障碍似乎引起了一种特殊的缺陷。

撰写本章时，塑造核心系统的先天和后天因素都还不知道，而如今，这些都已经在研究了。这些研究表明，威廉姆斯综合征源于一种已知的基因缺陷，现在的研究已在老鼠身上发现了同样的综合征和再定位表现。因此，未来可能以老鼠为对象来探究该发展机制的本质，古老的几何表征系统的出现或消失，可能就和这一发展机制有关。

总之，对定位的研究不仅横跨人类的个体发育、脊椎动物和无脊椎动物的种系发育，而且横跨人类的各种文化和语言，贯穿从认知到神经元再到基因的不同分析层面。所有这些研究都一致表明，定位系统依赖于周围表面布局的几何学。最后，我将会以一个重要的问题结束本部分：该系统表征了表面布局的何种几何信息呢？我即将描述的最后一个定位研究可以证明，儿童、成人和动物通过重建距离和方向（两个重要的欧几里得几何学特征）来维持和重建位置感。但是，他们却并不在定位时使用长度和角度这两个最重要的视觉形状特征。

84 赫普巴思和纳德尔（Hupbath 和 Nadel，2005）的研究首先发现，儿童对墙角的度数并不敏感。该研究将儿童安排在一个菱形的环境里接受测试，该环境由四面长度相同但夹角不同的墙壁组成。近年来，通过对该研究的重复和改进，我们发现即便在最简单的环境中，儿童对角度都不敏感（Lee，Sovrano 和 Spelke，2012）。在这些研究中，所有测验都统一在一个圆柱体的环境中进行。首先，给 2 至 3 岁的儿童看菱形组合的框架（参见图 7a，第 226 页）。一种条件下，菱形框架的四面墙壁在墙角处是分开的，因此菱形中特殊的角度信息被隐去了。然后将玩具隐藏在该框架中，儿童失去方向感后，他们将搜索限定在几何学上适当的两个位置。结果发现，在非连续环境中，儿童也可以像在连续环境中一样进行再定位，他们不需要直接根据墙角的度数来确定自己和展开面的关系。第二种条件下，我们将这些表面移除，只呈现菱形的四个角，并放置于距屋子中央等距的位置。虽然邻角的角度完全不同（钝角 120 度，锐角 60 度），但失去方向感的儿童在再定位时，却并没有受其指引，而是将搜索平均地分配到四个可能的位置。这表明，儿童的再定位明显不受角度的影响。

本系列还有另外两个实验，在这两个实验中，我们想通过非连续的方形框架来检验儿童能否根据表面的长度信息进行再定位（参见图 7b，第 226 页）。首先，我们消除了任何完整的长方形中存在的独特的长度信息，呈现长方形框架。然后将玩具隐藏在框架内。失去方向感的儿童会将搜索限定在两个在几何学上适当的位置,此项结果证明儿童不需要根据表面长度的不同来定位自己在长方形中的位置。另外,我们呈现有两种长度的四个表面,使其排列成正方形框架。虽然一对表面是另一对表面长度的两倍,失去方向感的儿童却会随机地在四个表面处搜索,而没有考虑长度的不同。

这些新的发现表明,之前认为几何导向的再定位系统对周围**布局**的形状很敏感(如我和其他人的合作研究:例,Hermer 和 Spelke,1996),其实是个误区。下文我们会看到,形状表征的一个基本特征是,它们不会根据尺度的变换而改变,它们依赖的是物体不同部分的角度和长度关系或者轮廓的形状。但是,无论是儿童还是神经生理学实验中的小鼠,对这些角度和长度关系都不够敏感。当正方形房间的面积增长到原来的四倍后,位置细胞对一面或多面墙壁的绝对距离和方向的激活仍然保持不变;似乎并没有通过移动或扩张来维持定位区域与环境整体形状的关系(O'Keefe 和 Burgess,1996)。

总之,这些发现为发挥导航作用的核心几何表征系统提供了依据。但是,这一系统存在两种局限:第一,它只能用于三维探索空间的展开面,不能用于二维图案或独立物体。第二,它仅代表定位者和这些表面的绝对距离和方向,并不能代表不同表面之间的长度和角度关系。下文我将描述另一个没有这些局限的核心几何表征系统。

物体识别的几何学

虽然动物和幼童都会在大尺度环境布局中忽略一些表面标志及长度和角度的关系,但他们对小图片或小物体中的这些几何关系非常敏感。数十年的关于动物和儿童的形状知觉和客体识别的研究支持了这一结论(参见 Gibson,1969,对早期研究非常经典的综述)。对婴儿的研究也支持了这一结论,这些婴儿不能独立活动(因此研究婴儿时不能使用上述定位任务)。我将从第二部分的发现讲起。

近几十年的大量实验研究了人类婴儿对角度和长度的敏感性,这些被试甚至包括初生几个小时的婴儿(Slater,Mattock,Brown,和 Bremner,1991)。在一系列的实验中,先让婴儿对一系列朝向不同但交角恒定的两条直线习惯化(habituation)。然后给婴儿看形状相同朝向不同或者相同的直线以不同角度相交的新图片。婴儿普遍对前者表现出习惯性,而对后一种情况注视更久,这说明他们对角度信息敏感(Schwartz 和 Day,1979;Slater 等,1991)。相似的实验表明,婴儿对长度信息也敏感(Newcombe,

Huttenlocher 和 Learmonth，1999）。

进一步的研究提示，婴儿对视觉形状的知觉与儿童和动物在定位中运用的几何知识是不同的。首先，对动物的研究证明，定位依赖的是对展开面的绝对距离而非相对距离的编码：空间中的位置并不是以固定的比例形式来编码的（O'Keefe 和 Burgess，1996）。相比之下，婴儿对视觉形状的编码在很大程度上是固定比例的。在一系列的研究中（Schwarz 和 Day，1979），研究者们先让婴儿对一个小图形产生习惯化，然后再将图形改变两个维度（同时改变形状和大小）或一个维度（形状不变，但大小作出较大改变）进行测量。与上文所述的小鼠的定位任务相比（O'Keefe 和 Burgess，1996），婴儿对形状改变的去习惯化（Disbabituation）更显著，证明他们是以相对而非绝对的方式来知觉轮廓长度的。

第二，具有定位能力的动物和幼童是通过编码朝向关系来区分一个布局的形状及其镜像的。值得一提的是，儿童能够快速地将长方形房间中隐藏物体的那一角与其镜像区分开；确实，只有通过镜像关系才能把房间里几何上一致的两个墙角和另外两个墙角区分开。而对婴儿形状知觉的研究也探索了婴儿对原像与镜像的区分，但研究结论却很不一致。多数研究中，婴儿不能区分二维几何形状及其镜像（Lourenco 和 Huttenlocher，2008）。只有少量研究发现，事件的连续性可能会引起婴儿的"心理旋转"，但只有一部分婴儿能成功地进行这种加工（Quinn 和 Liben，2008，Moore 和 Johnson，2008）。这些研究表明，在表征视觉形状时，在很大程度上是会忽略感觉上的区别的。

不管是个体发展，还是不同的人类文化，不同的动物种属，这些视觉形状表征的特征在很大程度上是不变的。下文我将会介绍一组目前使用的实验，该组实验可以探索人类在长度、角度和方向敏感性上的后天发展（Izard 和 Spelke，2009；Izard 等，2011b）。这组实验发现，美国和亚马逊丛林深处的成人和 4—10 岁儿童也表现出不随发展而改变的行为模式，这和婴儿知觉的研究发现高度一致。看来，不管哪个年龄段，不管儿童还是成人，在探索角度和长度关系时总是比较容易，但是直到青少年期他们才能够探索朝向关系。

本实验采用了一种差别探测范式（根据 Dehaene 等，2006 的范式修改而成）。在这种范式中，五个 L 形刺激具有第六个 L 形刺激所没有的几何特征。这六个形状排列随机、朝向随机地给被试呈现出来，被试的任务是找出有差别的那个几何形状。不同的试次中，有差异的那个形状会在线条的长度、角度或感觉上和其他形状有所不同

（参见图 8，第 227 页）。在单纯的试次中，所有形状的其他维度都是相同的；在干扰试次中，这些形状还会在另一个无关的维度上有所不同。将这两种试次进行比较，可以看出长度、角度和感觉信息是否可以被自动加工，以及它们是否会受到相关维度的干扰。

结论主要有两个：第一，两种文化背景下不同年龄的被试都对角度和长度关系最为敏感，而对区分刺激与其镜像的感觉关系最不敏感。第二，角度和长度的改变会相互干扰，也会与感觉加工相互干扰，但感觉的改变对角度和长度加工却没有影响。因此，对所有的年龄段来说，都极难探测出感觉，因此极易被忽略。

根据很多文献资料，成人常常需要使用心理旋转来将形状或三维物体与其镜像区分开（Cooper 和 Shepard，1973）。旋转后，两个视觉形状或物体就可以通过模板匹配来直接比较，而不需要对它们抽象的感觉关系进行表征。因此，当抽象的、导向独立的感觉表征不存在时，心理旋转就可以作为一个辅助性的策略发挥作用。相比之下，差别探测研究表明，角度和长度关系在朝向不同和感觉不同的图形中都可以得到快速而可靠的加工。而且角度和长度的加工速度很快，这点与朝向和感觉等其他几何特征不同。

二维知觉的研究发现补充了三维物体再认这一庞大的研究体系。物体之所以能够被再认，主要是基于它们的形状。这始于幼儿早期（Smith 等，2002；Smith，2009），并持续到成年期，虽然这种形状依托的坐标系统好像一直有争议（参见 Biederman 和 Cooper，2009；Riesenhuber 和 Poggio，2000）。不同文化背景下的成人主要通过探测基本的欧几里得几何特性，如直角和平行表面，来对有意义的物体进行再认（Biederman，Yue 和 Davidoff，2009）。当对象以线图的形式绘出时，不同线条的交叉点提供了一些特别重要的信息，成人和儿童就是用这些信息来再认这些对象的（Biederman，1987；图 9）。而且，在行为和脑成像研究中，基于形状的物体再认是不随比例和镜像发生改变的（Biederman 和 Cooper，2009）。这说明，对长度和角度而非朝向关系的敏感性，可以将物体与其镜像区分开。最终，物体形状的变化引起了枕叶和颞叶特定区域的激活（Grill-Spector，Golarai 和 Gabrieli，2008；Reddy 和 Kanwisher，2006）。人类（Kourtzi 和 Kanwisher，2001）和动物（如，Kriegeskorte 等，2008）的相关脑区都能对二维物体和三维物体的形状反应，这进一步说明二维物体和三维物体的形状知觉使用的是同样的认知机制。

综上所述，研究表明核心系统可以表征可移动、可操作物体的形状。这一系统随着人类的发展而延续下来（Izard 和 Spelke，2009），具有文化普遍性（Dehaene 等，

2006；Izard 等,2011b)。在改变方位、大小和感觉的情况下,该系统还是可以表征物体的形状,以突出**长度和角度**两个最基本的欧几里得特性。但是这一系统并不完全符合欧几里得几何学的标准。它不能应用于大尺度的表面定位布局,证据是儿童不能对菱形房间的角度关系,或者矩形房间的长度关系作出反应(Lee 等,审核中)。而且,它只能获知欧几里得的**长度**和**角度**信息,不能获知**感觉**信息,因此无法将刺激的形状与其镜像区分开。

儿童和成人先分析物体形状继而进行再认的系统,与先分析几何特性,然后维持和恢复方向感的系统,是两种完全不同的系统。视觉形状的再认主要适用于二维视觉形式以及可操控、可移动的物体;而定位布局的形状再认则把这种二维的形式和对象排除了。而且,物体形状的再认对相对长度和角度信息很敏感,对距离(和对象大小)以及朝向(对物体的感觉关系)的变化不敏感。位置的再认却呈现出相反的模式:对距离和朝向很敏感,对长度和角度不敏感。总之,物体形状的布局主要依赖角度和交叉点等信息:当光滑直线部分被删除时,物体仍然可以被再认,但当角度和交叉点被删除时就不能被再认了(图 9)。对定位布局的再认却再次呈现出相反的模式:角度删除时可以,但光滑连续的表面中断时就不可以了(图 7,第 226 页)。幼童的这两种几何系统的差异的确很令人吃惊。相比之下,规范的(Formal)欧几里得几何系统对成人来说很直观,因此这种差异就被大大消弱了。

90

89

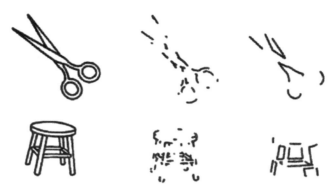

图 9　物体的二维形状完整时,成人和儿童都可以再认(左列)。当物体的轮廓从中间删除一部分,不论物体的轮廓线是直线或是曲线,被试仍然可以再认物体(中列)。相比之下,当线条相交处同样大小的轮廓被删除时,就很难再认了(右列;转载自 Biederman, 1987)。

核心知识以外

这两种核心几何系统如此鲜明的对比说明,如果将核心知识的表征创造性地结合起来,可能会出现一个更加有力、更加抽象的几何知识系统。而且,如果儿童能够将从大尺度的定位布局和小尺度的物体形式中提取的几何特征系统地联系在一起,他们也许就能克服这些系统在应用时各自存在的局限,从而使几何分析更加有力。通过系统之间的这种融合,儿童既可以通过角度和相对长度信息进行定位,也可以通过方向和绝对距离信息进行定位。而且,通过几何定位的视角,或通过实际旋转和心理旋转来从不同的角度观察物体,儿童也许可以将物体和形状与其镜像区分开来。

通过将定位系统和视觉分析创造性地结合在一起,儿童可以发展出非常抽象的几何物体的概念。试着考虑一条没有边界没有粗细的直线——这样的直线并不存在于定位布局的表征中,因为定位布局的表征只由特定距离和方向的展开面组成。这种直线也并不存在于二维形式的表征中,因为每一个可以看到表面标识的线条都有粗细。但其实这些概念在儿童开始使用二维布局如**图片**或**地图**来描述三维布局时就已经出现了。在场景图片中,细长的标识物(我们叫作"线条",虽然仍然可以看出其粗细)划定了两个物体或两个表面的界限。但是,对于场景自身,界限却只是在一个维度上延伸:因为没有粗细。在这种情况下,三维场景并没有可见的"线条",只有表面结束的边界。但是,当儿童将二维表面的标识物看作三维布局的边界时,他可能就了解了这种更加抽象的适用于两种布局的几何物体:一条只在一个维度上延伸的线条。

到目前为止,很多问题都涉及孩子们对地图、图片及抽象几何物体的认识,其实孩子们就是通过这些表征和三维定位布局的表征联系在一起的。最前面讲到的抽象几何直觉系统是儿童期发展起来的,是各种文化背景下的成人所共同享有的。我们假设这种系统是由两种在动物研究和儿童观测中都被发现的核心几何表征能力创造性地融合而建构出来的。地图等视觉符号系统可能正是提供了这样一个创造性地将两者结合起来的媒介。而我将在最后部分对儿童建立这种联系的另外一种媒介进行探讨。在接下来将要讨论的实验中,儿童并不是用视觉符号来组合位置和物体的表征,而是用一种具有明确组合性的不同表征系统:语言。

这些实验把我们带回了定位实验,定位实验的研究发现,幼童是通过表面距离而非颜色进行定位的。一系列新的实验也是在一间矩形屋子里对儿童的定位能力进行测试,这间屋子有三面白色的墙和一面有特殊颜色的墙。当屋子很大时,儿童失去方向感后,是通过那堵颜色很不相同的墙壁来将两个几何上都正确的墙角区分开的(Learmonth 等,2001),特别是当物体隐藏在有特殊颜色的墙附近时(Shusterman 等,2011),这说明墙的大小吸引了儿童的注意,起到了指引定位的作用(Lee 和 Spelke,2010)。但是当屋子很小时,儿童只能通过房间的几何形状来定位,因而搜索就被限定在距离和方向都正确的两个墙角处(Hermer 和 Spelke,1996)。虽然幼童也可以将墙的颜色作为标志,通过墙的长度和方向来确定自身的位置和方向,但他们却不能把这些信息资源整合起来。

然而,儿童行为上的改变是从他们开始掌握距离表征术语时开始的,如 6 岁前学会的"左边"和"右边"。有趣的是,这些能力的发展和儿童自身对空间知识的掌握有关(Hermer-Vazquez 等,2001),而且如果教儿童"左""右"这种术语,就会促进儿童这种能力的发展(Shusterman 和 Spelke,2005)。但是语言的作用是什么?语言训练只是会提高儿童对颜色标志的注意程度吗(就如 Shusterman 等人即将发表的研究所述)?或者,语言起到的其实是一个更加有效的中介作用,用以将空间布局的信息和标志物体的信息联系起来?

最近一项对使用尼亚拉瓜手语(Nicaraguan Sign Language,NSL)的成人的研究可能会解决这一疑问(Pyers,Shusterman,Senghas,Spelke 和 Emmory,2010)。从20 世纪 70 年代开始,NSL 开始被聋人学校的学生所使用,是聋人学校毕业生的主要语言。但其实,这一语言也是经过好多届学生的持续使用,才渐渐形成统一的语法结构的。第一届学生统一使用的语言包括动词、名词,但缺少完善的符号或口语语法系统,因此他们在表达和解释空间关系如"某物的左边"时并没有达成一致。在单独对话的过程中,每当传达"左""右"位置关系的信息时,他们就会把自己与谈话对象的位置混淆(Senghas 等,2004)。随着语言的渐渐完善,随后入校的几届学生使用的语言就比较丰富和系统化了。特别是,第二届学生在表达左右关系时更加一致,因此对左右关系的交流也更加有效(Senghas 等,2004)。除了这些语言上的差别,不同届学生的情况很相似:前两届的所有学生都是成人,而且多数住在同一个城市。因此如果以这两届学生作为被试,就可以研究他们在语言上的差别是否和非语言空间任务上的表现有关。 92

为了研究这一问题,派尔斯等人(Pyers 等,2010)邀请前两届 NSL 学生参加了一个空间导向任务,该任务也是在一个矩形房间里,而且该房间也有一堵颜色不同的墙。在完成这一任务和第二个空间任务后,被试被要求对多种空间布局进行描述,然后分析和比较两届学生的手语表达。和预期一致,第二届 NSL 学生在很多测量中都表现出了很棒的语言能力,比如在两个对空间语言的测量中,他们在表达"左"或"右"时,使用更加一致的坐标系统。在标记空间或标志性物体时,他们对位置的表述也更为一致。

最有趣的是,通过比较两届学生在定位任务中的表现发现:第一,虽然两届手语者都将对隐藏物的搜索限定在两个正确的几何位置上,但第二届学生更能利用有颜色的墙体来区分位置。第二,所有被试用有颜色的墙体来定位的表现都和左右空间关系的手语表达相关。更重要的是,在定位任务中的表现与对非空间语言的熟悉性不相关,对左/右空间语言的熟悉性也与其他空间任务的表现不相关。因此,这些发现并不能在整体上反映语言熟悉性或空间认知上的个体差异,只能反映一种特定的空间语言对完全非语言的再定位任务的影响。

派尔斯等人(Pyers 等,2010)研究的 NSL 学生都发展出了一定程度的空间语言。 93
但是,如果一个成人有正常的非语言认知能力,却没有任何空间语言,他们该如何定位? 最近,对一位青年(代号为 IC)的个案研究可能解答了这一疑问(Hyde 等,2011):他是通过特殊的动作系统,或者称作**家庭手语**(Homesign)来和家人沟通的(Goldin-Meadow,2003)。这项研究的被试 IC 几乎没有受过任何正规教育,也没有学过语言,但却很精通定位和数字推理。我们有一系列的任务,比如要求 IC 用动作描述一些物体的图片，如物体名称（如一幅画是猴子，另一幅画是树）、数字（如一幅画有两只猴子，另一幅画有三只猴子），或空间表达（如一幅画的猴子在树上，另一幅画的猴子在树下：请参考第 227 页图 10）。结果发现，IC 能自发并快速地生成描述物体和数字的动作，但却无法生成描述物体之间空间关系的动作（仅在描述上下关系时例外，因为从 IC 的动作推断，他是通过动作和作用关系，而不是通过空间关系来区分这些图像的）。尽管三个测试阶段都提供了很多提示和尝试机会，IC 的表达还是无法区分出任何朝向（如左右）关系。

但是，IC 却是一个很棒的定位者。据说从很小的年纪开始，他就对自己所在城市的路线非常熟悉了。那么，IC 可以将空间和几何信息联系起来，以分辨出彩色墙体左右的物体吗？我们最初试图用定位任务来解决这一问题，但却一败涂地：IC 在各种受测环境中的再定位都非常完美，甚至在一个环形的没有任何几何或非几何结构的房间里。很明显，我们精心设计的极对称环境并不足以糊弄 IC，他还是可以通过受测环境中极其微妙的非对称性进行自身的再定位。

因此接下来，我们试图测试 IC 对可移动的空间布局的记忆。结果发现，IC 能有效地使用环境结构的形状来指出被隐藏物体的位置，也能有效地使用标志性物体的特殊颜色直接标记出被隐藏物体的位置，这些都与过去对幼童的研究一致。但是，IC 却不能将这些信息来源有效地整合起来。这些数据表明，空间语言可能会促进这种整合能力。

像"蓝墙的左边"这样的空间表达是怎样将几何信息和标志性信息自动并有效地整合起来的呢？我认为这种效应依赖于自然语言的三种核心特征（Spelke，2003）。第一，语言包含各种各样的身份词汇，如环境特征（**墙**）、属性（**远**、**蓝**）及与其他环境特征的空间关系（**左**、**后**）。第二，语言包含一套规则，用来把单词汇集成表达，这些规则只依赖其将要连接的单词的语法特性，而非内容范畴。比如，虽然"远"是核心定位系统的特征，"蓝"却不是，但两者都是形容词，因此语法表达只要包含了一个，也就可以包含另外一个。第三，一种语言所表达的意思同时依赖单词的意思和规则的意思：如果你学了一个新的客体术语（如 iPad），而且已经知道了"蓝墙的左边"是什么意思，就不需要再学习"iPad 的左边"是什么意思了。

有了这三种特征，语言就可以作为一种中介来有效地整合客体属性信息和周围形状的信息了。有了表征客体的认知系统，儿童就可以通过将单词或表达与客体表征对应起来的方式来学习像"红"和"三角形"这样的术语了。而有了一个独立的认知系统在定位环境中表达距离和方向,儿童就可以通过将单词或表达与展开面布局对应起来的方式来学习像"远"和"左"这样的术语了。在知道要用怎样的表达来联结这些术语后,自然语言的整合机制就可以做剩余的工作了,它可以作为一个中介,来有效地整合不同认知系统的信息。

但是,语言可能是以一种不同的方式来促进儿童的定位的。可能它不是让儿童整合而是让其绕过这些核心表征。当儿童学习像"蓝墙的左边"这样的表达时,他们可能获知了一种新的方法来解码环境属性,从而使自己从核心几何系统中解放出来。正如本章开头所述,对威廉姆斯综合征成人患者的研究正是印证了这种可能性(Lakusta等,2010)。

众所周知,威廉姆斯综合征的成人患者好像无法通过整合核心几何系统进行定位:他们好像不能通过表征长方形房间中墙的距离和朝向来对自己进行再定位。但相比之下,这些患者还是有一些空间语言的,同时也可以用墙体的特殊颜色来辨明隐藏物体的位置。如果语言真的会绕过几何表征的话,这两种能力应该会彼此相互联系,像尼亚拉瓜手语者一样。因而空间语言更统一的威廉姆斯综合征患者在搜索彩色墙体的左右两边时应该会更加统一。

拉库斯塔、德撒莱尼和兰多(Lakusta,Dessalegn 和 Landau,2010)通过实验断然否定了这一假设。在一个只有一堵彩色墙体的房间里,威廉姆斯综合征患者的空间语言一致性和再定位一致性没有任何关系(Lakusta 等,2010)。这个发现印证了语言是用来整合核心表征的。因为威廉姆斯综合征患者缺少一种核心的几何布局表征,因此他们的空间语言即使发展得再好,都不能起到这一作用。威廉姆斯综合征的成人患者在定位彩色墙体时的表现可能会比幼童好,因为他们知道必须要注意标志以维持自身的方向感。与儿童和动物一样,威廉姆斯综合征的成人患者只能通过标志包括颜色信息来注意或定位。但是由于威廉姆斯综合征的成人患者缺少几何布局表征,他们不能像其他成人那样用语言来将标志和定位表征有效地整合起来。

通向发展教育认知神经科学的道路

本章所述的研究表明,最简单抽象的几何直觉往往蕴含着最复杂的深意。首先,最重要的是,它们根植于一种负责定位和物体识别的特异化的神经系统,而这种神经系统从动物或人类婴儿起就有了。这种系统传递的表征被一个包括图片和地图的表征装置整合了起来。可能更重要的是,随着儿童对自然语言中单词或规则的掌握,它们才得以有效地整合。总之,在所有这些发展的基础上,成人及 10 岁以上的儿童才发展出这些普遍的能力,如仅仅根据几何地图来定位,推导出一个三角形第三个角的未知的位置和大小,感知无大小的点及无粗细、无尽头的线条等。

这一研究发现可以促进儿童的数学教育吗?由于多数小学数学课堂还没有正式讲授几何学,将儿童早期的几何发展能力和后期的几何学习相连接的研究才刚刚开始。但是,即便是在早期,对几何推理的认知基础和神经基础的研究,还是有助于推动各年龄段学生的几何教育的。

而几何学正式引入课堂的背景可能和几何直觉真正源起的定位任务和视觉形状的分析大相径庭。其主要关注的是尺子和指南针创建的路径;其涉及的程序主要是逻辑推理,尤其是理论证明。很多学生无法完成这些任务,也无法理解这些任务与自然情景下的几何活动有什么关系。相比之下,定位和视觉形式分析才是幼童较为喜欢的任务:既有挑战性,又有满足感。如果几何学能在这些任务背景下更早地引入教育系统,可能会让学生更加享受,也会更有意义。

正如本章开头舒斯特曼等人(Shusterman 等,2006)、伊扎德等人(Izard 等,2011a)的研究所述,欧几里得几何学基本都可以在真实或虚拟的定位任务和形式分析的背景下来讲授。只有使用这些任务,数学课堂才是真正建立在幼童已有的几何知识的基础上的。如今那些整合教育和认知神经科学的研究,就是将教育项目建立在儿童已有的语言表征的基础上,因此的确提供了一些有效的方式来提高儿童的能力,正如本书迪昂和库尔所描述的那样。几何教学对人类独有的更高层次认知能力的发展很有必要,而要想促进几何教学的发展,可以将其建立在人类婴儿时期就已经出现的几何分析系统的基础上。这些系统镶嵌在早期独特的大脑发展体系中,而且在人类和动物身上已经得到了深入的研究;因此,现在研究人员已经了解了这些大脑系统的很多基本特征。在教育与发展认知神经科学领域,使用这些发现来设计和验证新的教育举措是研究者的当务之急。

参考文献

Biederman, I. (1987). Recognition-by-components: A theory of human image understanding. *Psychological Review*, 92(2), 115–147.

Biederman, I. & Cooper, E. E. (2009). Translational and reflectional priming invariance: A retrospective. *Perception*, *38*,809 – 825.

Biederman, I., Yue, X., & Davidoff, J. (2009). Representations of shape in individuals from a culture with minimal exposure to regular, simple artifacts. *Psychological Science*, *20*,1437 – 1442.

Cheng, K. (1986). A purely geometric module in the rats' spatial representation. *Cognition*, *23*, 149 – 178.

Cheng, K., & Newcombe, N. S. (2005). Is there a geometric module for spatial reorientation? Squaring theory and evidence. *Psychonomic Bulletin and Review*, *12*,1 – 23.

Cooper, L. A., & Shepard, R. N. (1973). Chronometric studies of the rotation of mental images. In W. G. Chase (Ed.), *Visual Information Processing* (pp. 75 – 176). New York: Academic Press.

Dehaene, S., Izard, V., Pica, P., & Spelke, E. (2006). Core knowledge of geometry in an Amazonian indigene group. *Science*, *311*,381 – 384.

Doeller, C. F., & Burgess, N. (2008). Distinct error-correcting and incidental learning of location relative to landmarks and boundaries. *Proceedings of the National Academy of Sciences*, *105*,5909 – 5914.

Doeller, C. F., King, J. A., & Burgess, N. (2008). Parallel striatal and hippocampal systems for landmarks and boundaries in spatial memory. *Proceedings of the National Academy of Sciences*, *105*, 5915 – 5920.

Doeller, C. F., Barry, C. & Burgess, N. (2010). Evidence for grid cells in a human memory network, *Nature*, *463*,657 – 661.

Gallistel, C. R. (1990). The Organization of Learning. Cambridge, M. A.: MIT Press.

Gibson, E. J. (1969). *Principles of Perceptual Learning and Development*. New York: Appleton-Century-Crofts.

Goldin-Meadow S. (2003) *The Resilience of Language*. New York: Psychology Press.

Gouteux, S., & Spelke, E. S. (2001). Children's use of geometry and landmarks to reorient in an open space. *Cognition*, *81*,119 – 148.

Grill-Spector, K., Golarai, G., & Gabrieli, J. (2008). Developmental neuroimaging of the human ventral visual cortex. *Trends in Cognitive Science*, *12*,152 – 162.

Hermer, L., & Spelke, E. S. (1996). Modularity and development: The case of spatial reorientation. *Cognition*, *61*,195 – 232.

Hermer-Vazquez, L., Moffet, A., Munkholm P. (2001). Language, space, and the development of cognitive flexibility in humans: the case of two spatial memory tasks, *Cognition*, *79*,263 – 299.

Hermer-Vasquez, L., Spelke, E. S., & Katsnelson, A. S. (1999). Sources of flexibility in human cognition: Dual-task studies of space and language. *Cognitive Psychology*, *39*,3 – 36.

Hupbach, A. and Nadel, L. (2005) Reorientation in a rhombic environment: no evidence for an encapsulated geometric module. *Cognitive Development*, *20*,279 – 302.

Huttenlocher, J., & Lourenco, S. F. (2007). Coding location in enclosed spaces: is geometry the principle? *Developmental Science*, *10*,741 – 746.

Hyde, D. C., Winkler-Rhoades, N., Lee, S. A., Izard, V., Shapiro, K. A., & Spelke, E. S.

(2011). Spatial and numerical abilities without a complete natural language. *Neuropsychologia*, *49* (5),924 – 936.

Izard, V. , Pica, P. , Spelke, E. S. , & Dehaene, S. (2011a). Flexible intuitions of Euclidean geometry in an Amazonian indigene group. *Proceedings of the National Academy of Sciences*.

Izard, V. , Pica, P. , Dehaene, S. , Hinchey, D. , & Spelke, E. (2011b). Geometry as a universal mental construction. In S. Dehaene & E. M. Brannon (Eds.) *Space*, *time and number in the brain*. *Attention & Performance*, Vol. 24. (pp. 319 – 333). London: Academic Press.

Izard, V. , & Spelke, E. S. (2009). Development of sensitivity to geometry in visual forms. *Human Evolution*, *24*,213 – 248.

Kourtzi, Z. & Kanwisher, N. (2001). Representation of perceived object shape by the human lateral occipital complex. *Science*, *293*,1506 – 1509.

Kriegeskorte, N. , Mur, M. , Ruff, D. A. , Kiani, R. , Bodurka, J. , Esteky, H. , Tanaka, K. , & Bandettini, P. A. (2008). Matching Categorical Object Representations in Inferior Temporal Cortex of Man and Monkey. *Neuron*, *60*(6),1126 – 1141.

Lakusta, L. , Dessalegn, B. & Landau, B. (2010). Impaired geometric reorientation caused by genetic defect. *Proceedings of the National Academy of Sciences*.

Learmonth, A. E. , Newcombe, N. S. , & Huttenlocher, J. (2001). Toddlers' use of metric information and landmarks to reorient. *Journal of Experi-mental Child Psychology*, *80*,225 – 244.

Lee, S. A. , Shusterman, A. , & Spelke, E. S. (2006). Reorientation and landmark guided search by young children: Evidence for two systems. *Psychological Science*, *17*(7),577 – 582.

Lee, S. A. & Spelke, E. S. (2010). A modular geometric mechanism for reorientation in children. *Cognitive Psychology*, *61*(2),152 – 176.

Lee, S. A. , & Spelke, E. S. (2011). Young children reorient by computing layout geometry, not by matching images of the environment. *Psychonomic Bulletin & Review*, *18*(1),192 – 198.

Lee, S. A. , Sovrano, V. A. , & Spelke, E. S. (2012). Navigation as a source of geometric knowledge: Young children's use of length, angle, distance, and direction in a reorientation task. *Cognition*, *123* (1), 144 – 161.

Lever, C. , Wills, T. , Cacucci, F. , Burgess, N. , & O'Keefe, J (2002). Long-term plasticity in hippocampal place-cell representation of environmental geometry. *Nature*, *416*,90 – 94.

Lew, A. R. , Foster, K. A. , & Bremner, J. G. (2006). Disorientation inhibits landmark use in 12-18-month-old infants. *Infant Behavior & Development*, *29*,334 – 341.

Lourenco, S. , Addy, D. , & Huttenlocher, J. (2009). Location representation in enclosed spaces: What types of information afford young children an advantage? *Journal of Experimental Child Psychology*, *104*,313 – 325.

Lourenco, S. F. , & Huttenlocher, J. (2006). How do young children determine location? Evidence from disorientation tasks. *Cognition*, *100*,511 – 529.

Lourenco, S. F. , & Huttenlocher, J. (2008). The representation of geometric cues in infancy. *Infancy*, *13*,103 – 127.

Moore, D. S., & Johnson, S. P. (2008). Mental rotation in young infants: A sex difference. *Psychological Science*, *19*, 1063 – 1066.

Newcombe, N. S., Huttenlocher, J., & Learmonth, A. E. (1999). Infants' coding of location in continuous space. *Infant Behavior and Development*, *22*, 483 – 510.

O'Keefe, J. & Burgess, N. (1996) Geometric determinants of the place fields of hippocampal neurons. *Nature*, *381*, 425 – 428.

Pearce, J. M., Ward-Robinson, J., Good, M., Fussell, C., & Aydin, A. (2001). Influence of a beacon on spatial learning based on the shape of the test environment. *Journal of Experimental Psychology: Animal Behavior Processes*, *27*, 329 – 344.

Plato (ca. 380 B. C.). *Meno*: available online at classics. mit. edu.

Pyers, J. E., Shusterman, A., Senghas, A., Spelke, E. S., & Emmorey, K. (2010). Evidence from an emerging sign language reveals that language supports spatial cognition. *Proceedings of the National Academy of Sciences*, *107*(27), 12116 – 12120.

Quinn, P. C., & Liben, L. S. (2008). A sex difference in mental rotation in young infants. *Psychological Science*, *19*, 1067 – 1070.

Ratliff, K. R., & Newcombe, N. S. (2008). Is language necessary for human spatial reorientation? Reconsidering evidence from dual taskparadigms. *Cognitive Psychology*, *56*, 142 – 163.

Reddy, L., & Kanwisher, N. (2006). Coding of visual objects in the ventral stream. *Current Opinion in Neurobiology*, *16*, 408 – 414.

Riesenhuber, M. & Poggio, T. (2000). Models of object recognition. *Nature Neuroscience*, *3*, 1199 – 1204.

Schwartz, M., & Day, R. H. (1979). Visual shape perception in early infancy. *Monographs of the Society for Research in Child Development*, *44*, 1 – 63.

Senghas A, Kita S, Ozyurek A (2004) Children creating core properties of language: Evidence from an emerging sign language in Nicaragua. Science 305: 1779 – 1782.

Shusterman, A. B., Lee, S. A., & Spelke, E. S. (2008). Young children's spontaneous use of geometry in maps. *Developmental Science*, *11*, F1 – F7.

Shusterman, A. & Spelke, E. (2005). Language and the development of spatial reasoning. In P. Carruthers, S. Laurence and S. Stich (Eds.), The Structure of the Innate Mind. *Oxford University Press*.

Shusterman, A., Lee, S. A., & Spelke, E. S. (2011). Cognitive effects of language on human navigation. *Cognition*, *120*(2), 186 – 201.

Siegler, R. S. & Ramani, G. B. (2011). Improving low-income children's number sense. In S. Dehaene & E. M. Brannon (Eds.), *Space, time and number in the brain. Attention & Performance*, *Vol. 24*. (pp. 343 – 354). London: Academic Press.

Slater, A., Mattock, A., Brown, E., & Bremner, J. G. (1991). Form perce-ption at birth: Cohen and Younger (1984) revisited. *Journal of Experimental Child Psychology*, *51*, 395 – 406.

Smith, L. B. (2009). From fragments to geometric shape: Changes in visual object recognition between 18 and 24 months. *Current Directions in Psychological Science*, *18*(5)290 – 294.

Smith, L. B. , Jones, S. S. , Landau, B. , Gershkoff-Stowe, L. & Samuelson, S. (2002). Early noun learning provides on-the-job training for attention. *Psychological Science*, *13*, 13 – 19.

Solstad, T. , Boccara, C. N. , Kropff, E. , Moser, M. , & Moser, E. I. (2008). Representation of geometric borders in the entorhinal cortex. *Science*, (322), 1865 – 1868.

Spelke, E. S. (2003). Developing knowledge of space: Core systems and new combinations. In S. M. Kosslyn & A. Galaburda (Eds.), *Languages of the Brain*. Cambridge, MA: Harvard Univ. Press.

Spelke, E. S. , Gilmore, C. K. , & McCarthy, S. (2011). Kindergarten children's sensitivity to geometry in maps. *Developmental Science*.

Twyman, A. D. , Newcombe, N. S. , & Gould, T. J. (2009). Of mice (mus musculus) and toddlers (Homo sapiens): Evidence of species-general spatial reorientation. *Journal of Comparative Psychology*, *123*, 342 – 345.

Wang, R. F. , Hermer-Vazquez, L. , & Spelke, E. S. (1999). Mechanisms of reorientation and object localization by children: A comparison with rats. *Behavioral Neuroscience*, *113*, 475 – 485.

Wills, T. , Cacucci, F. , Burgess, N. & O'Keefe, J. (2010). Development of the hippocampal cognitive map in preweanling rats. *Science*, *328*, 1573 – 1576.

Wystrach, A. & Beugnon, G. (2009). Ants learn geometry and features. *Current Biology*, *19*, 61 – 66.

Yonas, A. , Granrud, C. E. , & Pettersen, L. (1985). Infants' sensitivity to relative size information for distance, *Developmental Psychology*, *21*, 161 – 167.

6.

学习通路的可塑性：用评估来掌握和促进学习

科特・费舍尔（Kurt W. Fisher），西奥・道森（Theo L. Dawson），马修・施奈普斯（Matthew Schnepps）

学校对人与社会都有巨大的变革能力，但恰恰在教育儿童方面并不是很成功。多 100数情况下，学校建在哪里，对哪里的社会就会有变革效应。但在同时，大部分学校对大多数儿童的教育是失败的（Suárez-Orozco 和 Suárez-Orozco，2010）。如果发展中国家能有效地教育 25％ 的儿童，比起 0 来说就是一个巨大的进步，这对该国的经济发展和社会建设也影响深远。但即使这样也仅仅是 25％。在 21 世纪，我们想让每个人都受到教育。但是，现在的学校存在一个很大的问题，这在多数课堂上都很容易被观察到：如果让学生完成下面的句子"学校是什么？（填空）"，最常见的回答是"学校是无聊的地方"。这种情况甚至在一些很好的学校也存在：马萨诸塞州有着全美最好的学校，但那里的大部分学生仍然会说学校很无聊。其实学校不一定要成为无聊的地方，因为学生对知识其实有一种天然的好奇心，我们可以利用这种好奇心把学校变得有趣起来，进而使学生更高效地学习。认为学校无聊的一个主要原因是，学校让学生不加理解地背记知识。还有一个类似的原因是，学校无法向学生解释他们所学的知识和实际生活有什么关系。其实大可不必死记硬背，老师和学生都可以对任务、问题和话题进行思考和分析，但仅仅关注标准化的测试只会让学校现存的问题愈演愈烈。下面我们会提出一些解决问题的建议，来使学校生活更加有趣，与现实生活更加贴近。

约翰・杜威（Dewey，1933，1963）是一位伟大的教育哲学家，提出过很多至理名言。他曾说，如果你想成为一个好老师，不应该只教学生阅读和写作，而应该教学生怎样做人。我们应该好好吸取这一经验，关注学生在课堂上和生活中真正做了什么，以及他们自身是怎样学习和发展的。我们不能忽视学生的个体差异。每个学生的学习方式各不相同，这点每个老师在每次踏进教室时都应该深有感触。学生以不同的方式 101

学习,对不同的事物感兴趣,因此让所有学生在每一堂课上都充分参与(对老师而言)是一项重大的挑战。我喜欢用巴别塔(the Tower of Babel)来比喻这些差异。在这则圣经故事中,上帝赋予人们不同的语言,以及不同的目标、文化、兴趣和天赋。但其实,语言和文化仅仅代表人与人之间存在差异,而真正的差异要远比语言和文化大得多,可以延伸到我们关心什么和怎样学习知识。

所有这些差异都给教育者提出了一个重大的挑战,因为教育者其实是被学校里过时的教学模式卡住了。传统的教学模式就是所谓的"神圣课本法"(Holy Book Approach):神圣的课本或已经构建好的课程是每个人都必须要学习的,因此只有一种方法可以把课程学好——就是传统的方法,通过反复地死记硬背记住这些神圣的课文。可是,如果学生们仅仅通过这种"神圣课本法"来学习,他们就会在教育中迷失。

学习的普适量表及学习的不同方法

不同人的学习方法各不相同,但在学习的过程中也有很多共同点。通过对认知发展和学习的广泛研究,我们发现了一个可以对任何技能领域的学习方法进行测量的普适量表(Universal Scale),当然也可以用来测量课堂学习(Fischer,1980;Fischer 和 Bidell,2006;Stein,Dawson 和 Fischer,2010)。这种普适量表的一个优点是,它为分析学习差异提供了一把标尺。

多数认知科学(除了心理物理学)的量表都是主观随意编制出来的,如 IQ 量表的编制就不是依据自然情境下人类学习的经验证据。随着 20 世纪早期智力测量运动的发起,心理学和认知科学在很长一段时间都在主观随意地编写各式各样的量表。由于量表是心理测量专家主观编制的,因此结果分布也建立在主观假设的基础上(或者可参见 Van Geert 和 Van Dijk,2002;Van Geert 和 Steenbeek,2005)。其实我们应该使用那些真正反映儿童在自然情景下学习和发展的量表。

幸运的是,有确凿的证据可以证明,这种学习发展的普适量表的确是存在的。随着儿童的学习、发展,甚至标准化测验成绩的改变,儿童和成人都要经历一系列自身能力的重组。这一量表对评估学生在教室及其他学习环境中的表现来说,的确是一把有力的标尺(Fisher 和 Bidell,2006;Stein,Dawson 和 Fischer,2010)。

102   简单地说,此量表评分的关键标准是,由测验成绩的差距代表的发展与学习的非连续性。图 1 给出非连续性的一个例子:我们都熟知这一非连续状态——它涉及两岁左右语言的出现。鲁兰和范吉尔特（Ruhland 和 Van Geert，1998）对大量荷兰儿童进行了研究，该图表现的是其中一名叫汤姆斯（Tomas）的男孩。他在两岁时，对人称代词的使用出现了飞速的增长。其实，持续数年的研究表明，测验的技能越具体，学习就越可能在行为上表现出跃迁。研究还表明，童年阶段一系列的非连续性或再组织会一直持续到成年，其中有一部分研究发现很令人吃惊。比如，有一个发现是，在 20—30 岁的 10 年间，人们还会继续发展出新的能力。最好的证据就是约翰·杜威（Dewey，1933）所说的反思性判断（Reflective Judgment），即反思性知识的基础原理，再用证据和论证来判断到底什么是真的。

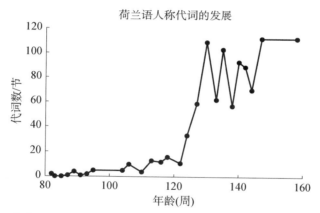

图 1　荷兰男孩汤姆斯词汇量的爆发式增长（Ruhland 和 Van Geert，1996）

凯伦·基奇纳（Karen Kitchener）和帕特里夏·金（Patricia King）创设了一系列的两难问题（Dilemma）来对基于杜威模型的反思性判断进行测量，其中有一个关于化学食品添加剂的（Kitchener，King，Wood 和 Davison，1989；Kichener，Lynch，Fischer 和 Wood，1993）问题："化学食品添加剂是有益的还是有害的？"比如，腌肉的化学食品添加剂可以防止肉变坏，进而防止人们生病。但也有证据表明，长期使用化学食品添加剂会导致癌症或其他疾病。因此，问题变成了"化学食品添加剂到底是有益的，因为可以预防疾病；还是有害的，因为可能会致癌？"在反思性判断评价系统中，受访者可以持任一观点——添加剂有益，因为可以防病；添加剂有害，因为可能致癌；或者这两种观点都有可能是对的。受访者论证的质量和复杂程度决定了他们的推理水平。

在发展过程中，起初的反思性判断只是一种绝对的知识概念——化学添加剂到底是有益的还是有害的。接着这种技能发展成了一种相对的知识——比如青少年会说："这个不好说,要看个人倾向了。"到了后期,人们才能使用复杂的推理来明确地提出论点、讨论证据,进而大致做出杜威所述的反思性判断推理。因此,反思性判断系列按次序总共有七个阶段。

这里有一个第六阶段的论证实例:虽然人们能够改变自己的想法,但是也可以根据论点和证据得出强有力的结论。他们会用一个很巧妙的答案,大意是"正反两方都没错"。

大量证据表明,化学食品添加剂可以预防食物中毒。当然这种证据也不是一定的,可能有另外的解释,也可能随时间改变,因此我们永远无法肯定事情的真相。但是,像科学家那样,我们必须对给定添加剂的证据进行评估,然后将这些证据和其他证据综合起来得出观点,这种观点应该是合理的。不同的证据评估方式对同一件事物会产生不同的观点,但是我们可以评价这些观点的合理性。

我们通过访谈评估了当地高中生和丹佛大学学生的反思性判断能力,他们的年龄在 14 到 28 岁之间,智力水平大致相当。在一种条件下(图 2 的理想水平),我们对一个较复杂的问题提供了一些背景性的支持,结果学生们的表现都比较好(一种叫作启动的范式)。而另外一种条件(图 2 的功能水平)则是一个没有任何背景性支持的困境。以往的研究表明,在提供背景性支持时,人们往往能够在前几分钟表现得较好,但

104

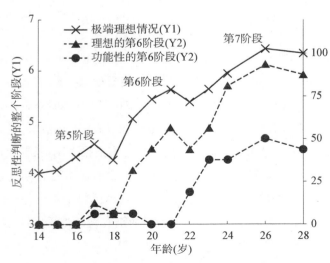

图 2　反思性判断的发展:第 6 阶段的解释

几分钟后这种较高水平的反应就会回到基线(Fischer 和 Bidell，2006)。因此提供支持有助于提高反应水平，但效果往往是短暂的。

本研究就很好地说明了在没有支持的情况下可能会发生的状况。学生的任务是对化学困境给出答案和解释。随着年龄变大，他们的进步缓慢，多数人直到 20 多岁才到达复杂的第六阶段。而即使到了 20 多岁，他们中的大多数在第 6 阶段的得分也还是没有超过 50％，如图 2 所示。

在提供了支持后(通过给予一种更复杂的反应来启动)，我们就看到了另外一种模式，正如图 2 中虚线所示：随着年龄的增长，学生们也会有一系列的进步。在支持性条件下学生一般都会出现这样的进步：比如 26 岁时在第 6 阶段的表现近乎完美。20 岁时出现了早期的进步，但只有 50％的正确率。因此，在第 6 阶段建立后一般还需要大约 5 年的时间才能到达将近 100％的正确率。换句话讲，对复杂推理的学习是要花一段时间的，这是一个缓慢的过程，需要很长时间才能完成。我们都知道，学校里对复杂材料的学习往往很慢，而实际生活却常常和学校不同。

图 2 中整体评估的总分在第 5 阶段、第 6 阶段、第 7 阶段各有一个跳跃。其实人们的表现并非固定在某个"阶段"，而是跨越不同"层次"的。学习和表现的一个特征是，总是有技能相伴随。即使在同一阶段人们的表现也并不一致，而同一个人在几分钟内的表现也在动态地上下波动。本研究就是要清晰地表述这种变动规律。

认知发展和大脑发展的关系

这篇文献主要关注的是学习环境，但另外还有一个相关的问题，即大脑活动是怎样随认知的发展而系统地改变的。大多数相关研究使用的是脑电图(EEG)，其实用其他脑成像工具也会发现相似的周期(Fishcher 和 Rose，1994；Fischer，2006；Fischer，2008)。但是与其他脑成像工具不同的是，通过 EEG 我们能以波的形式观察能量。图 3 就是 EEG 的 α 波增长曲线反映出的枕叶皮层的相对能量(Matousek 和 Petersen，1973)。可以看出，与反思判断的发展模式表现出惊人的一致，脑波激增期和高原期出现的时间与认知发展曲线十分吻合。这里，我们将数据转换成变化分数(一年与下一年的差异)来凸显激增期。

这就是我们反复看到的增长曲线，其激增期和高原期的每一次出现都伴随着一种新认知能力的出现。米歇尔·兰普尔(Michelle Lampl)和她的同事们发现，激增期和

106

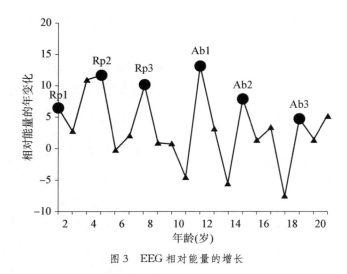

图 3　EEG 相对能量的增长

高原期这种模式十分普遍，甚至对身体成长也适用（Lampl，Beldhuits 和 Johnson，1992；Lampl 和 Jeanty，2003）。所以儿科专家所说的直线式增长并不符合个体成长的实际，而是平均了很多儿童之后的标准化的模式。

在个体发展分析中将内容和复杂性整合起来

在认知发展和学习过程中，随着对特定内容或观点的精通，人们随之进入了不同的学习阶段。不同的人按照不同的目标、兴趣和经验，通过不同的途径学习，因而学校和老师需要因材施教。在我们的理论中，先分别分析内容和复杂性，再把两者整合起来，用以标示出不同的学习阶段。

将内容主题和复杂性整合以后，学习阶段就产生了。比如，对学生访谈后，可以把他们的论点分为以下几种类型：真相是不确定的，还需要证据，或人们的表现是有偏好的。通常这几种类型都会和某些特定的复杂性阶段有关：有时同一种类型会跨越几个不同的阶段，有时又只限定于一两个阶段。

复杂性量表由 10 个阶段组成，其中有 4 个阶段贯穿于三个周期（动作、表征、抽107　象），如图 4 所示。该量表依托于皮亚杰（Piaget，1983）、詹姆斯·马克·鲍德温（James Mark Baldwin，1894）、维果茨斯（Vygotsky，1978）、沃纳（Werner，1957）及其他一些儿童认知发展学家的前期工作。注意在复杂性量表中，3×4 = 10。每个周期的

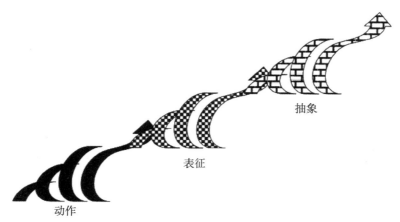

图4　根据行为和神经网络重组划分出技能复杂性的10个阶段量表

最后一个阶段引领了下个周期的出现,比如"动作"的最后一个阶段引领了"表征"的出现,因此某个周期的一个阶段与另一周期的一个阶段会有重叠。

图5(参见228页)给出了一个例子,说明了这些周期是怎样在发展过程中及测试成绩中表现出来的。基于科尔伯格(Kohlberge)的标准道德困境系统,我们对747个道德推理的个案样本进行了分析(Colby和Kohlberg,1987)。但科尔伯格的系统也并非十分精确,尤其是在幼童的道德推理方面(这是可以理解的,因为他主要关注的是青少年和成人)。我们其实有基于幼童道德发展的实证研究来纠正这些错误,进而改进量表(Dawson和Gabrielian,2003;Dawson-Tunik,Common,Wilson和Fischer,2005)。

该图是通过分析罗殊(Rasch,1980)的道德推理量表得来的,注意罗殊量表在各个阶段的跳跃性——出现在每个阶段的核心发展点。这些发现表明,虽然儿童的学习方式和学习通路各不相同,但学习和发展的背后其实还是存在一个通用量表的。

阅读学习与阅读障碍的不同通路

对阅读学习的研究显示,年幼的儿童不是只通过一条路径,而是通过3条独立的路径学习英语。此外,对英语阅读障碍者(学习英语阅读有困难的人)的研究显示,阅读障碍者的视觉系统与正常读者不同。这说明,阅读障碍者的眼睛及视野与正常人的中央凹及边缘视野分析域是不同的。

早期阅读发展模型,尤其是标准的英语阅读发展模型都隐含着这样一个概念,即初学者要将词义、词音及词形三个方面关联起来。在标准阅读模型中,儿童必须将这三者整合起来。阅读发展一般是以网络的形式,不同的网络线索标志着不同的范畴。在每种范畴中,儿童并非都处在同一个水平,而是表现出较大的差异,这可以通过沿着不同线索移动的技能网络模型来体现(Fischer 和 Bidell,2006)。

标准的早期阅读模型假定,不同范畴的充分融合发生在阅读发展的早期,如图 6a 所示(LaBerge 和 Samuels,1974)。在该模型中,字母识别、单词语义和韵律识别三者在单词的早期阅读中是相互协调的。

109

图 6a   学习阅读的模式化发展路径:阅读和
          韵律相互整合

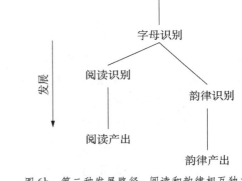

图 6b   第二种发展路径:阅读和韵律相互独立

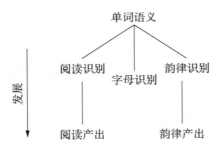

图 6c   第三种发展路径:阅读、韵律和字母识别相互独立

110

图中的每个术语都代表了一种阅读技能测试,因此总共有 6 种测试:单词语义(Word Definition),字母识别(Letter Identification),韵律识别(Rhyme Recognition),阅读识别(Reading Recognition),韵律产出(Rhyme Production)和阅读产出(Reading Production)。这些任务名字本身其实已经很好地表达了任务的要求。每个学生都要

知道单词的意思,以及怎样识别字母,怎样将字母和发音关联起来,怎样将发音和韵律相匹配。按照图 6a 所示的模型,年幼的读者将这三种范畴相整合时(按上文的顺序),依照一种简单的线性顺序:从阅读识别到韵律产出再到阅读产出。对 16 个单词 6 种测试的统计分析结果再次验证了这种模型。

但是,我们对这种模型或统计结果并不十分满意。在 80 个受测儿童中,有 20 个儿童对单词的反应模式都不大满足这种模型。对每个儿童做了模式分析后,我们发现了更有力的证据,证明了另外两种模式的存在。通过这 6 种测试,我们对每个学生学习 16 个单词做了轮廓分析(Profile Analysis)。结果很清晰:的确存在着另外两种路径,但仅就这 16 个单词来说,每个儿童只表现出这三种路径中的一种。

图 6b 是第二种路径,该路径的阅读和韵律是相互独立的。较复杂的是第三种路径,在这种路径中,阅读、韵律、单词三者都是各自独立发展的,而且在早期阅读中就形成了各自独立的线索(图 6c),这些学生的阅读技能掌握比较差也就不足为奇了。

因此,在学习对英语单词的阅读时,学生是沿着三种不同的路径发展的。有证据显示,即使所有的学生都按照标准化的阅读模式进行学习,学生的发展还是各不相同的。教育者要注意到这些差异,注意到儿童的学习方式和学习动机都各不相同。

阅读障碍者独特的视觉系统

人们通常认为,阅读障碍者的脑组织有一些轻微的缺陷。但对阅读障碍者的研究显示,他们的大脑没有缺陷,只是组织方式与"正常"人不大相同——尤其是他们的视觉系统偏向于在更广阔的视域范围内整合信息。这种组织方式有别于"正常"人的眼睛,即在视网膜和视神经的组织特性上存在不同。

我们的阅读障碍研究项目是由马修·施奈普斯发起的,他是哈佛史密森尼天体物理学科学教育中心的主任。该项目中有一部分关注的就是有阅读障碍的天体物理学家。美国国家科学基金会最近发现,学习障碍至关重要,因为其实相当一部分科学家都被认为患有某些障碍,如阅读障碍、注意缺陷障碍或阿斯伯格综合征。对科学教育更有普适价值的是,教育者和研究者都渐渐意识到儿童是以不同的方式学习的,因此需要用不同的模型来了解这种差异性。

我们的研究发现,阅读障碍者的视觉系统是不同的:很多有视觉天分的天体物理学家都有阅读障碍,他们的视觉系统好像和"正常"人是不一样的。比如,有研究表明,在快速探测图形中的视觉冲突,如埃舍尔图形(Escher Diagrams)时,阅读障碍者很有天分,他们要比正常人快50%。这个研究最初始于盖革和莱特温(Geiger 和 Lettvin,1987),后来被冯·科罗利、温纳、格雷和谢尔曼(Von Károlyi, Winner, Gray 和 Sherman, 2003)反复验证。另外,艺校里的阅读障碍者也很多,是正常人的两倍。

对天体物理学家来说,一项很重要的技能就是在广阔的视域范围内整合信息,比如在星空中。因此,我们对天体物理学家使用的测试就是天体物理学中最重要的技能,比如用波形探测黑洞。图7a就是一个探测黑洞的模拟,但是探测真实的波往往比模拟情况难得多,因为真实的波其实是更像图7b的。探测结果显示,与正常天体物理学家相比,患有阅读障碍的天体物理学家更擅长探测黑洞。原来,那些最擅长探测黑洞的天体物理学家往往在紧靠中央凹的边缘视野区很敏感,而大多数正常人主要是用中央凹来探测的。

112

a. 黑洞的模拟形态

b. 黑洞的真实形态

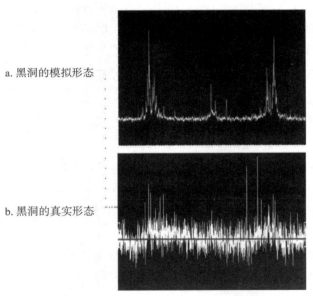

图 7a-b 黑洞的模拟形态和真实形态的对比

这种罕见的视觉技能在探测这种波形的黑洞时是一种优势,但在阅读时却是一种劣势。因为在大多数情况下,读者需要用中央凹来聚焦文本,进而分辨出细微的差别(比如 p、d、q、b)。而且,边缘视野区很敏感的人注意力也很容易被分散——他们常常会被边缘视野区的物体所吸引。处在边缘视野区的物体能引起他们不由自主地将眼睛朝向该物体,所以患有阅读障碍的儿童和天体物理学家的注意力可能更容易被分散。

我们的目标是影响教育系统,使得能够辨木于林的正常阅读者与辨林于黑洞的阅读障碍者都受益。理想的教育是可以因材施教,而非给阅读障碍者贴上缺陷的标签。所以从现在起,让我们不再谈论缺陷,开始谈论能力差异,并对优缺点兼容并包。

真实教育情境中的学习评估工具(非高风险测试)

我们现在有了一些学习评估工具,可以用它来测试真实的课堂学习是怎样发生的——比如,让学生对话或写论文短文。用这种真实的学习活动,我们就可以评估学生是怎样在教室或视频游戏中学习的。

现今的多数测试都是用来对学生进行等级划分,而不是用来促进其学习的,学院或大学可以根据这些标准化的测试来决定录取谁。相比之下,这些全新的技能量表工具可以测试出真实情境下的学习。虽然这些测试需要 5 到 7 个题目才能产生和现有的高风险标准测验信度相当的结果,但它有一个新的特征,即可在教室或其他真实的学习情境中对学习进行测量。

本文关注的是基于电脑的评估,因为这种评估的成本不算太高。目前我们正在创建一系列评估,将其命名为 DiscoTest™,其实就像话语测试一样。这些测试的第一版的任务是要求学生在电脑中输入短文,或者对着电脑讲话。图 8 就是一个多数科学教育者都会使用的标准测验题的例子:天平两端放置的都是醋和小苏打,但其中一端两

多项选择
盛有起泡的小苏打的那个盘子会怎样运动?
a. 上升
b. 不动
c. 下降
d. 先上升后下降
e. 条件不足,不能回答

学生自发得出的答案
盛有起泡的小苏打的那个盘子会怎样运动?

"烧杯里有小苏打的盘子会上升,因为当醋和小苏打混合时,会产生比空气轻的气体,所以这一端会像生日气球一样上升。"

图 8　醋和小苏打任务

113

者是分开放置的,另一端却被混合了,以致容器中产生了气体。接下来的问题是,当生成气体时,平衡会继续保持,还是有一端会上升或下沉?

学生们给出了多种答案,我们也对这些答案进行了严格的编码,以分析学生的学习次序。接下来我们可以基于这种学习次序来创建一些工具,以帮助学生按照学习通路更有效地学习。这个图显示的就是传统的多选题及学生可能作出的典型答案。比如,"烧杯里有小苏打的盘子会上升。因为当醋和小苏打混合时,会产生比空气轻的气体,所以这一端会像生日气球一样上升"。虽然这种答案不正确,但却反映了学生有趣的推理,我们可以用这种推理来评估学生是怎样思考这些任务的,又会遵循怎样的学习次序。

这种评估可以解答很多问题,比如学生到底使用的是什么样的概念?他们是如何理解这些概念的?他们的推理线索是什么?他们对自己的思考是怎样解释的?而且,我们还可以用测试来引导学生的学习。比如,先让学生回答一些问题,然后基于对该领域学习次序的分析对他们的学习模式进行反馈,最后提一些活动建议来促进他们学习进步。

如果用这种方法,那么在任何一个领域进行研究,第一阶段都是从大批学生中收集大量的数据,先得到一个普遍的对学习次序的描述,然后再指导学生的学习进步。比如,在数据库的基础上,我们可以对学生的学习进程提供反馈。使用上述评估工具很容易提供这些反馈,因为数据库可以提供评估内容、评估细则和学习次序。这就是使用真实课堂情境进行评估的主要优势。

还有一个 DiscoTest 的例子:弹力球能量的问题。这个问题对学生来说还是有点难以理解的。比如,大多数物理课堂的预期是,九年级左右的学生能理解能量守恒。但通过与物理老师的交谈及观察学生对能量守恒问题的回答,发现实际情况与这种预期显然有一定的距离。对学习次序的评估表明,大多数九年级的学生都不能使用能量守恒概念。可能是因为复杂的理解需要一个更加复杂的思维方式,而他们也许还需要几年才能发展起这种思维方式。

当然,我们可以继续询问这个关于能量的问题,进而发现学习次序的特征,再进一步对比一种学习支持和另一种学习支持的有效性。比如,"当球下落时能量会发生怎样的变化?"一种答案是,"球下落时,一部分能量会被释放"。下一个问题是,"当球击地时能量会发生怎样的变化?"一个学生说,"一部分能量会传递到地面上,剩余能量将被球保留,因为它还可以弹回去"。再下一个问题是"球击地之后能量会怎样变化?"回答是:"这是一个好问题! 一部分能量应该仍然会保留在球里,但这部分能量能让球运动吗? 我不知道。"这些答案是通过与学生交谈,或收集学生电脑答题的答案得到的,而这些问题也正是师生在真实情境中学习弹力球能量时涉及的问题。

结论: 一种基于认知科学的评估工具

因此,我们发现了学习发展过程中的一个普适性的量表,它可以在真实的学习情境,如教室中,评估学生的学习。如果学生能在电脑上答题(写或说),则更加简单、成本更低。该量表最初始于对学习发展过程中间断的分析。而最终的研究通过对罗殊测试结果的分析,发现同样的间断可能以集群(Clusters)和鸿沟(Gaps)的形式出现。

通过这套基于普适性量表和内容范畴编码的工具,我们分析了多样化的学习次序,揭示了学校中一些常见的学习次序,比如学习阅读及物理中能量的概念。这种工具箱几乎可以用在学生学习的任何领域。比如,目前我们正在与一个教授学生文化史的学校合作,我们可以通过分析学习次序来理解文化方面的异同。我们的最终目标是,在几种常见的学习领域中创建 DiscoTest,为师生创建一个提供反馈的工具。利用这种工具,我们可以在电脑的协助下知道师生所说的、所理解的是什么,以及他们的论证解释与学习目标的匹配程度。相信用这种新型的评估工具,我们能够帮助师生去打造他们自己的学习模式。

参考文献

Baldwin, J. M. (1894). *Mental development in the child and the race*. New York: MacMillan.

Dawson, T. L., & Gabrielian, S. (2003). Developing conceptions of autho-rity and contract across the lifespan: Two perspectives. *Developmen-tal Review*, *23*, 162–218.

Dawson-Tunik, T. L., Commons, M., Wilson, M., & Fischer, KW. (2005). The shape of development. *European Journal of Developmental Psychology*, *2*, 163–195.

Dewey, J. (1933). *How we think: A restatement of the relation of reflective thinking to the educative process*. Lexington, MA: Heath.

Dewey, J. (1963). *Experience and education*. New York: Macmillan.

Fischer, KW. (1980). A theory of cognitive development: The control and construction of hierarchies of skills. *Psychological Review*, 87, 477–531.

Fischer, K. W. (1987). Relations between brain and cognitive development. *Child Development*, 3, 58,

623 – 632.

Fischer, K. W. (2008). Dynamic cycles of cognitive and brain development: Measuring growth in mind, brain, and education. In A. M. Battro, K. W. Fischer & P. Léna (Eds.), *The educated brain* (pp. 127 – 150). Cambridge U. K. : Cambridge University Press.

Fischer, K. W. , & Bidell, T. R. (2006). Dynamic development of action and thought. In W. Damon & R. M. Lerner (Eds.), *Theoretical models of human development. Handbook of child psychology* (6th ed. , Vol. 1, pp. 313 – 399). New York: Wiley.

Fischer, K. W. , & Rose, S. P. (1994). Dynamic development of coordina-tion of components in brain and behavior: A framework for theory and research. In G. Dawson & K. W. Fischer (Eds.), *Human behavior and the developing brain* (pp. 3 – 66). New York: Guilford Press.

Geiger, G. , & Lettvin, J. Y. (1987). Peripheral vision in persons with dyslexia. *New England Journal of Medicine, 316*, 1238 – 1243.

Kitchener, K. S. , King, P. M. , Wood, P. K. , & Davison, M. L. (1989). Sequentiality and consistency in the development of reflective judgment: A six-year longitudinal study. *Journal of Applied Developmental Psychology, 10*, 73 – 95.

Kitchener, K. S. , Lynch, C. L. , Fischer, K. W. , & Wood, P. K. (1993). Developmental range of reflective judgment: The effect of contextual support and practice on developmental stage. *Developmental Psychology, 29*, 893 – 906.

LaBerge, D. , & Samuels, S. J. (1974). Toward a theory of automatic information processing in reading. *Cognitive Psychology, 6*, 293 – 323.

Matousek, M. , & Petersén, I. (1973). Frequency analysis of the EEG in normal children and adolescents. In P. Kellaway & I. Petersén (Eds.), *Automation of clinical electroencephalography* (pp. 75 – 102). New York: Raven Press.

OECD (2012). *Talking global: Learning to read and speak the world*. Paris: Organization of Economic Cooperation and Development.

Piaget, J. (1983). Piaget's theory. In W. Kessen (Ed.), *History, theory, and methods* (Vol. 1, pp. 103 – 126). New York: Wiley.

Rasch, G. (1980). *Probabilistic model for some intelligence and attainment tests*. Chicago: University of Chicago Press.

Ruhland, R. , & van Geert, P. (1998). Jumping into syntax: Transitions in the development of closed class words. *British Journal of Developmental Psychology, 16* (Pt 1), 65 – 95.

Schneps, M. H. , Rose, L. T. , & Fischer, K. W. (2007). Visual learning and the brain: Implications for dyslexia. *Mind, Brain, and Education, 1*(3), 128 – 139.

Stein, Z. , Dawson, T. , & Fischer, K. W. (2010). Redesigning testing: Operationalizing the new science of learning. In M. S. Khine & I. M. Saleh (Eds.), *New science of learning: Cognition, computers, and collaboration in education* (pp. 207 – 224). New York: Springer.

Suárez-Orozco, C. , Suárez-Orozco, M. , & Todorova, I. (2010). *Learning a new land: Immigrant students in American Society*. Cambridge MA: Harvard University Press.

van Geert, P. , & Steenbeek, H. (2005). Explaining after by before: Basic aspects of a dynamic systems approach to the study of development. *Developmental Review*, *25*, 408 – 442.

van Geert, P. , & van Dijk, M. (2002). Focus on variability: New tools to study intraindividual variability in developmental data. *Infant Behavior & Development*, *25*(4), 340 – 374.

von Károlyi, C. , Winner, E. , Gray, W. , & Sherman, G. F. (2003). Dyslexia linked to talent: Global visual-spatial ability. *Brain & Language*, *85*, 427 – 431.

Vygotsky, L. (1978). *Mind in society: The development of higher psychological processes* (M. Cole, V. John-Steiner, S. Scribner & E. Souberman, Trans.). Cambridge MA: Harvard University Press.

Werner, H. (1957). The concept of development from a comparative and organismic point of view. In D. B. Harris (Ed.), *The concept of development Minneapolis*: University of Minnesota Press.

遗传学与学习

7.

脆性 X 综合征：神经可塑性带来新希望

马克·贝尔（Mark F. Bear）

前言

如今，我们已经进入"分子医学"时代，人们期待着人类基因组知识能为我们揭示精神疾病的病因，并提供治疗方案。这个过程起始于对某一类病人谨慎的临床诊断，即根据一系列共同的表型特征将他们区分出来，从而定义为某种综合征。随后，分子遗传学的研究开始检验这个假设：这种综合征是由共同的遗传因素引起的。如果该疾病是由染色体上的一段特定区域被损坏造成的（用遗传学家的话来说，即高外显率的基因突变），我们就会生成一个携带相同损伤基因的动物模型（通常是老鼠）。虽然相同的基因损伤对人类行为层面的影响可能（甚至经常）不同于其对动物行为的影响——这源于人类大脑与动物大脑复杂性的差异——但所造成的神经元基本功能的损伤却很可能是一致的。对这种神经元的病理生理学的理解，可以帮助我们识别和确认潜在的治疗靶标。靶标的发现会驱使化学工业开发能够达到药效学和药物代谢动力学要求的药物分子。如果这种药物被证明是安全的，随后就会在人类身上开展临床试验，成功的话，就会成为一种新药。

很不幸的是，对于大多数常见的精神疾病，我们距离分子医学的完全实现还很遥远。常见疾病诸如精神分裂和躁郁症，虽然名字听起来很简单，但它们的表现和基因起源都具有高度异质性。疾病的进程和结果也同样受到环境的影响，但这种影响难以研究或者用动物模型来复制。表型和病因上的复杂性拖慢了研究人员发展新型治疗方案的脚步。

但是，仍然有一种积极的观点认为，人们可能会很快意识到对于自闭症谱系障碍（Autism Spectrum Disorder, ASD）以及与之相关的智力障碍（Intellectual Disability,

ID)将会有实质性进展的这种可能性。首先,研究者已经发现与 ASD 和 ID 的显著特征有关的许多综合征障碍的基因。其次,动物模型已经复制出这种基因突变,因此我们可以对脑的病理生理基础进行详细的研究。第三,动物研究聚焦在已改变的突触功能上,这有可能是认知功能损伤,甚至是 ASD 的神经基础。第四,我们已经了解了基因突变是如何改变突触功能的,这提示了新型治疗干预手段在前临床模型中的有效性,并且展现出其应用在人类临床预实验中的前景。第五,如果 ASD 和 ID 能在幼儿时期得以确诊,就能使未来治疗的潜在获益最大化,因为我们可以在脑的可塑性最强的时期对儿童进行治疗。最后,使用基因再激活或者药理学干预的方法进行的动物研究显示,即使从成年期开始治疗 ASD 和 ID,仍然能够有实质性的改善。

近期关于与 ASD 和 ID 相关的遗传性综合征的研究进展是非常令人兴奋的,这包括结节性硬化综合征(Tuberous Sclerosis Complex, TSC)、神经纤维瘤 1 型(Neurofibromatosis Type 1,NF1)、雷特氏综合征(Rett Syndrome)以及唐氏综合征(Down Syndrome)。这里我将集中讲述脆性 X 综合征(Fragile X Syndrome, FXS),因为这也许是在精神疾病领域中最接近于实现分子医学的研究(见图 1)。起初,FXS 被称为马丁-贝尔综合征(Martin-Bell Syndrome),根据发现它的临床医生的名字命名(Martin 和 Bell,1943)。这种综合征的特征包括 ID、ASD、多动症和注意缺陷,儿童时期会发生癫痫,以及一些生理上的特征如脸部过长、招风耳、关节脆弱、男性睾丸增大等。随后,研究者发现这种疾病与 X 染色体上的反常缢痕(Unusual Constriction)有关(Lubs, 1969),这使得研究者在 1991 年发现了受影响的基因(Verkerk 等,1991)。FXS 中,FMR1 基因不能表达,也不能生成一种叫做 FMRP 的蛋白产物。而 FMRP 是一种在整个大脑中都高度表达的信使核糖核酸(mRNA)结合蛋白。

发现这种基因不久之后,研究者就建立了 FXS 的动物模型(Dutch Belgian Fragile X Consortium 等,1994)。神经生物学家不仅仅因为对 FXS 的兴趣,更因为 FMRP 蛋白在突触可塑性中的重要作用,他们对 FMR1 敲除(Knockout,KO)小鼠进行了大量的研究。事实上,目前人类临床实验中治疗方法的发现是来源于突触可塑性的研究。我将在这里简要追溯神经生物学的见解是如何对这些振奋人心的进展有所贡献的。这个故事将告诉我们,关于脑的基础研究会为我们带来怎样意想不到的回报,以及共享数据和想法的重要性,并且让我们认识到,对发展性脑障碍(Developmental Brain Disorder)治疗的实现并不只是存在可能性,而是近在眼前。

123

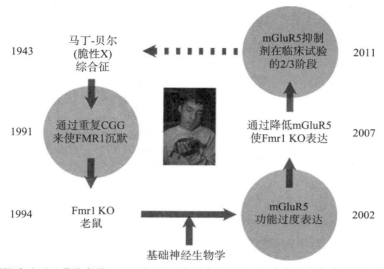

图 1　FXS 中分子医学的实现。1943 年，马丁和贝尔描述了一组患者具有的共同特征，包括智力
　　　障碍和社会退缩。1991 年，研究者发现了导致 FXS 的基因突变。X 染色体上的 FMR1 基
　　　因不能表达，无法生成 FMRP 蛋白。很快，研究者就建立了 FMR1 KO 小鼠的动物模型。
　　　由于神经生物学家对疾病本身和 FMRP 蛋白都非常感兴趣，他们对动物模型进行了大量
　　　的研究。2002 年，研究者发现在 FMR1 敲除小鼠中，突触可塑性的一种形式——代谢型谷
　　　氨酸受体触发的长时程突触抑制（mGluR-LTD）被延长了。由此出现了脆性 X 的代谢型
　　　谷氨酸受体理论（mGluR Theory），该理论假设，FXS 的许多症状都是由 mGluR5 过度激活
　　　所致的。2007 年，研究者发现，在 FMR1 KO 小鼠身上，多种脆性 X 外表型都和基因源性
　　　mGluR5 蛋白质生成的减少有关，从而证明了 mGluR5 理论。除此之外，许多动物研究表
　　　明，使用药物抑制 mGluR5 可以改变脆性 X 外表型。到 2009 年，mGluR5 抑制剂已经进入
　　　了人类实验的第二阶段。如果成功的话，将意味着研究者首次研发出了自下而上的针对
　　　神经行为障碍的药物疗法。

　　　缩略语：
　　　CGG：胞嘧啶–鸟嘌呤–鸟嘌呤（Cytosine-Guanine-Guanine）；mGluR5：代谢型谷氨酸
　　　受体 5（Metabotropic Glutamate Receptor 5）；KO：敲除（Knockout）；LTD：长时程突触抑
　　　制（Long-Term Synaptic Depression）。图片由 FRAXA 研究基金（FRAXA Research
　　　Foundation）授权提供。

从弱视到长时程突触抑制

　　神经生物学探索的道路起始于 1960 年代早期大卫·胡贝尔（David Hubel）和托
尔斯滕·威塞尔（Torsten Wiesel）的开创性研究。胡贝尔和威塞尔使用微电极首次系
统地探索了哺乳类动物视觉通路的组织结构，包括视网膜到丘脑再到视觉皮层。他们
发现，在上行的视觉通路中，初级视觉皮层（17 区、纹状体、V1）是整合来自两只眼睛的

124　信息的最外围的皮层区域。也就是说，该视觉区的神经元对来自右眼和左眼的刺激都会有所反应。这样将来自两只眼睛的信息整合起来，是双眼视觉的神经生物学基础，这也是为什么我们用两只眼睛，看到的却是一个世界。科学家发现，除了来自基因的信息，双眼视觉精确性的建立也需要两眼产生的激活模式的对比。沃尔夫·辛格（Wolf Singer）对此有着精巧的描述，即视觉皮层上的能够"同步发放"的神经元必然"连接在一起"。

　　威塞尔和胡贝尔（Wiesel 和 Hubel，1963）通过暂时阻止一只眼睛成像的方法验证了这个想法，这种范式被称为单眼剥夺。研究者发现，如果在动物的幼年时期，即青春期之前进行单眼剥夺，将会对视觉皮层产生巨大的影响。当被剥夺图像形成的这只眼睛恢复正常时，它在皮层上也不再能够有效地产生稳定的视觉反应。在过去的 50 年里，整整一代的神经科学家都被这样神奇的经验依赖的可塑性变化模式所吸引。在视觉领域，可塑性不单是感觉经验对大脑发育的非常重要的一个例子，它还是一种高发的儿童视觉障碍（发病率大约是人群的百分之一），即弱视的原因。在婴儿或幼儿时期，如果视觉缺陷没有得到及时纠正，就会导致弱视。

　　视觉领域的可塑性会发生在多个层面，而研究者要考虑的关键问题是，单眼剥夺所带来的视觉反应加工缺失的机制是什么。最主要的改变发生在视觉皮层的兴奋性突触上，尤其是丘脑皮层的突触（Thalamocortical Synapses）。直觉而言，如果我们不使用这些突触，那么它们就会萎缩。然而，事实并非如此。通过向眼睛注射麻醉剂，实际上可以保护来自视觉缺失的眼睛的输入不被切断（Rittenhouse 等，1999；Frenkel 和 Bear，2004）。这些数据恰恰证明了比恩斯托克等人（Bienenstock 等，1982）的理论假设，该假设认为，视网膜上缺少清晰图像的形成，从而造成突触间活动相关性较差，这种低相关性又进而引起突触抑制。正是基于该理论，科研工作者对大脑皮层的同源性突触 LTD 机制（参见 Bear，2003）展开了大量研究。

　　其实，早在发现 LTD（Dudek 和 Bear，1992）之前，就有研究者注意到突触活性减弱必定是兴奋性突触末梢谷氨酸递质释放的结果（Bear 等，1987）。另外有研究发现，谷氨酸可以直接激活一类 G 蛋白偶联受体，即随后被命名为代谢型谷氨酸受体
125　（mGluRs）的蛋白，这就为 LTD 提供了一种可能的解释机制（Bear，1988）。几十年后，我们已经发现了各种形式的 LTD，事实表明 LTD 引起弱视的机制依赖于 NMDA 受体而非 mGluRs（Yoon 等，2009）。尽管如此，有关 mGluR 假设的理论最终还是在小脑、海马以及其他脑区得到了验证，而且最近卢歇尔和休伯（Luscher 和 Huber，2010）的研

究证实，mGluRs 的激活的确是 LTD 产生的一个重要启动因子。

从代谢型谷氨酸受体触发的长时程突触抑制到脆性 X 综合征

基因组中共有八种 mGluRs，根据结构和功能的不同，将其分为Ⅰ、Ⅱ、Ⅲ三种类型。在海马及其他脑区，LTD 是被Ⅰ型 mGluR，尤其是 mGluR5 的激活所触发。选择性激动剂（Dihydroxyphenylglycine，DHPG）的使用是引发 LTD 的一个简单模式，但是 LTD 也可以被由电激活模式激活的突触释放的谷氨酸所触发（Huber 等，2001）。

mGluR-LTD 模式与由 N-甲基-D-天门冬氨酸（NMDA）受体触发的同源性 LTD 模式类似，两者都是通过突触后膜使君子酸型（AMPA-type）谷氨酸受体的内化（Internalization）所实现的（Snyder 等，2001）。然而，mGluR-LTD 的一个显著特征是它通常需要神经元树突中事先存在的相关 mRNAs 迅速翻译才能实现（Huber 等，2000）。如果 mGluR-LTD 触发时遭遇了蛋白合成抑制剂，比如环己酰亚胺（Cycloheximide），那么突触激活就会迅速恢复到基线状态。

尽管 LTD 过程对蛋白合成有极高的要求，但以往的一些研究也表明，蛋白合成是受到 mGluRs 调节的。生物化学研究显示，Ⅰ型 mGluR 的激活能够刺激突触细胞内的蛋白合成（Weiler 和 Greenough，1993），且一系列的电生理研究也表明，mGluR 的激活是蛋白合成过程所必须的（Merlin 等，1998；Raymond 等，2000）。现在我们认识到，mGluR5 只是 mGluR-LTD 分子机制的一个部分，它起到保证兴奋性突触释放谷氨酸后蛋白的合成跟上需求的作用。尽管 mGluR5 可以触发多种生物反应，但其中比较重要的是对突触间蛋白合成的激发作用。

在世纪之交，mGluR5 激活如何影响突触蛋白合成以及对 LTD 过程中蛋白种类的确定，成为两个亟待解决的问题。正是在这两个问题上，神经可塑性与 FXS 的相关研究结果产生冲突。早在 1997 年，韦勒（Weiler）和格雷诺（Greenough）就已经发现脆性 X 智力低下蛋白（FMRP）会伴随 mGluR5 的激活而产生，而这种蛋白正是 FXS 个体所缺失的蛋白种类（Weiler 等，1997）。于是我们设想 FMRP 可能正是"LTD 相关蛋白"。为了验证这一想法，我们培养出了 FMR1 KO 小鼠。因为我们的假设是，如果突触间没有 FMR1 mRNA 的表达，那么海马区的 LTD 就会受到损害而不能进行，但让人吃惊的是，实验结果刚好相反，即 LTD 在 KO 小鼠体内被过度激活了（Huber 等，2002）。

126

早期的体外研究表明，FMRP 结合到 mRNA 上后会抑制翻译过程（Laggerbauer 等，2001；Li 等，2001）。为了解释 LTD 的有关研究，我们更进一步提出假设——mGluR5 的激活触发了 LTD 蛋白的合成，进而合成 FMRP。具体来说，我们假设 FMRP 通过负反馈来抑制 LTD 蛋白的进一步合成，即一种为大家所熟知的抑制终产物的生物化学原理。如果没有 FMRP，就会导致突触蛋白合成过程没有检验点，从而导致 FMR1 KO 小鼠体内进行更多的 LTD 过程。

脆性 X 综合征的代谢型谷氨酸受体理论

研究者除了发现 mGluR 会在 LTD 中起作用，到 2002 年，也发现了 mGluR 依赖的合成蛋白在不同突触间会产生不同的生理反应（Merlin 等，1998；Raymond 等，2000；Vanderklish 和 Edelman，2002）。这些结果让笔者猜测，在缺少 FMRP 的负调控的情况下，Ⅰ型 mGluR 在整个神经系统中被过度激活会有什么样的后果。这个惊喜的想法让笔者逐渐意识到，FXS 的很多症状可能都与 mGluR5、mGluR1 及其他Ⅰ型 mGluR 的过度激活有关，比如认知损害、焦虑、癫痫，甚至肠易激综合征（Irritable Bowel）等。总之，mGluRs 应该是引起 FXS 各种症状的一个主要因素。更让人兴奋的是，研究结果表明，Ⅰ型 mGluR 抑制剂或许可以为 FXS 提供一种疾病转变治疗（Disease-Altering Therapy）的方法。

单就 FMR1 KO 小鼠的研究结果及 LTD 相关发现的一致性来说，这种治疗方法当然是极有前景的。我们研究小组原本打算对这一想法保密，并低调进行试验，然后再将这种治疗方法公布于众。然而，很快我们就发现仅靠自己的力量去实现这种治疗方法，将花费很多年的努力，且由于存在着各种其他治疗方法的可能性，我们决定将自己的想法与其他研究者共享，授权他们一起帮助我们完成这种治疗方法的试验。因此，2002 年 4 月，在一个关于 FXS 的专家研讨会上，笔者讲述了"mGluR 理论"，且于第二年出力组织了另一个研讨会，向 mGluR 专家介绍 FXS（见 Bear 等，2004 综述）。这些同行们接受了这个具有挑战性的治疗方案，从而极大地加速了该治疗方法的研究进程。

127 　　好的理论具有简单、具体、可验证的特点。我们的"mGluR 理论"即是一个例子。该理论假设，FMRP 的缺乏导致Ⅰ型 mGluR 过度激活，尤其是导致 LTD 蛋白的过量合成，这是主要的致病原因，是引起 FXS 相关的神经病学和精神病学上的主要症状。

并且,该假设提出的过量蛋白合成对 mGluR5 产生下调作用,已经在很多 FMR1 KO 小鼠研究中得到了证实(Aschrafi 等,2005;Qin 等,2005;Dolen 等,2007;Osterweil 等,2010)。另外,KO 小鼠的电生理及生物化学的研究表明,蛋白合成增加时,mGluR 的激活使癫痫发生(Chuang 等,2005)、LTP 启动(Auerbach 和 Bear,2010)、小脑的 LTD(Koekkoek 等,2005)和谷氨酸受体内在化(Nakamoto 等,2007)等均得到了改善。

"mGluR 理论"最重要的作用,当然是提示我们可以通过 mGluR5 降低过量蛋白产生的信号传递,从而使 FXS 的很多症状得到改善。该假设已经在动物模型中,分别从遗传学和药理学角度得到了验证。遗传方法是通过 FMR1 KO 突变鼠系体内 mGluR5 降低信号传递实现的,该鼠系小鼠体内 mGluR5 的表达水平只有野生型的 50%(Dolen 等,2007)。尤其值得注意的是,FMR1 KO 小鼠体内 mGluR5 表达水平的降低足以改善七八种 FXS 相关显型,包括癫痫、海马突触可塑性、视觉优势可塑性(Ocular Dominance Plasticity)、蛋白合成和树突棘密度等。相同的结果,在另一个类似的果蝇模型中得到了验证(Pan 和 Broadie,2007;Pan 等,2008;Repicky 和 Broadie,2009)。这些实验均验证了"mGluR 理论"中提出的 mGluR5 和 FMRP 两者起拮抗作用,即 FMRP 缺失所引起的损害可以通过降低 mGluR5 的信号传递而得到改善。

遗传学实验显示,mGluR5 的确是一个潜在的药物治疗靶点,这种想法已经被 mGluR5 的一种负向异性调节剂 2-甲基-6-苯基乙炔嘧啶[2-Methyl-6-(Phenylethynyl)-Pyridine,MPEP]在动物实验中广泛证实(Gasparini 等,1999)。MPEP 的使用最早是被严等人(Yan 等,2005)于 2005 年提出后才引起关注的,他们的实验表明,一种特殊且严重的脆性 X 显型——听源性痉挛能够被急性 MPEP 治疗所阻止。同一年,在果蝇脆性 X 模型中,麦克布莱德等人(McBride 等,2005)研究发现,慢性 MPEP 治疗也能够改善果蝇神经解剖学及行为上的缺陷。更重要的是,他们发现,这种疗效即使在成年果蝇体内也起作用。后续大量的小鼠及果蝇模型的实验室研究,均进一步论证了 mGluR5 抑制剂能够改善各种脆性 X 相关显型的结论(综述见 Krueger 和 Bear,2011)。这种治疗能够在进化距离相距较远的果蝇和小鼠体内均起作用,表明 mGluR5 和 FMRP 两者在进化上具有保守性,这极大地增加了我们将这种方法用于治疗人类 FXS 的信心。

以上的研究已经将脆性 X 治疗带入一个全新的时代。有些研究者相信,开展小分子治疗法,能够极大地改善遗传缺陷在脑发育过程中造成的结果。过去十年,对"mGluR 理论"的检验,使得一种新的疾病转变治疗(Disease-Altering Treatments)方法完全成为可能。这也激发了对 FXS 的其他潜在治疗方法的探究，并且一些新的有趣的治疗靶点已经被提出，包括对大脑中 mGluR5 合成酶的下调（Bilousova 等，2009；Min 等，2009）以及对调节谷氨酸释放的神经递质受体的上调（Chang 等，2008）等。

临床试验

2011 年是具有里程碑意义的一年。针对脆性 X 研发的降低 mGluR5 活性或者减弱其信号传递的药物，二期临床探索试验已经完成（Berry-Kravis 等，2008a；Berry-Kravis 等，2008b；Berry-Kravis 等，2009；Erickson 等，2010；Jacquemont 等，2011）。这些化合物包括非诺班（Fenobam）和 AFQ056 等 mGluR5 抑制剂，mGluR5 合成酶的抑制剂——锂，以及作为 GABA-B 受体激动剂从而降低谷氨酸释放的阿巴氯芬（Arbaclofen）等。更让人鼓舞的是，AFQ056 和阿巴氯芬两种药物已进入三期临床试验，如果试验成功，那么这些药物将获得监管机构批准，进而对患有 FXS 的儿童及成年进行治疗。毋庸置疑，我们都将极其期待 2012 年底该临床试验结果的报告。

有关临床试验的讨论经常集中在这两个问题上：第一，什么时候开始必要的治疗才最为有效；第二，我们希望改善人类 FXS 的哪些症状。这些问题很重要，因为它直接关系到临床试验的成功与否。即使是在治疗方法完全没有问题的前提下，如果治疗必须从婴儿阶段开始才能改变大脑发育的轨迹，那么从青年期开始治疗就会导致试验失败，因为治疗的最佳时期已经被错过了。而且治疗药物首次进入人类临床试验存在被否定的风险，由于监管机构在获得对该药物潜在毒性的全面了解以前，对允许在儿童身上进行治疗尤为谨慎。幸运的是，动物研究结果显示，即使治疗从成年期开始，仍然有很大的改善作用。

129　　　另外一个风险，也适用于其他所有新的临床治疗，即选择了错误的"终点目标"去评价药效。监管机构认可的终点目标是进行临床试验后能否提高患者及其家属的生活质量，但这些是不容易被重复测量的。尽管我们为该治疗方法能弥补动物的各种突触损害而感到极为骄傲，但是这些研究结果能否精准地在人类身上得以实现，仍是个不得而知的问题。笔者认为，小鼠的疗效并不能为人类患者的治疗提供太多指导，因为不管从脑结构、行为复杂性还是认知能力来说，两者都存着极大的区别。我们希望三期的临床试验会有稳定的且显著改善病情的测试结果。

基于动物实验固有的优势，笔者坚信，如果我们能够在动物身上选择恰当的时间进行合理的治疗,并且于恰当的时间间隔给予合适的药量,最终得出准确的治疗结果,那么脆性 X 的临床试验将极有可能成功,同时也能让患者从中得到极大的益处。当然,这其中包含着很多个"如果",所以在取得成功以前,我们必须做好多次失败的心理准备,但一定要坚信成功在即。

脑发育疾病治疗展望

以上笔者阐释了 FXS 的探索治疗过程是如何在遗传学与神经生物学的恰当结合下不断前进的。当然(FXS 的治疗)只是其中的一个例子。遗传工程建立的其他人类疾病相关的动物模型,比如 ASD 和 ID 等,也呈现了良好的药物治疗前景,即使治疗是从成年期开始的(Silva 和 Ehninger,2009)。而且,与 ASD 和 ID 相关的很多基因突变,已被证实与引起该疾病的生物化学信号路径相关(Kelleher 和 Bear,2008)。因此,我们有理由相信,与 FXS 疾病类似的病症,如由罕见病因引起的 ASD 和 ID,我们也能为其提供一套治疗方案,从而在我们还没有完全弄清楚其他病因以前,使更多的人获益。

需要强调的是,尽管药物治疗可能改善突触内混乱的生物化学反应,但是它永远替代不了感官经验和教育的作用。因为我们假定(药物治疗)会对认知和社会行为产生潜在的改善作用,然而这种潜在性只有在药物治疗配合适当的认知及行为治疗后才能得以实现,也才能最终引起终生的神经可塑性的改变。

130

致谢

本文所描述的研究得到了国家眼科研究所、国家儿童健康和人类发展研究所、国家精神健康研究所、国家神经系统疾病和中风研究所、霍华德－休斯医学研究所、FRAXARes 研究基金会和西蒙斯基金会自闭症研究倡议的支持。

参考文献

Aschrafi A,Cunningham BA,Edelman GM,Vanderklish PW(2005)The fragile X mental retardation protein and group I metabotropic glutamate receptors regulate levels of mRNA granules in brain. *Proc*

Natl Acad Sci USA, *102*: 2180 – 2185.

Auerbach BD, Bear MF (2010) Loss of the fragile X mental retardation protein decouples metabotropic glutamate receptor dependent priming of long-term potentiation from protein synthesis. *J Neurophysiol* *104*: 1047 – 1051.

Bear MF (1988) Involvement of excitatory amino acid receptor mechanisms in the experience-dependent development of visual cortex. In: *Recent Advances in Excitatory Amino Acid Research* (Lehman J, Turski L, eds), pp. 393 – 401. New York: Liss.

Bear MF (2003) Bidirectional synaptic plasticity: from theory to reality. *Philos Trans R Soc Lond B Biol Sci*, *358*: 649 – 655.

Bear MF, Cooper LN, Ebner FF (1987) A physiological basis for a theory of synapse modification. *Science*, *237*: 42 – 48.

Bear MF, Huber KM, Warren ST (2004) The mGluR theory of fragile X mental retardation. *Trends Neurosci*, *27*: 370 – 377.

Berry-Kravis E, Sumis A, Hervey C, Nelson M, Porges SW, Weng N, Weiler IJ, Greenough WT (2008a) Open-label treatment trial of lithium to target the underlying defect in fragile X syndrome. *J Dev Behav Pediatr*, *29*: 293 – 302.

Berry-Kravis E, Sumis A, Hervey C, Nelson M, Porges SW, Weng N, Weiler IJ, Greenough WT (2008b) Open-label treatment trial of lithium to target the underlying defect in fragile X syndrome. *J Dev Behav Pediatr*, *29*: 293 – 302.

Berry-Kravis EM, Hessl D, Coffey S, Hervey C, Schneider A, Yuhas J, Hutchison J, Snape M, Tranfaglia M, Nguyen DV, Hagerman R (2009) A pilot open-label single-dose trial of fenobam in adults with fragile X syndrome. *J Med Genet*.

Bienenstock E, Cooper L, Munro P (1982) Theory for the development of neuron selectivity: orientation specificity and binocular interaction in visual cortex. *J Neurosci*, *2*: 32 – 48.

Bilousova TV, Dansie L, Ngo M, Aye J, Charles JR, Ethell DW, Ethell IM (2009) Minocycline promotes dendritic spine maturation and improves behavioural performance in the fragile X mouse model. *J Med Genet*, *46*: 94 – 102.

Chang S, Bray SM, Li Z, Zarnescu DC, He C, Jin P, Warren ST (2008) Identification of small molecules rescuing fragile X syndrome phenotypes in Drosophila. *Nat Chem Biol*, *4*: 256 – 263.

Chuang SC, Zhao W, Bauchwitz R, Yan Q, Bianchi R, Wong RKS (2005) Prolonged Epileptiform Discharges Induced by Altered Group I Metabotropic Glutamate Receptor-Mediated Synaptic Responses in Hippocampal Slices of a Fragile X Mouse Model. *J Neurosci*, *25*: 8048 – 8055.

Dolen G, Osterweil E, Rao BSS, Smith GB, Auerbach BD, Chattarji S, Bear MF (2007) Correction of Fragile X Syndrome in Mice. *Neuron*, *56*: 955 – 962.

Dudek S, Bear MF (1992) Homosynaptic long-term depression in area CA1 of hippocampus and effects of N-methyl-D-aspartate receptor blockade. *Proc Natl Acad Sci USA*, *89*: 4363 – 4367.

Dutch Belgian Fragile X Consortium, Bakker CE, Verheij C, Willemsen R, vander Helm R, Oerlemans F, Vermey M, Bygrave A, Hoogeveen A, Oostra BA, Reyniers E, De Boule K, D'Hooge R, Cras P, van

Velzen D, Nagels G, Martin JJ, De Deyn PP, Darby JK, Willems PJ (1994) Fmr1 knockout mice: A model to study fragile X mental retardation. *Cell*, 78: 23-33.

Erickson CA, Mullett JE, McDougle CJ (2010) Brief Report: Acamprosate in Fragile X Syndrome. *J Autism Dev Disord*.

Frenkel MY, Bear MF (2004) How monocular deprivation shifts ocular dominance in visual cortex of young mice. *Neuron*, 44: 917-923.

Gasparini F, Lingenhöhl K, Stoehr N, Flor PJ, Heinrich M, Vranesic I, Biollaz M, Allgeier H, Heckendorn R, Urwyler S, Varney MA, Johnson EC, Hess SD, Rao SP, Sacaan AI, Santori EM, Veliçelebi G, Kuhn R (1999) 2-Methyl-6-(phenylethynyl)-pyridine (MPEP), a potent, selective and systemically active mGlu5 receptor antagonist. *Neuropharmacology*, 38: 1493-1503.

Huber KM, Kayser MS, Bear MF (2000) Role for rapid dendritic protein synthesis in hippocampal mGluR-dependent longterm depression. *Science*, 288: 1254-1257.

Huber KM, Roder JC, Bear MF (2001) Chemical induction of mGluR5- and protein synthesis-dependent long-term depression in hippocampal area CA1. *J Neurophysiol*, 86: 321-325.

Huber KM, Gallagher SM, Warren ST, Bear MF (2002) Altered synaptic plasticity in a mouse model of fragile X mental retardation. *Proc Natl Acad Sci USA*, 99: 7746-7750.

Jacquemont S et al. (2011) Epigenetic modification of the FMR1 gene in fragile X syndrome is associated with differential response to the mGluR5 antagonist AFQ056. *Sci Transl Med*, 3: 64ra61.

Kelleher RJ, Bear MF (2008) The Autistic Neuron: Troubled Translation? *Cell*, 135: 401-406.

Koekkoek SKE et al. (2005) Deletion of FMR1 in Purkinje Cells Enhances Parallel Fiber LTD, Enlarges Spines, and Attenuates Cerebellar Eyelid Conditioning in Fragile X Syndrome. *Neuron*, 47: 339-352.

Krueger DD, Bear MF (2011) Toward fulfilling the promise of molecular medicine in fragile X syndrome. *Annu Rev Med*, 62: 411-429.

Laggerbauer B, Ostareck D, Keidel EM, Ostareck-Lederer A, Fischer U (2001) Evidence that fragile X mental retardation protein is a negative regulator of translation. *Hum Mol Genet*, 10: 329-338.

Li Z, Zhang Y, Ku L, Wilkinson KD, Warren ST, Feng Y (2001) The fragile X mental retardation protein inhibits translation via interacting with mRNA. *Nucleic Acids Res*, 29: 2276-2283.

Lubs H (1969) A marker X chromosome. Am J Hum Genet 21: 231-244.

Luscher C, Huber KM (2010) Group 1 mGluR-dependent synaptic long-term depression: mechanisms and implications for circuitry and disease. *Neuron*, 65: 445-459.

Martin JP, Bell J (1943) A pedigree of mental defect showing sex-linkage. *J Neurol Psychiatry*, 6: 154-157.

McBride SMJ, Choi CH, Wang Y, Liebelt D, Braunstein E, Ferreiro D, Sehgal A, Siwicki KK, Dockendorff TC, Nguyen HT, McDonald TV, Jongens TA (2005) Pharmacological Rescue of Synaptic Plasticity, Courtship Behavior, and Mushroom Body Defects in a Drosophila Model of Fragile X Syndrome. *Neuron*, 45: 753-764.

Merlin LR, Bergold PJ, Wong RK (1998) Requirement of protein synthesis for group I mGluR-mediated induction of epileptiform discharges. *J Neurophysiol*, *80*: 989 – 993.

Min WW, Yuskaitis CJ, Yan Q, Sikorski C, Chen S, Jope RS, Bauchwitz RP (2009) Elevated glycogen synthase kinase-3 activity in Fragile X mice: Key metabolic regulator with evidence for treatment potential. *Neuropharmacology*, *56*: 463 – 472.

Nakamoto M, Nalavadi V, Epstein MP, Narayanan U, Bassell GJ, Warren ST (2007) Fragile X mental retardation protein deficiency leads to excessive mGluR5-dependent internalization of AMPA receptors. *Proc Natl Acad Sci USA*, *104*: 15537 – 15542.

Osterweil EK, Krueger DD, Reinhold K, Bear MF (2010) Hypersensitivity to mGluR5 and ERK1/2 leads to excessive protein synthesis in the hippocampus of a mouse model of fragile X syndrome. *J Neurosci*, *30*: 15616 – 15627.

Pan L, Broadie KS (2007) Drosophila Fragile X Mental Retardation Protein and Metabotropic Glutamate Receptor A Convergently Regulate the Synaptic Ratio of Ionotropic Glutamate Receptor Subclasses. *J Neurosci*, *27*: 12378 – 12389.

Pan L, Woodruff III E, Liang P, Broadie K (2008) Mechanistic relationships between Drosophila fragile X mental retardation protein and metabotropic glutamate receptor A signaling. *Mol Cell Neurosci*, *37*: 747 – 760.

Qin M, Kang J, Burlin TV, Jiang C, Smith CB (2005) Postadolescent Changes in Regional Cerebral Protein Synthesis: An In Vivo Study in the Fmr1 Null Mouse. *J Neurosci*, *25*: 5087 – 5095.

Raymond CR, Thompson VL, Tate WP, Abraham WC (2000) Metabotropic glutamate receptors trigger homosynaptic protein synthesis to prolong long-term potentiation. *J Neurosci*, *20*: 969 – 976.

Repicky S, Broadie K (2009) Metabotropic Glutamate Receptor-Mediated Use-Dependent Down-Regulation of Synaptic Excitability Involves the Fragile X Mental Retardation Protein. *J Neurophysiol*, *101*: 672 – 687.

Rittenhouse CD, Shouval HZ, Paradiso MA, Bear MF (1999) Monocular deprivation induces homosynaptic long-term depression in visual cortex. *Nature*, *397*: 347 – 350.

Silva AJ, Ehninger D (2009) Adult reversal of cognitive phenotypes in neurodevelopmental disorders. *J Neurodev Disord*, *1*: 150 – 157.

Snyder EM, Philpot BD, Huber KM, Dong X, Fallon JR, Bear MF (2001) Internalization of ionotropic glutamate receptors in response to mGluR activation. *Nat Neurosci*, *4*: 1079 – 1085.

Vanderklish PW, Edelman GM (2002) Dendritic spines elongate after stimulation of group 1 metabotropic glutamate receptors in cultured hippocampal neurons. *Proc Natl Acad Sci USA*, *99*: 1639 – 1644.

Verkerk AJMH et al. (1991) Identification of a gene (FMR – 1) containing a CGG repeat coincident with a breakpoint cluster region exhibiting length variation in fragile X syndrome. *Cell*, *65*: 905 – 914.

Weiler IJ, Greenough WT (1993) Metabotropic glutamate receptors trigger postsynaptic protein synthesis. *Proc Natl Acad Sci USA*, *90*: 7168 – 7171.

Weiler IJ, Irwin SA, Klintsova AY, Spencer CM, Brazelton AD, Miyashiro K, Comery TA, Patel B, Eberwine J, Greenough WT (1997) Fragile X mental retardation protein is translated near synapses in response to neurotransmitter activation. *Proc Natl Acad Sci USA*, *94*: 5395 – 5400.

Wiesel T, Hubel D (1963) Single-cell responses in striate cortex of kittens deprived of vision in one eye. *J Neurophysiol*, *26*: 1003 – 1017.

Yan QJ, Rammal M, Tranfaglia M, Bauchwitz RP (2005) Suppression of two major Fragile X Syndrome mouse model phenotypes by the mGluR5 antagonist MPEP. *Neuropharmacology*, *49*: 1053 – 1066.

Yoon BJ, Smith GB, Heynen AJ, Neve RL, Bear MF (2009) Essential role for a longterm depression mechanism in ocular dominance plasticity. *Proc Natl Acad Sci USA*, *106*: 9860 – 9865.

8.

人类基因组多样性与自闭症谱系障碍易感性

托马斯·布热龙（Thomas Bourgeron）

简介

134　　人们对自闭症的诊断，主要基于个体是否存在社会交往缺陷和重复的刻板行为。所有满足这种诊断标准的病患，都被称为自闭症谱系障碍（Autism Spectrum Disorder，ASD）。但是在临床层面，在统一的诊断标准之外，却存在着异常广泛的遗传异质性，包括从非常轻微的到极其严重的行为障碍。实际上，ASD 并不是一个独立的表型，普遍认为，它是由常见通路上的各种不同缺陷引发的类似行为表型所组成的一种极其复杂的表型。ASD 在人群中的整体发病率是百分之一，然而，典型的自闭症发病率接近三百分之一（Fernell 和 Gillberg，2010）。相对于女性来说，ASD 在男性中发病更为常见，男女发病率比值为 4∶1（Freitag，2007；Abrahams 和 Geschwind，2008）。

20 世纪的最后 25 年中，第一个双生子和家系研究将 ASD 总结为最具遗传特征的神经精神疾病，同卵双生子中（Monozygotic，MZ）并发率为 82％—92％，而在异卵双生子（Dizygotic，DZ）中并发率仅有 1％—10％，亲兄弟姐妹之间的并发率为 6％（Freitag，2007；Abrahams 和 Geschwind，2008）。然而，近来研究指出异卵双生子中 ASD 的并发率（＞20％）可能高于以往所报道的数值（Hallmayer 等，2011），而且同卵双生子中的 ASD 并发率也可能低于先前的设想（Lichtenstein 等，2010；Ronald 等，2010）。所有这些研究都指引我们更多地关注造成 ASD 易感性的环境和表观遗传因素。例如，在一个双生子研究中，研究者使用结构化的诊断测验（自闭症诊断访谈量表修订版和自闭症诊断观测量表）来进行测量，发现除了中等的遗传度（自闭症：37％，95％置信区间，8％—84％；ASD：38％，95％置信区间，14％—67％），共享环境也解释了信度变异的很大一部分(自闭症：55％,95％置信区间,9％—81％；ASD：58％,95％置信区间,30％—80％)。然而,上述结果中置信区间过大,并未妥善解决基因/环境之争,而最可能的原因是自闭症/ASD的遗传和临床高异质性。

从认知的角度来讲,15％—70％的ASD确诊患儿都伴有智力层面的缺陷(Gillberg和Coleman,2000),后来随着研究者发现基因突变和染色体畸变都可能成为ASD的诱发因素,我们才得以理解这种现象。对于大约10％—25％的患病个体来说,自闭症是一种"综合征",即发生在患有已知的遗传或环境的毒素障碍(Toxin Disorder)的儿童身上,比如脆性X综合征、结节性硬化症、神经纤维瘤、丙戊酸综合征患儿,或者是由大脑单纯疱疹病毒感染引起的自闭症患儿(Freitag,2007；Gillberg和Coleman,2000)。

最近几年,诸多独立研究和大规模的国际合作发现了越来越多的ASD候选基因(Candidate Gene),提示我们ASD表型之下可能存在着一整套遗传机制。本章节中,我会简要地综述近来大家在理解人类基因组多样性和增加ASD易感性的基因方面所取得的进展。最后,我会展示近年来遗传和功能研究方面的进展,为"突触生理平衡的改变可能是导致ASD的病理机制之一"这种说法提供支持。

人类基因组多样性

人类基因组计划(the Human Genome Project)启动于20世纪80年代中期,到了90年代中期我们终于描绘出人类的第一张遗传和物理图谱。然而,一直到2001年,学术机构和私人公司塞雷拉基因组公司(Celera Genomics)才真正地完成了第一次(近乎)完整的人类基因组测序(Lander等,2001；Venter等,2001)。十年之后,第19版人类基因组序列(hg19)已经发布,空隙和错误比最初的版本少了许多。人类基因组由31.02亿对碱基对(ATGC碱基)组成,其中包含大约33 000个基因(其中22 000个为蛋白质编码基因)。我们可以通过将人类基因组与其他物种(例如黑猩猩和小白鼠)进行对比,从而发现在进化过程中高度保守的基因组序列。这种对比为我们从原始序列(外显子和内含子)以及保守调控子(启动子、增强子、沉默子……)中识别基因序列提供了极大的帮助。另一方面,对于快速进化区的识别,也许可以引导我们发现物种间形成表型差异过程中可能存在的关键候选基因。最近,尼安德特人(Homo Neanderthalensis)的基因组还能够告诉我们近来在人类家系中发生在基因组层面的事件。

　　然而,不管是学术机构还是塞雷拉基因组公司所测得的序列,他们所用的 DNA 样本都仅来自极少数个体。对于学术机构来说,基因组序列中大多数 DNA 片段都是从一个捐赠者的基因组 DNA 库(RP-11)中获得的,当时这名捐赠者是通过美国当地的《布法罗新闻报》(the Buffalo News)上的志愿者招募广告招募来的,而塞雷拉基因组公司的测序则采用了 5 个不同个体的 DNA。当时塞雷拉基因组公司的首席科学家克雷格·文特尔(Craig Venter),[在一封写给《科学》(Science)杂志的公开信中]指明他的 DNA 是样本库的 21 个样本之一,这个样本库中的 5 个样本被选作测序之用。

　　因此,即使这些起始序列使研究者得以做物种之间的比较,并做出基因图谱,我们仍然对人类个体间遗传多样性了解甚少。为了更好地了解人类种群的历史,并识别那些影响人类物理性状(如身高的遗传度)以及引起多发性疾病(如糖尿病和心血管疾病等)的遗传风险因素的变异,有必要对上述变异进行确定。为了确定人类基因组的多样性,我们启动了两项国际合作计划。首先,人类基因组单体型图计划(The HapMap Project)于 2002 年启动,该计划致力于识别人类种群中最常见的遗传变异(http://hapmap.ncbi.nlm.nih.gov/)。与此同时,其他团队识别出了基因组内的基因组不平衡(遗传物质的丢失或增多),并基于这些事件建立了图谱(http://projects.tcag.ca/variation/)。此后,千人基因组计划(the 1 000 Genomes Project)于 2008 年启动(http://www.1000genomes.org/),这要归功于近来测序技术水平("下一代"测序平台,"Next-Gen" Sequencing Platforms)的不断提高,极大地降低了测序费用。该计划的首要目标是对大样本人群进行基因组测序,从而为我们理解人类基因组变异提供帮助。

　　遗传学家将在大于 1% 的人群中观察到的遗传变异称为多态性,而小于 1% 的则称作变异。我们在个体身上所发现的变异,大多数都是通过从群体及其家族中的其他个体身上遗传或共享而来的。然而,千人基因组计划的第一期结果显示,大约有 30 个变异(10^{-8})只存在于个体的基因组中,而并不存在于其父母的基因组中(Durbin 等,2010)。这些新生变异非常罕见,然而一旦它们对具有生理功能的重要基因产生影响时,便会造成极其显著的后果。

　　人类遗传多样性的分子基础可以划分为两种类别。第一种是单核苷酸多态性(Single Nucleotides Polymorphisms, SNP),它是指基因组中单个碱基的变异(见图 1,第 229 页)。在一个特定的群体中,可以经常观察到 SNP 的存在,另外也可能仅存在于极少数个体(<1%)中。对人类遗传多样性进行广泛估算的结果指出,两个人类个

体的基因组之间平均每 1200 个碱基对(bp)就可以观察到一个 SNP。如此一来,我们每两个个体的基因组之间平均具有 300 万个 SNP 的差异。迄今为止,最新的 dbSNP 数据库已经包含了 3044 万个人类 SNP(http://www. ncbi. nlm. nih. gov/projects/ SNP)。第二种被称为拷贝数变异(Copy Number Virant,CNV)。CNV 被定义为与参考基因组相比,遗传物质的损失或增加超过 1000 bp。与 SNPs 一样,CNVs 可以在有限的个体中观察到,也可以在高频率下观察到(有时也被称为 CNP,即拷贝数多态性)。

这些遗传数据非常有用,但是对于生物学家来说,如何解读这些遗传变异在表型水平的作用仍旧是一项重大的挑战。实际上,根据科学家预测,这些变异中很大一部分都是无功无过的,它们并不具有实际的功能,而另外一些变异则可以造成个体间表型的差异。研究发现,我们每个人已知的基因中平均携带大约 250—300 个功能缺失的遗传变异,和 50—100 个已经过确认与遗传疾病有关的变异(Durbin 等,2010)。另外,一些 SNP 可以影响基因的调控或者一个 CNV 能够删除或复制基因中的一段拷贝,以引发功能层面戏剧性地转变。一般原则上,人群中较为高频的变异与少见突变和新生突变相比,功能性的作用更小。然而,也有许多例外的情况,因此还需要更多研究来探索这些变异的功能。为了探究这些变异对于基因表达的作用,科学家对 SNP 和表达数据进行了分析比较,从而检测出表达数量性状位点(eQTL)。最后,尽管变异间的交互作用对于如何理解复杂性状中基因型—表型的关系至关重要,但我们依旧对其一无所知。实际上,同一个基因组内,两个在分开时各自效应很低的变异,在表型水平可能有戏剧性的结果(一般称为异位显性现象)。

基因变异和 ASD 遗传模型

由于经典孟德尔遗传的消失,ASDs 首次被科学家认为是一种涉及多个低效单基因的多基因性状。因此,研究者开展无模型的连锁研究(如患病同胞对)来识别易感基因。通过这种分析,我们发现了很多基因组区域,但是只有极少数的位点在相互独立的扫描结果间具有可重复性(如 7 号染色体长臂 3 区 1 带和 17 号染色体长臂 1 区 1 带)。为了获得更均质化的遗传和表型数据,从而达到更高的统计检验力,我们开展了一系列合作项目,如自闭症基因组计划(the Autism Genome Project,AGP),该计划用 Affymetrix 10k SNP 阵列获取了 1496 个同胞对家庭的基因组检测数据(Szatmari 等,

2007)。然而,科学家并没有能够检测到任何在基因组水平上显著的位点,而且 7 号染色体长臂 3 区 1 带和 17 号染色体长臂 1 区 1 带上的信号也不复存在了。随着连锁研究鉴别出的目标位点逐渐消失,广大遗传学家被迫使用另一种方法——基于密集 SNP 阵列芯片的关联研究。理论上讲,关连研究对等位基因异质性相当敏感,而连锁研究则不然。但与连锁研究相比,关联研究却具有极大的优势。第一,关联研究不局限于家中有至少两个患病儿童的复杂家庭,因而可以进行大规模被试样本研究。第二,由于相对临近的基因组区域之间不再存在高强度的连锁不平衡,所以与连锁研究相比,关联研究锁定的性状相关基因组定位更为精准。最后,关联研究可以使用 SNP 阵列来检测结构性的变异,如 CNV(Cook 和 Scherer,2008)。

通过上述方法,我们发现一些基因与 ASD 相关。如今,已经有 190 个相关基因发布在权威的自闭症研究公开数据库网站 AutDB 上。然而,这些基因中绝大多数仍只是候选基因,结果有时并不能被重复或得到功能性的验证。根据突变对 ASD 患病风险的影响,这些基因可以被分为两种类型。第一种基因(或位点)的外显率较高,但是在极少数个体内发生了突变(有时只在单个个体内)。该类型的突变主要包括新生突变或罕见的点突变,CNV 和细胞遗传学层面的缺失和重复(表 1)。所谓的 ASD 易感基因则属于第二类基因(表 2),此类变异主要是指一般人群中与 ASD 低风险相关的 SNP 或遗传 CNV。世界上最大的三项全基因组关联研究中,每项都检测了超过 1 000 名患者,然而我们却仍然检测不出相同的 ASD 相关基因(Wang 等,2009;Weiss 等,2009;Anney 等,2010),鉴于此,我们则应当重点关注第二类基因与 ASD 的联系。但如果这些结果是阴性的,那么一些相关结果的出现则可以启发我们更好地理解 ASD 病因的多元性。

突触蛋白的异常水平

一些证据表明,调控突触生成和神经环路形成(见图 2,第 230 页)的基因若发生突变,会增加 ASD 的患病风险。其中,一些基因负责调控突触中的蛋白水平。MeCP2 和 FMR1 是两个 X 连锁基因,它们分别与雷特综合征(Rett Syndrome)和脆性 X 综合征(Fragile X Syndrome)引起的自闭症有关。MeCP2(图 2B,第 230 页)蛋白通过与甲基化的 DNA 相结合,直接且/或间接地调控神经营养因子水平,如脑源性神经营养因子(Chahrour 等,2008)。MeCP2 的缺失或突变与女性雷特综合征相关,而该基因的重

表 1 ASD高风险基因

基因	染色体	功能	证据	遗传	诊断	参考文献
FMR1	Xq27	突触翻译	突变	新生的（突变）	ASD, 脆性X综合征	71
MECP2	Xq26	染色质重塑	CNV, 新生突变	（极少遗传）	ASD, Rett综合征	72
TSC1	9q34.13	mTOR / PI3K 通道	CNV, 新生突变	遗传性	ASD, 结节性硬化症	73
TSC2	16p13.3	mTOR / PI3K 通道	CNV, 新生突变	遗传性	ASD, 结节性硬化症	73
NF1	17q11.2	mTOR / PI3K 通道	CNV, 新生突变	遗传性	ASD, 神经纤维瘤病;	74
PTEN	10q23.31	mTOR / PI3K 通道	CNV, 新生突变	遗传性	ASD, 考登综合征	75
CACNA1C	12p13.33	钙通道	突变	新生的	ASD, 提摩西综合征	76
DPYD	1p21.3	嘧啶碱生物合成	CNV	新生的	ASD	59
RFWD2	1q25.1 - q25.2	泛素化	CNV	新生的, 遗传性	ASD	22
NRXN1	2p16.3	突触CAM	CNV, 突变, SNP	新生, 遗传性	ASD, SCZ	11,77
CNTN4	3p26.3	突触CAM	CNV	遗传性	ASD, MR	22, 57, 58, 78
MEF2C	5q14.3	转录因子	CNV, 突变	新生	MR, 癫痫发作	27
SYNGAP1	6p21.3	突触性 Ras GAP	CNV	新生	ASD, MR	45
CNTNAP2	7q35 - 7q36.1	突触CAM	CNV, 罕见变异 *	遗传性	ASD,MR,SCZ,TS,	37,54 - 56, 79,80
DPP6	7q36.2	二肽基肽酶活性	CNV	新生的,遗传性	ASD	59
DLGAP2	8p23.3	突触支架	CNV	新生的	ASD	59
ASTN2	9q33.1	神经元-胶质质相互作用	CNV	遗传的	ASD, SCZ, ADHD	22
SHANK2	11q13	突触支架	CNV	新生的	ASD	45
NBEA	13q13.2	突触蛋白	转移	新生的	ASD	81

续表

基因	染色体	功能	证据	遗传	诊断	参考文献
UBE3A	15q11-q13	泛素化	CNV	新生的,遗传的	ASD	22
SHANK3 (del 22q13)	22q13	突触支架	CNV,突变	新生的,遗传的	ASD, MR, SCZ	43,44 82
NLGN3	Xq13.1	突触 CAM	突变	遗传	ASD	83
IL1RAPL1	Xp21.3-p21.2	突触受体	CNV,突变	新生遗传的	ASD, MR	84
NLGN4	Xp22	突触 CAM	CNV,突变	新生的,遗传性的	ASD, MR, TS	83
PTCHD1	Xp22.11	刺猬受体活性	CNV	遗传性的	ASD	59
GRIA3	Xp25	突触受体	CNV	遗传的	ASD	51

ASD:自闭症谱系障碍;SCZ:精神分裂症;MR:智力障碍;ADHD:注意力缺陷多动症;BP:双极,TS:抽动综合征;MDC1D:先天性肌肉萎缩症;*与突变相反,罕见变异的功能作用未被证实

表 2　与ASD高风险相关的基因

基因	染色体	功能	证据	诊断	参考文献
ASMT	PAR1	褪黑素通路	遗传性 CNV SNPs,突变	ASD	85－57
DISC1/DISC2	1q42.2	轴突生长遗传	CNV	ASD, SCZ	88
TSNAX	1q42.2	细胞分化	遗传性 CNV	ASD, SCZ	88
DPP10	2q14.1	二肽基肽酶活性	遗传性 CNV	ASD	59
CNTN3	3p12.3	突触 CAM	遗传性,CNV	ASD	58
FBXO40	3q13.3	未知功能	遗传性,CNV,P $= 3.3\times10^{-3}$	ASD	22
SLC9A9	3q24	转运体	遗传性 CNV,突变	ASD, ADHD, MR	58
PCDH10	4q28	突触 CAM	遗传性,CNV	ASD	58
PARK2	6q26	泛素化	遗传性,CNV,P $= 3.3\times10^{-3}$	ASD, PD	22
IMMP2L	7q31.1	线粒体蛋白酶	遗传性,CNV	ASD, TS, ADHD	89
PCDH9	13q21	突触 CAM	遗传性,CNV	ASD	58, 59
MDGA2	14q21.3	GPI 锚蛋白	遗传性,CNV,P $= 1.3\times10^{-4}$	ASD	90
BZRAP1	17q22	苯并二氮卓受体结合	遗传性,CNV,P $= 2.3\times10^{-5}$	ASD	90
PLD5	1q43	磷脂酶 D	SNP rs2196826 P $= 1.1\times10^{-8}$	ASD	15
SLC25A12	2q31.1	突触受体	SNP rs2056202 P $= 1\times10^{-3}$	ASD	91, 92
CDH9/CDH10	5p14.2	突触 CAM	SNP rs4307059 P $= 3.4\times10^{-8}$	ASD	13
SEMA5A	5p15.2	轴突式引导系统	SNP rs10513025 P $= 2\times10^{-7}$	ASD	14
TAS2R1	5p15.2	受体	SNP rs10513025 P $= 2\times10^{-7}$	ASD	14
GRIK2	6q16.3	突触受体	SNP rs3213607 P $= 0.02$	ASD, SCZ, OCD, MR	50
POU6F2	7p14.1	转录因子	SNP rs1025862 P $= 4.4\times10^{-7}$	ASD	15
RELN	7q22.1	轴突引导系统	GGC repeat in the 5' UTR P $<$ 0.05	ASD, BP	93
NRCAM	7q31.1	突触受体	SNP rs2300045 P $= 0.017$	ASD	94

140

续表

基因	染色体	功能	证据	诊断	参考文献
MET	7q31.2	酪氨酸激酶	SNP rs1858830 P=2×10^{-3}	ASD	21
EN2	7q36.3	转录因子	SNP rs1861972 P=9×10^{-3}	ASD	95
ST8SIA2	15q26.1	正聚糖处理	SNP rs3784730 P=4×10^{-7}	ASD	15
GRIN2A	16p13.2	突触受体	SNP rs1014531 P=2.9×10^{-7}	ASD, SCZ	96
ABAT	16p13.2	酶	SNP rs1731017 P=1×10^{-3}	ASD, GABA-AT Deficiency	96
SLC6A4	17q11.2	血清素转运体	无分析 P>0.05	ASD, OCD	97
ITGB3	17q21.3	细胞基质的粘附性	SNP Leu33Pro P=8.2×10^{-4}	ASD	98
TLE2/TL6	19p13	网络受体信号通路	SNP rs4806893 P=7.8×10^{-5}	ASD, FHM2, AHC	99
MACROD2	20p12	未知功能	SNP rs4141463 P=2×10^{-8}	ASD	15

ASD: 自闭症谱系障碍; SCZ: 精神分裂症; PD: 帕金森病; TS: 抽动综合征; ADHD: 注意为缺陷多动症; MR: 精神发育迟滞; FHM2: 家族性偏瘫性偏头痛 2; AHC: 儿童交替性偏瘫; OCD: 强迫症; BP: 双相情感障碍。

复则与男性智力发育迟滞以及 ASD 相关,并且也与女性精神症状(包括焦虑、抑郁、强 141
迫行为)相关(Ramocki 等,2009)。FMRP(图 2A、B,第 230 页)是一种具有选择性的
RNA 结合蛋白,它负责将 mRNA 转运到树突中去,并根据代谢型谷氨酸受体
(mGluRs)的活性对上述 mRNA 的局部翻译过程进行反馈调控。缺少 FMRP 蛋白会
导致 mRNA 过量和翻译水平的失调,从而导致蛋白合成依赖可塑性的异变(Kelleher
和 Bear, 2008)。

ASD 其他相关基因的突变也会导致总体细胞水平的翻译过程失调,从而影响突
触蛋白的水平(Kelleher 和 Bear, 2008)。与一般人群相比,病人若患有神经纤维瘤、结
节性硬化症或多发性错构瘤综合征/小脑皮质弥漫性神经节细胞瘤(Cowden/
Lhermitte-Duclos Syndromes),则其罹患 ASD 的风险更高。这些疾病是由抑癌基因
NF1、TSC1/TSC2 和 PTEN 的显性突变引起的(图 2,第 230 页)。在共同通路中,上述
蛋白是雷帕霉素敏感的 mTOR-raptor 复合物的负效应物,而 mTOR-raptor 复合物是
有丝分裂细胞中 mRNA 翻译和细胞生长的主要调控因子(Kelleher 和 Bear, 2008)。
根据预测,ASD 疾病中所观察到的突变可以增强 mTOR-raptor 复合物的活性,这可能
会导致蛋白过量合成,进而导致突触功能异常。有趣的是,小鼠体内 TSC1/TSC2 或
PTEN 的缺失会导致神经元增生(Tavazoie 等,2005),而且在 NF1、TSC1/TSC2 和
PTEN 基因上发生突变的被试,罹患巨头畸形的风险更高。五羟色胺和原癌基因
cMET 这两条通路也与 ASD 有关,它们负责 PTEN 和 mTOR 通路的进一步调控
(Cook 和 Leventhal, 1996;Campbell 等,2006)。

许多研究纷纷报道突触蛋白泛素化作用所涉及的基因突变,包括 UBE3A、
PARk2、RFWD2 和 FBXO40(图 2A,第 230 页;Glessner 等,2009)),符合人们对 ASD
病患体内各种突触蛋白水平间联系的假设。泛素化过程中的蛋白降解是通过泛素与
待降解蛋白质的绑定来实现的。这种翻译后修饰指导泛素化蛋白(Ubiquitinilated
Protein)进入细胞区域,或者进入蛋白酶体进行降解。这种泛素连接是可逆的,可以用
于调控突触中某种蛋白的水平。小鼠模型研究已经证实,很多突触后致密区的蛋白都
是活性依赖稳态泛素化的靶点(Ehlers,2003),其中包括与小鼠 ASD 相关的 SHANK
蛋白直系同源簇。泛素化过程涉及激活酶(E1)、共轭酶(E2)和连接酶(E3)。一般来
讲,E3 具有特异的底物结合部位,可以保证底物的特异性。UBE3A(又称为 E6 - AP)
是由印记基因编码的 E3 连接酶(仅表达母体拷贝),与天使综合征(Angelman
Syndrome)的发病有关。ASD 病患群体中,1%—3%的个体都包含 UBE3A 的 15 号染 142

色体长臂 1 区 1—3 带重新生成的母体重复片段(Schanen,2006)。由于其他候选基因在 15 号染色体长臂 1 区 1—3 带也有重复片段,因此我们仍然不能确定 UBE3A 本身是否是 ASD 的致病基因;不过最近研究者已经在小鼠体内验证了该基因在突触中的作用(Dindot 等,2008;Greer 等,2010)。在实验室培养的海马神经元中,UBE3A 分布于突触前后区域,但在细胞核区域也有分布。经验驱动的神经元活性诱导 UBE3A 进行转录,而 UBE3A 通过控制突触蛋白 Arc(可以促进谷氨酸受体 AMPA 亚型内在化)的降解,对兴奋性突触的发育进行调控(Greer 等,2010)。根据 UBE3A 母体缺失小鼠模型的研究,上述过程会引起突触结构的一系列改变,造成树突棘的发育异常,包括树突棘的形态、数量和长度的异常(Dindot 等,2008),以及兴奋性突触 AMPA 受体数量的减少(Greer 等,2010)。

最终发现,突触数量调控过程中的转录因子 MEF2C(图 2B,第 230 页)是造成智力障碍的风险因素(Le Meur 等,2009),因而也可能与 ASD 相关。综上,人类研究所得的遗传结果和多数基于小鼠模型的功能结果提示我们,突触蛋白的水平可能受控于各种相互独立的机制;然而突触功能损伤的真正本质,及其与 ASD 表型的联系则还需要我们进一步探索。

ASD 神经回路生成异常

ASD 相关基因的主要类型分为神经回路的发育相关基因和功能相关基因(Bourgeron,2009)。在突触膜上,NLGNs 和 NRXNs 等细胞粘连分子(图 2,第 230 页)作为兴奋性谷氨酸能突触和抑制性 GABA 能突触的主要组织者,对小鼠神经回路活性依赖的形成有重要作用(Sudhof,2008)。实验室培养的神经元中,ASD 疾病研究所发现的突变可以改变 NLGN 引发突触形成的能力(Chih 等,2004;Zhang 等,2009)。与 NLGN-NRXN 突变相关的疾病具有很大的个体差异,即使是同一个家族中携带同样突变的个体,发病情况也不尽相同。X 连锁的 NLGN4X 突变与智力障碍(Laumonnier 等,2004)、典型自闭症(Zhang 等,2009;Jamain 等,2003)、阿斯伯格综合征(Jamain 等,2003)相关。另外,最近还发现该突变与图雷特综合征(Lawson-Yuen 等,2008)有关。在一个病例中,一名男性病人被检测出 NLGN4X 缺失,而其智力水平却相当正常,且并未表现出自闭症的特征(Macarov 等,2007)。与之相比,NRXN1 就与一些疾病相关,诸如精神分裂症和皮特-霍普金斯综合征,但是也有研究发现

NRXN1 缺失同样存在于无症状携带者体内(Zweier 等,2009)。

有趣的是,在其他物种中,NLGN 和 NRXN 或许对社交互动行为有一定程度的影响,却对整体认知功能的作用十分微弱。携带 R451C NLGN3 突变的小鼠表现出 GABA 能突触数量的增加和抑制电流的产生(Tabuchi 等,2007),同时社交互动行为保持正常(Chadman 等,2008)或略微减弱(Tabuchi 等,2007),并且幼崽中超声波发声也相对减少(Chadman 等,2008)。敲除 NLGN4 基因的小鼠,在成年阶段表现出社交互动和超声波发声的减少(Jamain 等,2008)。相比之下,敲入 NLGN3 和敲除 NLGN4 突变体的小鼠,则表现出高于野生型小鼠或与其相仿的学习能力(Tabuchi 等,2007;Jamain 等,2008)。另外,在脆性 X 的小鼠模型中,研究者观察到了 NLGN1 的表达增加能够促进社交行为,而对学习和记忆的影响却并不显著(Dahlhaus 和 El-Husseini,2009)。最后,在蜜蜂模型中,与蜂群相比,感觉剥夺的蜜蜂 NLGN1 表达水平较低,但 NLGN2—5 和 NRXN1 的表达水平却普遍较高(Biswas 等,2010)。

突触后密度对突触组织和可塑性具有重要作用,研究一再发现影响支架蛋白的遗传突变与 ASD 有关,如 SHANK2、SHANK3 和 DLGAP2(Durand 等,2007;Moessner 等,2007;Pinto 等,2010)。1%—2% 以上的 ASD 病人都具有 22 号染色体长臂 1 区 3 带的缺失和 SHANK3 的突变(BOX 1;Durand 等,2007;Moessner 等,2007;Gauthier 等,2009)。SHANK 蛋白家族包括三个成员,它们都对突触后密度具有很重要的作用。这些蛋白在体外与其结合伴侣一起,对树突棘的大小和形状进行调控(Roussignol 等,2005),同时它们也能够将谷氨酸受体与细胞骨架连接起来。而调控细胞骨架动态变化基因上的变异往往与智力障碍和 ASD 相关(Pinto 等,2010;Persico 和 Bourgeron,2006)。

目前,神经递质转运体和受体对于 ASD 易感性的作用仍有待明确。由于 ASD 病人体内 5-羟色胺水平异乎寻常地高,5-羟色胺转运体 SLC6A4 受到广泛地研究分析,结果显示 SLC6A4 对于刻板行为的作用更像是维度性的而不是类别性的(Sutcliffe 等,2005)。对于谷氨酸系统来说,以往的研究只监测到了 GRIK2 与 ASD 的微弱关联(Jamain 等,2002),在典型自闭症患者中可以观察到 X 连锁的 GRIA3 受体基因的重复(Jacquemont 等,2006)。而谈到 GABA 系统,最有力的结果主要来自 15 号染色体长臂 1 区 1—3 带上的 GABA 受体亚单位基因簇重复,以及 GABA(A)受体 beta3 亚单位基因(GABRB3)少见变异的母性过传递现象(Delahanty 等,2009)。

最后,研究者怀疑,所有与轴突生长以及突触特征相关的蛋白,是否也会引发 ASD。脑信号蛋白是一种膜蛋白或分泌蛋白,它可以影响轴突向外生长和修剪、突触

144　的生成和致密层,以及树状棘的成熟(图 2,第 230 页)。一个大样本研究发现,脑信号蛋白 SEMA5A 基因附近的 SNP 与 ASD 相关(Weiss 等,2009)。另外,与正常人相比,ASD 病人的脑组织和 B 淋巴母细胞系中 SEMA5A 表达的 mRNA 水平更低(Melin 等,2006)。接触蛋白家族不仅参与轴突和神经胶质细胞的连接过程,也参与轴突引导过程,而研究发现 ASD 病人在接触蛋白基因 CNTN3、CNTN4 以及接触相关蛋白基因 CNTNAP2 上存在缺失(Alarcon 等,2008;Arking 等,2008;Bakkaloglu 等,2008;Roohi 等,2009;Morrow 等,2008)。另外,科学家在其他细胞粘连蛋白——钙粘蛋白(CDH9,CDH10,CDH18)和原钙粘蛋白 PCDH9 和 PCDH10(Wang 等,2009;Morrow 等,2008;Marshall 等,2008)中发现了可遗传的 CNV 或 SNP,这些变异可能通过改变神经元特征进而影响 ASD 的易感性(Alarcon 等,2008;Arking 等,2008;Bakkaloglu 等,2008;Roohi 等,2009;Morrow 等,2008)。

ASD 病患中的突触内稳态异常

　　无论神经网络的整体活性如何改变,我们体内的各种内稳态机制都可以保证神经元达到相对优化的活性水平(Turrigiano, 1999;Tononi 和 Cirelli, 2003;Macleod 和 Zinsmaier, 2006)。近来研究表明,内稳态可以通过改变突触的活性水平来影响突触可塑性的适应过程(Ehlers, 2003;Turrigiano, 1999),它也可能与睡眠状态下的突触重量减轻有关(Tononi 和 Cirelli, 2003)。出生后第一年的发育过程中,活性对于大脑连接的优化具有很重要的作用,诸多研究提示这些过程都受到突触内稳态的控制(Turrigiano 和 Nelson, 2004)。在本章中,我们所探讨的基因及其作用机制可能会在不同的水平上对突触内稳态造成影响(Ramocki 和 Zoghbi, 2008)。研究显示,由于活性的影响,不同突触后致密蛋白的合成和降解过程也有一定的差异(Ehlers, 2003)。泛素依赖降解过程中所涉及的基因突变可以直接阻碍上述过程,如果支架蛋白基因(如 SHANK 家族)发生突变时,也会出现一样的情况。研究显示,突触内稳态依赖一系列的精密调控,其中包括本地的蛋白合成、钙离子浓度,以及细胞粘附分子(如 NLGN 和 NRXN)介导的突触前后面接触(Yu 和 Goda, 2009)。最后,突触内稳态并不是独立于细胞内稳态而存在的,因此影响基因表达水平和神经元数目形状的基因突变也会对其造成影响,例如与 mTOR 通路相关的基因突变。

　　如果 ASD 病患体内发生了突触内稳态异变,那么影响上述调控过程的环境因子则也会对异变的严重程度进行调节。另外根据以往综述（Cook 和 Leventhal，1996；Bourgeron，2007），5-羟色胺和/或褪黑激素水平的异常，以及睡眠异常或昼夜生物节律的紊乱也可能会增加 ASD 的患病风险（Melke 等，2008），睡眠一直被认为是调节内稳态的重要机制。清醒状态下全脑兴奋性突触的强度都会有所增加，而在睡眠过程中则会回落到基线水平（Tononi 和 Cirelli，2003；Miller，2009），这种机制在学习和记忆过程中发挥着极其重要的作用（Stickgold 和 Walker，2005）。另外，我们最近提出，对于直接涉及突触加工的基因突变，在某些情况下，突触基因异常和生物钟基因异常的交互作用可能导致 ASD 的发病，而恢复生物节律的正常运转则对病人及其家属有一定裨益（Bourgeron，2007）。

本综述中所涉及的大多数基因，都是大家公认的全脑表达基因；然而，不可思议的是，神经影像研究几乎都指向同一个常规网络，在比较 ASD 和正常人群时，通常可以在该网络所涉及的脑区发现差异。如果不同脑网络对影响突触内稳态的突变具有不同适应模式的话，这两种结果则并不一定是相互矛盾的（见图 3，第 231 页）。从进化的角度来讲，与那些远古以来经过更大的选择压力所进化出的生理功能相比，人类近期获得认知技能所涉及的脑区，如涉及语言或复杂社会行为的脑区，补偿机制的作用则略显不足。

总结评论和展望

对于遗传学家来说，获取 ASD 病患群体的全基因组序列只是时间上的问题。另外，在不久的将来，由于获取病人脑组织和干细胞成为可能，对表观遗传变异的探索也会变得更为方便可行。很多实验室都建立了基于遗传研究结果的动物模型，从细胞水平到行为水平对遗传突变造成的结果及其可逆性进行研究。然而，如今我们要尤其关注对 ASD 遗传因素先天异质性的识别。倘若我们在分析当中坚持将自闭症视为一个二分变量，那么我们就不可能真正地理解遗传变异和 ASD 之间的关系。ASD 相关研究的进步需要不同领域专家的共同协作，但是只有临床学家和精神病学家负责决定我们究竟要研究哪些现象（即自闭症表型或不同的自闭症表型）。未来的研究应该告诉我们，是否提高样本量或者进行元分析、表型分型、通路分析以及 SNP-SNP 交互作用，就可以鉴别出与 ASD 病人亚群体有关的常见突变。实际上，至今为止，我们并不清楚多少位点对突触内稳态具有调节作用，以及这些变异如何彼此交互，从而调节 ASD 患病风险（Toro 等，2010）。我们需要更好地了解这些遗传交互作用，从而理解 ASD 复杂的遗传模式。

致谢

这项工作得到了巴斯德研究所（Institut Pasteur，）、巴黎迪德洛大学（Université Paris Diderot）、法国国家健康与医学研究院（INSERM）、法国国家科学研究中心（CNRS）、橘子基金会（Fondation Orange）、法兰西基金会（Fondation de France）、法国国家科研署（ANR）和基本基金会（Fondation FondaMentale）的支持。

参考文献

Abrahams, B. S. , and Geschwind, D. H. （2008）Advances in autism genetics：on the threshold of a new neurobiology. *Nat Rev Genet*, *9*, 341 – 355.

Alarcon, M. , et al. （2008）Linkage, as-sociation, and gene-expression analyses identify CNTNAP2 as an autism-sus-ceptibility gene. *Am J Hum Genet*, *82*, 150 – 159.

Amir, R. E. , et al. （1999）Rett syndrome is caused by mutations in X-linked MECP2, encoding methyl-CpG-binding protein 2. *Nature Genetics*, *23*, 185 – 188.

Anney, R. , et al. （2010）A genomewide scan for common risk variants nominates phospholipase D and polysialyltransferase proteins for a role in autism. *submitted*.

Arking, D. E. , et al. （2008）A common genetic variant in the neurexin super-family member CNTNAP2 increases familial risk of autism. *Am J Hum Genet*, *82*, 160 – 164.

Bakkaloglu, B. , et al. （2008）Molecular cytogenetic analysis and resequencing of contactin associated protein-like 2 in autism spectrum disorders. *Am J Hum Genet*, *82*, 165 – 173.

Barnby, G. , et al. （2005）Candidate-gene screening and association analysis at the autism-susceptibility locus on chromo-some 16p：evidence of association at GRIN2A and ABAT. *Am J Hum Genet*, *76*, 950 – 966.

Benayed, R. , et al. （2005）Support for the homeobox transcription factor gene ENGRAILED 2 as an autism spectrum disorder susceptibility locus. *Am J Hum Genet*, *77*, 851 – 868.

Biswas, S. , et al. （2010）Sensory regu-lation of neuroligins and neurexin I in the honeybee brain. *PLoS One*, *5*, e9133.

Bonora, E. , et al. （2005）Mutation screening and association analysis of six candidate genes for autism on chromo-some 7q. *Eur J Hum Genet*, *13*, 198 – 207.

Bourgeron, T. （2007）The possible in-terplay of synaptic and clock genes in autism spectrum disorders. *Cold Spring Harb Symp Quant Biol*, *72*, 645 – 654.

Bourgeron, T. （2009）A synaptic trek to autism. *Curr Opin Neurobiol*, *19*, 231 – 234.

Bucan, M., et al. (2009) Genome-wide analyses of exonic copy number variants in a family-based study point to novel autism susceptibility genes. *PLoS Genet*, *5*, e1000536.

Butler, M. G., et al. (2005) Subset of in-dividuals with autism spectrum disorders and extreme macrocephaly associated with germline PTEN tumour suppres-sor gene mutations. *J Med Genet*, *42*, 318 – 321.

Cai, G., et al. (2008) Multiplex liga-tion-dependent probe amplification for genetic screening in autism spectrum disorders: Efficient identification of known microduplications and identi-fication of a novel microduplication in ASMT. *BMC Med Genomics*, *1*, 50.

Campbell, D. B., et al. (2006) A genetic variant that disrupts MET transcription is associated with autism. *Proc NatlAcad Sci USA*, *103*, 16834 – 16839.

Castermans, D., et al. (2003) The neu-robeachin gene is disrupted by a translo-cation in a patient with idiopathic autism. *J Med Genet*, *40*, 352 – 356.

Chadman, K. K., et al. (2008) Minimal aberrant behavioural phenotypes of Neuroligin-3 R451C knockin mice. *Autism Research*, *1*, 147 – 158.

Chahrour, M., et al. (2008) MeCP2, a key contributor to neurological disease, activates and represses transcription. *Science*, *320*, 1224 – 1229.

Chih, B., et al. (2004) Disorder-associ-ated mutations lead to functional inac-tivation of neuroligins. *Hum Mol Genet*, *13*, 1471 – 1477.

Cook, E. H., and Leventhal, B. L. (1996) The serotonin system in autism. *Curr Opin Pediatr*, *8*, 348 – 354.

Cook, E. H., Jr., and Scherer, S. W. (2008) Copy-number variations associated with neuropsychiatric conditions. *Nature*, *455*, 919 – 923.

Dahlhaus, R., and El-Husseini, A. (2009) Altered Neuroligin expression is in-volved in social deficits in a mouse mod-el of the Fragile X Syndrome. *Behav Brain Res*.

Delahanty, R. J., et al. (2009) Maternal transmission of a rare GABRB3 signal peptide variant is associated with autism. *Mol Psychiatry*.

Devlin, B., et al. (2005) Autism and the serotonin transporter: the long and short of it. *Mol Psychiatry*, *10*, 1110 – 1116.

Dindot, S. V., et al. (2008) The Angelman syndrome ubiquitin ligase localizes to the synapse and nucleus, and maternal deficiency results in abnormal dendritic spine morphology. *Hum Mol Genet*, *17*, 111 – 118.

Durand, C. M., et al. (2007) Mutations in the gene encoding the synaptic scaf-folding protein SHANK3 are associated with autism spectrum disorders. *Nat Genet*, *39*, 25 – 27.

Durbin, R. M., et al. (2010) A map of human genome variation from population-scale sequencing. *Nature*, *467*, 1061 – 1073.

Ehlers, M. D. (2003) Activity level con-trols postsynaptic composition and sig-naling via the ubiquitin-proteasome system. *Nat Neurosci*, *6*, 231 – 242.

Feng, J., et al. (2006) High frequency of neurexin 1beta signal peptide struc-tural variants in patients with autism. *Neurosci Lett*, *409*, 10 – 13.

Fernandez, T., et al. (2008) Disruption of Contactin 4 (CNTN4) results in de-velopmental delay and other features of 3p deletion syndrome. *Am J Hum Genet*, *82*, 1385.

Fernell, E., and Gillberg, C. (2010) Autism spectrum disorder diagnoses in Stockholm preschoolers. *Res Dev Disabil*, *31*, 680 – 685.

Freitag, C. M. (2007) The genetics of autistic disorders and its clinical relevance: a review of the literature. *Mol Psychiatry*, *12*, 2 – 22.

Friedman, J. I., et al. (2008) CNTNAP2 gene dosage variation is associated with schizophrenia and epilepsy. *Mol Psychi-atry*, *13*, 261 – 266.

Garber, K. B., et al. (2008) Fragile X syn-drome. *Eur J Hum Genet*, *16*, 666 – 672.

Gauthier, J., et al. (2008) Novel de novo SHANK3 mutation in autistic patients. *Am J Med Genet B Neuropsychiatr Genet*.

Gauthier, J., et al. (2009) Novel de novo SHANK3 mutation in autistic patients. *Am J Med Genet B Neuropsychiatr Genet*, *150B*, 421 – 424.

Gillberg, C., and Coleman, M. (2000) *The biology of the autistic syndromes*. Oxford University Press.

Glessner, J. T., et al. (2009) Autism genome-wide copy number variation reveals ubiquitin and neuronal genes. *Nature*, *459*, 569 – 573.

Greer, P. L., et al. (2010) The Angelman Syndrome Protein Ube3A Regulates Synapse Development by Ubiquitinat-ing Arc. *Cell*, *140*, 704 – 716.

Hallmayer, J., et al. (2011) Genetic Heritability and Shared Environmental Factors Among Twin Pairs With Autism. *Arch Gen Psychiatry*.

Jacquemont, M. L., et al. (2006) Array-based comparative genomic hybridis-ation identifies high frequency of cryptic chromosomal rearrangements in patients with syndromic autism spectrum dis-orders. *J Med Genet*, *43*, 843 – 849.

Jamain, S., et al. (2003) Mutations of the X-linked genes encoding neuroli-gins NLGN3 and NLGN4 are associ-ated with autism. *Nature Genetics*, *34*, 27 – 29.

Jamain, S., et al. (2002) Linkage and as-sociation of the glutamate receptor 6 gene with autism. *Molecular Psychiatry*, *7*, 302 – 310.

Jamain, S., et al. (2008) Reduced social interaction and ultrasonic communi-cation in a mouse model of monogenic heritable autism. *Proc Natl Acad Sci USA*, *105*, 1710 – 1715.

Kelleher, R. J., 3rd, and Bear, M. F. (2008) The autistic neuron: troubled translation? *Cell*, *135*, 401 – 406.

Kilpinen, H., et al. (2009) Linkage and linkage disequilibrium scan for autism loci in an extended pedigree from Fin-land. *Hum Mol Genet*, 18, 2912 – 2921.

Lander, E. S., et al. (2001) Initial sequencing and analysis of the human genome. *Nature*, *409*, 860 – 921.

Laumonnier, F., et al. (2004) X-linked mental retardation and autism are as-sociated with a mutation in the NLGN4 gene, a member of the neuroligin family. *Am J Hum Genet*, *74*, 552 – 557.

Lawson-Yuen, A. , et al. （2008） Familial deletion within NLGN4 associated with autism and Tourette syndrome. *Eur J Hum Genet* , *16* ,614 – 618.

Le Meur, N. , et al. （2009） MEF2C hap-loinsufficiency caused either by microdeletion of the 5q14. 3 region or mutation is responsible for severe mental retardation with stereotypic movements, epilepsy and/or cerebral malformations. *J Med Genet* .

Lichtenstein, P. , et al. （2010） The Genetics of Autism Spectrum Disorders and Related Neuropsychiatric Disorders in Childhood. Am J Psychiatry AiA, 1 – 7.

Macarov, M. , et al. （2007） Deletions of VCX-A and NLGN4: a variable phe-notype including normal intellect. *J In-tellect Disabil Res* , *51* ,329 – 333.

Macleod, G. T. , and Zinsmaier, K. E. （2006） Synaptic homeostasis on the fast track. *Neuron* , *52* ,569 – 571.

Marshall, C. R. , et al. （2008） Structural variation of chromosomes in autism spectrum disorder. *Am J Hum Genet* , *82* ,477 – 488.

Melin, M. , et al. （2006） Constitutional downregulation of SEMA5A expression in autism. *Neuropsychobiology* , *54* ,64 – 69.

Melke, J. , et al. （2008） Abnormal Mela-tonin Synthesis in Autism Spectrum Disorders. *Mol Psychiatry May* , *15* .

Melke, J. , et al. （2008） Abnormal mela-tonin synthesis in autism spectrum dis-orders. *Mol Psychiatry* , *13* ,90 – 98.

Miller, G. （2009） Neuroscience. Sleeping to reset overstimulated synapses. *Science* , *324* ,22.

Moessner, R. , et al. （2007） Contribution of SHANK3 mutations to autism spec-trum disorder. *Am J Hum Genet* , *81* ,1289 – 1297.

Morrow, E. M. , et al. （2008） Identifying autism loci and genes by tracing recent shared ancestry. *Science* , *321* ,218 – 223.

Persico, A. M. , and Bourgeron, T. （2006） Searching for ways out of the autism maze: genetic, epigenetic and environ-mental clues. *Trends Neurosci* , *29* ,349 – 358.

Petek, E. , et al. （2007） Molecularand ge-nomic studies of IMMP2L and mutation screening in autism and Tourette syn-drome. *Mol Genet Genomics* , *277* ,71 – 81.

Pinto, D. , et al. （2010） Functional impact of global rare copy number variation in autism spectrum disorder. *Nature* （In press）.

Piton, A. , et al. （2008） Mutations in the calcium-related gene IL1RAPL1 are associated with autism. *Hum Mol Genet* , *17* ,3965 – 3974.

Ramocki, M. B. , and Zoghbi, H. Y. （2008） Failure of neuronal homeostasis results in common neuropsychiatric phenotypes. *Nature* , *455* ,912 – 918.

Ramocki, M. B. , et al. （2009） Autism and other neuropsychiatric symptoms are prevalent in individuals with MeCP2 duplication syndrome. *Ann Neurol* , *66* ,771 – 782.

Ramoz, N. , et al. （2004） Linkage and association of the mitochondrial aspar-tate/glutamate carrier SLC25A12 gene with autism. *Am J Psychiatry* , *161* ,662 – 669.

Ronald, A. , et al. (2010) A twin study of autism symptoms in Sweden. *Mol Psychiatry*.

Roohi, J. , et al. (2009) Disruption of contactin 4 in three subjects with autism spectrum disorder. *J Med Genet*, *46*, 176 – 182.

Rosser, T. L. , and Packer, R. J. (2003) Neurocognitive dysfunction in children with neurofibromatosis type 1. *Curr Neurol Neurosci Rep*, *3*, 129 – 136.

Roussignol, G. , et al. (2005) Shank ex-pression is sufficient to induce functional dendritic spine synapses in aspiny neu-rons. *J Neurosci*, *25*, 3560 – 3570.

Schanen, N. C. (2006) Epigenetics of autism spectrum disorders. *Hum Mol Genet 15 Spec No 2*, R138 – 150.

Skaar, D. A. , et al. (2005) Analysis of the RELN gene as a genetic risk factor for autism. *Mol Psychiatry*, *10*, 563 – 571.

Splawski, I. , et al. (2006) CACNA1H mutations in autism spectrum disorders. *J Biol Chem*, *281*, 22085 – 22091.

Stickgold, R. , and Walker, M. P. (2005) Memory consolidation and reconsoli-dation: what is the role of sleep? *Trends Neurosci*, *28*, 408 – 415.

Sudhof, T. C. (2008) Neuroligins and neurexins link synaptic function to cog-nitive disease. *Nature*, *455*, 903 – 911.

Sutcliffe, J. S. , et al. (2005) Allelic het-erogeneity at the serotonin transporter locus (SLC6A4) confers susceptibility to autism and rigid-compulsive behav-iors. *Am J Hum Genet*, *77*, 265 – 279.

Szatmari, P. , et al. (2007) Mapping autism risk loci using genetic linkage and chromosomal rearrangements. *Nat Genet*, *39*, 319 – 328.

Tabuchi, K. , et al. (2007) A neuroligin-3 mutation implicated in autism in-creases inhibitory synaptic transmission in mice. *Science*, *318*, 71 – 76.

Tavazoie, S. F. , et al. (2005) Regulation of neuronal morphology and function by the tumor suppressors Tsc1 and Tsc2. *Nat Neurosci*, *8*, 1727 – 1734.

Toma, C. , et al. (2007) Is ASMT a sus-ceptibility gene for autism spectrum disorders? A replication study in Euro-pean populations. *Mol Psychiatry*, *12*, 977 – 979.

Tononi, G. , and Cirelli, C. (2003) Sleep and synaptic homeostasis: a hypothesis. *Brain Res Bull*, *62*, 143 – 150.

Toro, R. , et al. (2010) Key role for gene dosage and synaptic homeostasis in autism spectrum disorders. Trends Genet, in press.

Turrigiano, G. G. (1999) Homeostatic plasticity in neuronal networks: the more things change, the more they stay the same. *Trends Neurosci*, *22*, 221 – 227.

Turrigiano, G. G. , and Nelson, S. B. (2004) Homeostatic plasticity in the developing nervous system. *Nat Rev Neurosci*, *5*, 97 – 107.

Turunen, J. A. , et al. (2008) Mitochondrial aspartate/glutamate carrier SLC25A12 gene is associated with autism. *Autism Res*, *1*, 189 – 192.

Venter, J. C. , et al. (2001) The sequence of the human genome. *Sciencejournal*, *291*, 1304 – 1351.

Verkerk，A. J.，et al.（2003）CNTNAP2 is disrupted in a family with Gilles de la Tourette syndrome and obsessive compulsive disorder. *Genomics*，*82*，1 - 9.

Wang，K.，et al.（2009）Common genetic variants on 5p14. 1 associate with autism spectrum disorders. *Nature*，*459*，528 - 533.

Weiss，L. A.，et al.（2006）Variation in ITGB3 is associated with whole-blood serotonin level and autism susceptibility. *Eur J Hum Genet*，*14*，923 - 931.

Weiss，L. A.，et al.（2009）A genomewide linkage and association scan reveals novel loci for autism. *Nature*，*461*，802 - 808.

Williams，J. M.，et al.（2009）A 1q42 deletion involving DISC1，DISC2，and TSNAX in an autism spectrum disorder. *Am J Med Genet A*，*149A*，1758 - 1762.

Wiznitzer，M.（2004）Autism and tuberous sclerosis. *J Child Neurol*，*19*，675 - 679.

Yu，L. M.，and Goda，Y.（2009）Dendritic signalling and homeostatic adaptation. *Curr Opin Neurobiol*，*19*，327 - 335.

Zhang，C.，et al.（2009）A neuroligin-4 missense mutation associated with autism impairs neuroligin-4 folding and endoplasmic reticulum export. *J Neurosci*，*29*，10843 - 10854.

Zweier，C.，et al.（2009）CNTNAP2 and NRXN1 are mutated in autosomal-re-cessive Pitt-Hopkins-like mental retar-dation and determine the level ofa com-mon synaptic protein in Drosophila. *Am J Hum Genet*，*85*，655 - 666.

本综述中使用的数据库

DECIPHER v4. 3

  https：//decipher. sanger. ac. uk/application/

Autism Genetic Database（AGD）

  http：//wren. bcf. ku. edu/

Autism CNV Database

  http：//projects. tcag. ca/autism_500k/

AutDB

  www. mindspec. org/autdb. html

BioGPS

  http：//biogps. gnf. org/ ♯ goto = welcome

UCSC Genome browser

  http：//genome. ucsc. edu

9.

神经科学、教育及学习障碍

艾伯特·加拉布尔达（Albert M. Galaburda）

151　　　　我们正在进入一个脑和心理①影响社会政策的时代。然而有趣的是，比脑科学（包括认知科学）发展起步更晚的遗传学却早已开始影响政策，尽管从基因到外显行为之间存在漫长而复杂的距离，并且遗传学研究远比脑科学的预测率低。脑科学研究在脑结构及功能（包括心理结构和功能）方面做了大量的工作，如生命历程中脑的发育和发展、受伤或疾病后的脑衰退等，却忽略了其在法律、教育、经济甚至人文科学及其他与人类幸福和进步等相关方向的研究。比如，生物学的脑标记物可以帮助预测儿童的认知发展能力，且较多的研究结果集中在儿童甚至婴儿如何学习方面（Benarós，Lipina，Segretin，Hermida 和 Jorge，2010；Berrettini，2005；Bloom 和 Weisberg，2007；Kebir，Tabbane，Senguota 和 Joober，2009；Morley 和 Montgomery，2001；Plomin 和 Craig，2001；van Belzen 和 Heutink，2006）。同样地，不仅遗传学致力于找到这样的标记，脑的结构及功能标记也试图帮助诊断和治疗涉及感知觉、认知加工及行为等方面的发展性障碍，尽管目前这还是一个刚刚起步的研究方向（Benarós 等，2010；Eckert，2004；Keenan，Thangaraj，Halpern 和 Schlaug，2001；Zamarian，Ischebeck 和 Delazer，2009；Zatorre，2003）。在这一章，笔者将简要概括在学习障碍尤其是发展性阅读障碍方面取得的研究成果，该领域极有可能发展为一个成熟的教育神经科学研究分支。

遗传学及神经科学的研究进展

神经科学及遗传学的进展对未来的教育有指引作用。从遗传学角度出发，我们可

---

① 笔者用心理表示脑的部分概念，因为脑的概念中还包含除了心理以外的结构和功能，如血压调节、体温控制及内分泌平衡等。

以期望遗传学能够让我们知道什么样的教育方案更适合什么样的孩子,正如药物基因组研究的出现(Lee 和 Mudaliar,2009;Service,2005)意味着我们将更有信心知道哪种药对特定的人更起作用,而且可以通过检查个人特殊的遗传标记使药的副作用降到最低。这绝不是空穴来风,相反,笔者正在收集学习方式(比如教学呈现形式、测验方式、学习速度、认知优势及劣势等)与人群特定单核苷酸多态性或单体型相关的实验数据来证明此观点。然而,该方向仍需大量的实证研究,这就意味着需要投入更多的新资源,而其前提条件取决于社会给予教育的优先发展权。因为这种实验室研究需要大样本的被试,规范化的心理学量表,还有定义好且可被重复的认知或行为内表型,以及高通量低费用的基因组分析。但是,即使假设上述问题都能解决,无论从短期项目还是长期项目出发,基于此类研究开发课程、培训老师应用研究成果并评估效果仍是一个极大的挑战。

与遗传学相似,神经科学也涉足于教育应用方向。笔者认为,一般来说,神经科学研究结果将比基因数据对学习的预测价值更大。这么说是因为实际情况就是如此——脑到行为的距离远比发育过程中基因(Developmental Genes)到行为的距离短,因为从基因表达到行为表现之间有很多的时间及可能的途径去弥补基因对行为造成的差异。然而,神经科学是一个涉及面广的学科,研究范围从与遗传学的研究相类似的神经组织的基因表达到细胞层次的下游路径,脑环路及脑网络的形式,还涉及认知心理学中的感知觉、认知、行为表现形式及心理加工过程。心理结构与外显行为的匹配是比基因与行为的匹配更加紧密的。比如,对阅读障碍的最好预测不应该是风险基因或者脑结构对称异常,而应该是儿童表现出来的语音加工缺陷。由于异常的神经结构很有可能在后期发育过程中被弥补或者进一步恶化,因此上述的每个水平都应该考虑其发展进程。

神经科学中基因表达及信号路径等处于低级调节水平的研究结果,能够为学习方式找出功能性化学标志物——比如正电子发射计算机断层扫描(Positron Emission Computed Tomography,PET)及 MRI 扫描中特定任务状态下激活的相关腺体及受体,而且一些药物也能够增强学习,减少遗忘,提高注意力等(Eisdorfer,Nowlin 和 Wilkie,1970;Greely 等,2008;Marshall,2004;Young 和 Colpaert,2009)。认知心理学中心理结构及功能等处于高级调节水平的研究结果,则有助于确定以更好的方式及适合的时间呈现教育材料,以便达到理想的学习效果(Roederer 和 Moody,2008;Watson 和 Sanderson,2007;Yeh,Merlo,Wickens 和 Brandenburg,2003)。而解剖结构及功能等处于中间调节水平的研究结果,尤其是活体高分辨率的脑结构及特定认知、感知觉任务下激活的脑成像结果,不仅能够鉴定与学习障碍或学习优异相关的脑解剖异常及特定任务下的激活脑区大小,还能帮助评估学习、非学习的效果及学习障碍和其他认知功能障碍治疗的效果等(Blair 和 Diamond,2008;Draganski 和 May,2008;Shaywitz 和 Shaywitz,2008)。然而,需要澄清的是,这些标志物不可能自动显现在我们面前,因为如果没有对标志物存在的检测方法,那么即使是最显著的观察结果也会常常被忽略。例如,颞平面的不对称被忽略了几十年,直到 1930 年埃科诺莫和霍恩(Economo 和 Horn,1930)发现后,才为研究者所熟知。

最后,将遗传学从神经科学中分离出去是很困难的,也可能这种做法本身就是轻率的。而且在考虑哪些因素对儿童及成人的学习造成影响时,本身就应该从人类生物学及其他所有分支学科出发。健康的心理起始于健康的基因,进而发育出健全的脑,最后拥有正常的认知和情感去学习,而这些又依赖于社会及政策对儿童健康和教育的重视。健康的脑发育从顺利的妊娠开始,包括健康的基因和良好的子宫环境,接着需要有充足的营养,丰富而有活力的家庭氛围,还需要对传染病及有毒物质进行监控的公共健康监测系统,最小化的暴力行为及个人损失,及通过教育提高对文化的保护及传承的意愿。儿童受到上述任何环节的积极影响后,也会提高其受到其他环节积极影响的概率;相反,如果在任何环节受到负面影响,其后果也会迅速扩展到其他环节。因此暴露于有毒物质环境将破坏基因(Wallace,2005;Yamashita 和 Matsumoto,2007),而家庭压力及暴力可以对海马神经元产生损害,甚至会对没有受到直接物理伤害的人的神经元产生影响(Eiland 和 McEwen,2010)。因而,如果不将社会作为一个整体考虑,单独研究遗传学、神经科学和教育的关系似乎是不可能的。

发展性阅读障碍的文化背景

154

阅读障碍(Dyslexia)最开始被定义为存在阅读学习困难且难以达到正常阅读水平的一种学习障碍(Fletcher,2009;Lyon 和 Moats,1997),该种情况会一直持续到上学阶段。在非专业文献中,有时被简化为主要包括镜像阅读和书写的不准确的观察(Terepocki,Kruk 和 Willows,2002)。然而,近来大量有关阅读障碍(Reading Disorders)特征与基因或者有效的神经生物学特征的相关研究,开始用内表型(Endophenotypes)如语音意识(Phonological Awareness)或者巨细胞功能

(Magnocellular Function)等术语来代替阅读障碍（Bishop，2009；Fisher 和 DeFries，2002；Fisher 和 Francks，2006；Igo 等，2006；Kebir 等，2009；Roeske 等，2011；Stein 等，2006；Stein，2001）。"阅读障碍"实际上可能已成为一个被淘汰的词语，正如"糖尿病"（Diabetes）一词已不会单独出现，取而代之的是一型糖尿病和二型糖尿病（Diabetes Mellitus，Types One or Two）、妊娠糖尿病（Gestational Diabetes）及尿崩症（Diabetes Insipidus）等，这种分类主要是根据生物学差异来进行区分的。

尽管阅读障碍亦存在生物学差异，如已鉴定出的单核苷酸多态性的差异，但该指标还没有起到区分不同阅读障碍的作用[可比较参考：神经生理学标记（Lachmann，Berti，Kujala 和 Schroger，2005）]，然而不久的将来，一旦合适的行为内表型被鉴定出来，将很有可能对阅读障碍进行分类。尽管存在局限性，但研究者仍在对阅读障碍的环境及文化因素进行大量的探究，逐渐阐明了阅读障碍与文化之间的相关关系。比如，母语的结构决定阅读障碍的发生率、流行率及行为特征（Huessy，1967；Paulesu 等，2001；Ziegler 和 Goswami，2005；Ziegler，Perry，Ma Wyatt，Ladner 和 Schulte Korne，2003）。例如英语，由于是较难懂的拼音文字，很多阅读障碍者尤其是儿童朗读缓慢且存在语音错误（例如：将"symphony"读成"sympathy"）。而正字法透明的语系如芬兰语和意大利语，则只存在阅读缓慢和拼写错误（Angelelli，Notarnicola，Judica，Zoccolotti 和 Luzzatti，2010；Holopainen，Ahonen 和 Lyytinen，2001；Kiuru 等，2011；Serrano 和 Defior，2008）。另一方面，对于任何国家的阅读障碍者来说，学习外语都是一个很大的挑战（Downey，Snyder 和 Hill，2000；Sparks，Patton，Ganschow，Hum-Bach 和 Javorsky，2006）。

关于阅读障碍是否应该独立于智力来定义的问题争论已久。尽管不可能在这一章节将这个复杂的话题阐述清楚，但是笔者致力于对该话题中涉及教育、阅读障碍及神经科学的相关研究做些评述（更多资料参考 Gustafson 和 Samuelsson，1999）。智力，按照我们目前的测试方式不仅会受到测试态度、测试动机、注意力以及警醒程度等因素的影响，还会受到源于家庭和社会的鼓励、机会及支持等因素的累积影响。在文字社会，阅读障碍者获得知识的途径会受到干扰，因为大量的知识是通过书面文字获得的，而阅读障碍者的平均阅读量显著少于正常人。然而，在一个可以通过不同方式如模仿和讲故事等获得知识的社会，这种情况将不太可能发生。因此，我们进行智商测试时很难将其与阅读障碍分开，甚至智商测试的非言语技能测试部分也部分依赖于语言能力，这是由于技能获得及测试的说明是通过文字介导的。整体而言，存在阅读

155

障碍的儿童其非言语能力往往处于正常水平（Del Giudice 等，2000；Eden，Stein，Wood 和 Wood，1996；Eden，Wood 和 Stein，2003；Russeler，Scholz，Jordan 和 Quaiser-Pohl，2005），而且，实际上这些能力在测试中很可能被低估了（Attree，Turner 和 Cowell，2009；Gotestam，1990）。

　　正如阅读障碍会干扰智力测试一样，智力也会对阅读障碍测查产生干扰，尤其是当测试集中于阅读速度和阅读理解时，影响更明显。因此，阅读障碍者可以通过超强的记忆力帮助其理解内容，因为他可以通过先验知识对其不能理解的词语进行更好的猜测。这种类型的阅读障碍能够对文章进行很好的理解，但是当他不能从语义、句法及语用线索获得有利信息时，即使让其读单词表也会出错。类似地，拥有好的协调注意及执行控制能力的阅读障碍者，在原始经验获得及后续检索阶段也将能更好地掌握信息，如此他就能较少依赖语音能力从文章中获取内容。那么，是不是意味着他的语音能力就比一个得分更少的孩子强呢？实际上他们的语音能力会更差，因为语音能力是独立于智力的。已有研究表明，具有中等语音缺陷（Phonological Deficits）且智力较高的儿童表现最好，而有严重语音缺陷且智力较低的儿童则表现最差。鉴于影响阅读障碍的核心系统——语音模块及其通达（Ramus 和 Szenkovits，2008）是独立于智力的，因此在智力较高或较低的儿童身上均能表现出语音能力的高或低。正因为如此，智力对语音调节差的阅读障碍者的最终临床表征是不可忽略的。也就是说，正如我们已经可以为正常发育儿童根据其智力水平制定和实施不同提升方案一样，我们也应该同等地对待阅读障碍儿童，应该开始考虑为他们设计特殊教育方案而丰富其教育经验。同样地，记忆力和执行功能差的儿童，也不应该期望其在没有考虑不同智力水平的教育系统下进行最有效的学习。这不仅仅是神经科学对教育产生影响的问题，更应该是强调发展心理学对教育的重要性。

阅读障碍的神经科学研究

　　阅读障碍的神经科学研究以两个研究方向为特点。其中，第一个方向是关于阅读障碍的脑成像研究，致力于探索当被试说话、阅读或者进行其他认知任务时，阅读障碍者与控制组的不同脑区激活状态（例：Demonet，Taylor 和 Chaix，2004；Pugh 等，2000）。与此类似，脑成像研究表明阅读障碍组与控制组被试存在脑解剖结构上的不同（可参考 Chang 等，2007；Leonard 和 Eckert，2008；Pernet，Andersson，Paulesu 和

Demonet，2009）。此类关于阅读障碍的脑解剖及心理学特征的研究主要有以下两个用途：（1）帮助尽早诊断阅读障碍儿童，以便在其临床症状明显以前及时进行有效预防和治疗；（2）有利于对阅读障碍进行分类，从而找到各自对应的预防及治疗方法。为了实现这两个目标，把神经科学作为工具尽早应用于儿童发展显得至关重要，它将会与常规诊断中的认知及行为模式有很大的不同，可能一段时间内甚至连阅读障碍的先驱研究者们，对阅读障碍的认知和行为表型都不太熟悉。然而，对阅读障碍的早期诊断仍是一个巨大的挑战，尽管已取得一些进展（Benasich 等，2006；Facoetti 等，2010；Goswami 等，2011；Lyytinen 等，2004；Raschle，Chang 和 Gaab，2011；van der Lely 和 Marshall，2010）。因此，更多的时候研究者们开始研究阅读障碍者的兄弟姐妹，并将其作为是否会发展为阅读障碍的一个重要的风险因素，因为根据以往的研究，阅读障碍存在家族聚集现象（DeFries，Singer，Foch 和 Lewitter，1978）。近来更多的遗传学研究通过关联分析及全基因组相关分析，已经鉴定出一些与阅读障碍相关的风险基因，且其中一些基因尤其具有说服力，因为已通过不同的人群及大样本量得到了重复验证（可参考近期综述：Fisher 和 Francks，2006；Galaburda，Lo Turco，Ramus，Fitch 和 Rosen，2006；Scerri 和 Schulte Korne，2010；Smith，2007）。因此，基因 KIAA0319、DCDC2 和 DYX1C1 能够提高预测发展性阅读障碍的发生风险，但是由于其他复杂因素的影响，这些基因只能为极少数阅读障碍者提供解释。随着遗传流行病学一如既往的快速发展，我们可以期望大样本量的研究将发现更多的风险基因，且具有更强的相关性。而在笔者看来，我们不太有望成功地将特定的基因突变或多样性与阅读障碍的亚型建立相关。事实也正是如此，如加拉布尔达等人（Galaburda 等，2006）发现多个风险基因会影响同一个分子路径，从而最终引起相同的脑变异或认知表型。

157

阅读障碍者的大脑

尽管阅读障碍如定义中所述，一般是在儿童 5 到 7 岁开始学习阅读时被诊断出来，但其实在出生前其脑结构已发生变化，容易在后期发展成阅读障碍（Galaburda 和 Kemper，1979；Galaburda，Sherman，Rosen，Aboitiz 和 Geschwind，1985；Chang 等，2007）。首批关于阅读障碍的解剖结构研究，通过尸检人脑发现了阅读障碍者脑中神经元迁移异常的证据。但是这些研究尸检脑的数量太少，且没有更多的关于尸检脑的研究被报道,使得其研究结果的推广受到限制。一方面由于获得这类人脑很困难,另一方面由于缺少这类研究的资金支持,而不是因为找不到确切的证据。作为克服尸检脑研究局限性的一种方式,加拉布尔达及其同事通过探索小鼠脑中相似模式的神经元迁移异常,发现小鼠表现出学习能力受损(Rosen,Sherman 和 Galaburda,1989;Rosen,Sherman,Mehler,Emsbo 和 Galaburda,1989;Sherman,Galaburda,Behan 和 Rosen,1987;Sherman,Morrison,Rosen,Behan 和 Galaburda,1990;Sherman,Stone,Press,Rosen 和 Galaburda,1990;Sherman,Stone,Rosen 和 Galaburda,1990)。这些早期的动物研究对建立病灶神经元迁移异常、异常环路与异常学习行为之间的联系具有重要意义,但是缺少使其建立因果联系的证据。然而,当研究者学会在正常动物身上建立神经元迁移异常模型后,这种迁移异常与学习受损之间的较强的因果关系就可以被确立了。通过正常动物诱发异常进而使这些原本正常的动物表现出解剖学和行为上的变化,为人类阅读障碍提供了部分模型支持(Herman,Galaburda,Fitch,Carte 和 Rosen,1997;Rosen,Burstein 和 Galaburda,2000;Rosen,Herman 和 Galaburda,1999;Rosen,Mesples,Hendriks 和 Galaburda,2006;Rosen,Press,Sherman 和 Galaburda,1992;Rosen,Sherman 和 Galaburda,1994,1996;Rosen,Sigel,Sherman 和 Galaburda,1995;Rosen,Waters,Galaburda 和 Denenberg,1995;Rosen,Windzio 和 Galaburda,2001)。尤其是经过处理后的小鼠对特定声音加工困难(Clark,Rosen,Tallal 和 Fitch,2000;Fitch,Breslawski,Rosen 和 Chrobak,2008;Herman 等,1997;Peiffer,Friedman,Rosen 和 Fitch,2004;Peiffer,Rosen 和 Fitch,2002,2004;Threlkeld 等,2007),由此可以推测相同的脑解剖异常在人类身上也可能引起听觉加工障碍,进而导致语言学习和获得过程中出现语音缺陷。

进一步建立的神经元迁移异常小鼠模型,表现出丘脑结构异常及丘脑与大脑皮层轴突连接异常(Herman 等,1997;Livingstone,Rosen,Drislane 和 Galaburda,1991;Rosen 等,2000;Rosen 等,2006),而且大脑皮层结构、两半球内及半球之间的皮层连接均出现异常。再加上神经生理学研究发现小鼠呈现出听觉异常的代表区在听觉皮层(Escabi,Higgins,Galaburda,Rosen 和 Read,2007;Higgins,Escabi,Rosen,Galaburda 和 Read,2008),这些结果共同表明,阅读障碍小鼠模型表现出的听觉异常行为可能与发生变化的丘脑皮层有关。研究还揭示,丘脑皮层变化表现出性别差异,即雌性小鼠丘脑缺少对皮层神经元迁移异常的反应,因为雌鼠不会出现皮层神经元迁移异常伴随的听觉加工异常。因此,当考虑皮层—丘脑连接时,阅读障碍表现出来的性别差异,可以部分解释为不同性别个体对皮层损伤有不同反应。

基因与阅读障碍的脑

从早期的大脑皮层损伤到后来丘脑结构改变引起听觉异常行为的小鼠模型研究,的确帮助我们了解到大脑发育异常与听觉加工异常之间的关系,但它仍是一个不完全的阅读障碍模型。第一,阅读障碍者并非总是伴随有听觉加工异常,所以有些专家指出听觉加工异常并不是阅读障碍发生的必要条件,甚至可以进一步说,小鼠模型中出现的听觉受损与阅读障碍是没有相关的。第二,听觉加工异常是否就意味着在发育过程中一定会出现阅读障碍,对这也知之甚少。然而,对于第一个问题,也存在这样的可能性:听觉缺陷之所以没有在所有阅读障碍者身上发现,是由于检测时间不合适。因此,以往研究选取较大龄儿童作为研究对象,会让人产生质疑,因为如果听觉缺陷会随着年龄增长而得到弥补的假设成立的话,就会造成很大一部分大龄儿童无法诊断出他们具有听觉缺陷,贝纳希(Benasich 等,2006)的婴儿研究及霍莉·菲奇(Holly Fitch)实验室的小鼠研究结果(Peiffer,Friedman 等,2004;Threlkeld 等,2007)正好支持了该假设。至于第二个争论,听觉加工异常是否一定会导致后期发育过程中出现阅读障碍问题,答案可能会更加随意。让我们回顾一下前面所述,某些语种在特定的认知状态,比如高智力且使用正字法透明语言的情况下,那些极有可能出现阅读障碍的孩子仍然不会出现阅读障碍,即使是在学龄期很容易诊断出是否具有阅读障碍的情况下。因此,到目前为止,这些成果为继续建立阅读障碍神经迁移异常到听觉加工异常的小鼠模型研究提供了最好的支持。然而,这种动物模型的研究无法替代针对婴儿甚至临产前所做的听觉缺陷及语音获得异常的检查。尽管人与鼠存在极大的区别,但是动物研究能为人类探寻阅读障碍早期指标这类问题的临床研究提供指导方向。

也就是说,小鼠脑损伤模型之所以还不是完整的阅读障碍模型,是由于小鼠脑损伤模型还从未被证实能够为获得发展性阅读障碍提供证据(可参考 Downie,Frisk 和 Jakobson,2005)。另一方面,流行病学证据表明基因突变(Gene Mutations)或者基因变异(Gene Variants)是引起阅读障碍的原因之一[①],这表明适当的动物基因模型能够帮助更好地阐明脑与行为的因果关系。笔者所在的实验室已经开始利用人类样本中

159

---

① 当然这类基因研究并没有建立真正的因果关系,只是使因果联系更加有可能成立。

发现的阅读障碍风险基因建立动物基因模型，我们从中选取了与人类基因具有同源性的小鼠基因 DYX1C1、DCDC2 和 KIAA0319 等着手研究（Burbridge 等，2008；Currier，Etchegaray，Haight，Galaburda 和 Rosen，2011；Peschansky 等，2010；Rosen 等，2007；Szalkowski 等，2010；Threlkeld 等，2007）。一个有趣且与阅读障碍最相关的发现是，在神经元迁往皮层期间，通过宫内电穿孔注射抑制性短发夹结构状核糖核酸（Short Hairpin Ribonucleic Acid，shRNA）质体使得上述三种基因中的任意一个基因沉默后，发现了神经元迁移到皮层的异常发展情况。具体的异常迁移细节在此不做赘述，但是可以毫无疑问地说，结果显示神经元迁移失败——神经元仍停留在皮质下或者在皮层内迁移异常，其解剖结构部分类似于尸检研究或者活体脑成像研究中的迁移异常。当然，该基因模型还有许多重要细节需要被阐明，如皮层到丘脑的连接及皮层与皮层之间的连接状况，与神经元迁移异常相关的神经元及脑网络的生理特性等。但是要想解释从模型中建立的异常迁移到由此而引起的行为变化，仍需要大量的努力。然而，尽管目前关于 RNA 沉默诱导的认知或行为异常的信息极少，但是涉及听觉加工延迟及其他缺陷的研究已有报道，另外还有海马异常引起的记忆力受损的研究发表（Fitch 等，2008；Szalkowski 等，2010；Threlkeld 等，2007）。因此，可以说我们已经建立这样的动物模型，可以通过操作候选基因产生等同于阅读障碍引起的解剖结构异常，同时也可能产生听觉及记忆受损的效果。

总之，无论是基因突变引起的阅读障碍，还是学校教育失败引起的以阅读学习困难及难以达到正常阅读水平为特征的阅读障碍，其引发途径均有很多方面需要探讨，但同时两者也存在一些影响发展的一致性因素。已发表的候选风险基因均具有神经系统功能，在神经元迁移到皮层中发挥重要作用。以往研究还表明，神经元迁往皮层中的紊乱与皮层之间的连接异常及听觉皮层异常相关，而且相关研究还显示皮层解剖结构及生理机能异常，可能是引起声音及语音加工受损的重要因素。

神经科学与教育

学习障碍的神经科学研究分支，能够为教育神经科学的全面发展作出巨大贡献。因为对一个成功的儿童教育体系而言，熟知儿童的心理及大脑运作，了解其在一段时间的发展变化后是如何获得机能成熟的，以及知道基因和环境是如何影响成长、实时行为及最终成就的，都极其重要。与研究任何生物过程一样，我们期望得到学习的发展变化轨迹及最终水平,但是我们目前还不知道其正常波动范围,只是对远远超出正常水平的变化稍有了解,例如天资甚高的孩子或者存在学习障碍的孩子,偶尔还会有两者兼有的例子。然而,我们对其发生的原因及这些特殊例子背后的基因、脑、行为及环境之间的交互作用知道得更少。但是,如果有足够的资源直接投入到发展神经科学、认知科学及相关的科学教育研究项目的话,那么上述所要了解的问题将变得容易得多。无论是对正常孩子还是存在学习障碍的孩子而言,投入如此巨大的努力,不仅仅是为儿童教育提供更好的教学方案,更是为了揭开人类心智的发展,天赋、创造力的来源,以及人类潜力范围等的神秘面纱。

致谢

这里报告的一些研究得到了国家儿童健康和人类发展研究所(National Institute of Child Health and Human Development)的资助。

参考文献

Angelelli, P., Notarnicola, A., Judica, A., Zoccolotti, P., & Luzzatti, C. (2010). Spelling impairments in Italian dyslexic children: phenomenological changes in primary school. *Cortex*, *46*(10), 1299 – 1311.

Attree, E. A., Turner, M. J., & Cowell, N. (2009). A virtual reality test identifies the visuospatial strengths of adolescents with dyslexia. *Cyberpsychol Behav*, *12*(2), 163 – 168.

Benarós, S., Lipina, S. J., Segretin, M. S., Hermida, M. J., & Jorge, J. A. (2010). Neuroscience and education: towards the construction of interactive bridges. *Revista de Neurología*, *50*(3), 179 – 186.

Benasich, A. A., Choudhury, N., Friedman, J. T., Realpe Bonilla, T., Chojnowska, C., & Gou, Z. (2006). The infant as a prelinguistic model for language learning impairments: predicting from event related potentials to behavior. *Neuropsychologia*, *44*(3), 396 – 411.

Berrettini, W. H. (2005). Genetic bases for endophenotypes in psychiatric disorders. *Dialogues Clin Neurosci*, *7*(2), 95 – 101.

Bishop, D. V. (2009). Genes, cognition, and communication: insights from neurodevelopmental disorders. *Ann N Y Acad Sci*, *1156*, 1 – 18.

Blair, C., & Diamond, A. (2008). Biological processes in prevention and intervention: the promotion of self-regulation as a means of preventing school failure. *Dev Psychopathol*, *20*(3), 899 – 911.

Bloom, P., & Weisberg, D. S. (2007). Childhood origins of adult resistance to science. *Science*, *316*

(5827),996 – 997.

Burbridge, T. J. , Wang, Y. , Volz, A. J. , Peschansky, V. J. , Lisann, L. , Galaburda, A. M. , et al. (2008). Postnatal analysis of the effect of embryonic knockdown and overexpression of candidate dyslexia susceptibility gene homolog Dcdc2 in the rat. *Neuroscience*, *152*(3),723 – 733.

Chang, B. S. , Katzir, T. , Liu, T. , Corriveau, K. , Barzillai, M. , Apse, K. A. , et al. (2007). A structural basis for reading fluency: white matter defects in a genetic brain malformation. *Neurology*, *69*(23),2146 – 2154.

Clark, M. G. , Rosen, G. D. , Tallal, P. , & Fitch, R. H. (2000). Impaired processing of complex auditory stimuli in rats with induced cerebrocortical microgyria: An animal model of developmental language disabilities. *J Cogn Neurosci*, *12*(5),828 – 839.

Currier, T. A. , Etchegaray, M. A. , Haight, J. L. , Galaburda, A. M. , & Rosen, G. D. (2011). The effects of embryonic knockdown of the candidate dyslexia susceptibility gene homologue Dyx1c1 on the distribution of GABAergic neurons in the cerebral cortex. *Neuroscience*, *172*,535 – 546.

DeFries, J. C. , Singer, S. M. , Foch, T. T. , & Lewitter, F. I. (1978). Familial nature of reading disability. *Br J Psychiatry*, *132*,361 – 367.

Del Giudice, E. , Trojano, L. , Fragassi, N. A. , Posteraro, S. , Crisanti, A. F. , Tanzarella, P. , et al. (2000). Spatial cognition in children. II. Visuospatial and constructional skills in developmental reading disability. *Brain Dev*, *22*(6),368 – 372.

Demonet, J. F. , Taylor, M. J. , & Chaix, Y. (2004). Developmental dyslexia. *Lancet*, *363*(9419),1451 – 1460.

Downey, D. M. , Snyder, L. E. , & Hill, B. (2000). College students with dyslexia: persistent linguistic deficits and foreign language learning. *Dyslexia*, *6*(2),101 – 111.

Downie, A. L. , Frisk, V. , & Jakobson, L. S. (2005). The impact of periventricular brain injury on reading and spelling abilities in the late elementary and adolescent years. *Child Neuropsychol*, *11*(6), 479 – 495.

Draganski, B. , & May, A. (2008). Training induced structural changes in the adult human brain. *Behav Brain Res*, *192*(1),137 – 142.

Eckert, M. (2004). Neuroanatomical markers for dyslexia: a review of dyslexia structural imaging studies. *Neuroscientist*, *10*(4),362 – 371.

Economo, C. , & Horn, L. (1930). Ueber windungsrelief, masse und rindenarchitektonik der supratemporalflaeche, ihre individuellen und ihre seitenunterschiede. *Zeitschrift fuer die Gesamte Neurologie und Psychiatrie*, *130*,678 – 757.

Eden, G. F. , Stein, J. F. , Wood, H. M. , & Wood, F. B. (1996). Differences in visuospatial judgement in reading-disabled and normal children. *Percept Mot Skills*, *82*(1),155 – 177.

Eden, G. F. , Wood, F. B. , & Stein, J. F. (2003). Clock drawing in developmental dyslexia. *J Learn Disabil*, *36*(3),216 – 228.

Eiland, L. , & McEwen, B. S. (2010). Early life stress followed by subsequent adult chronic stress potentiates anxiety and blunts hippocampal structural remodeling. *Hippocampus*, Sept. 16 [Epub ahead of print].

Eisdorfer, C. , Nowlin, J. , & Wilkie, F. (1970). Improvement of learning in the aged by modification of autonomic nervous system activity. *Science*, *170*(964),1327 – 1329.

Escabi, M. A. , Higgins, N. C. , Galaburda, A. M. , Rosen, G. D. , & Read, H. L. (2007). Early cortical damage in rat somatosensory cortex alters acoustic feature representation in primary auditory cortex. *Neuroscience*, *150*(4),970 – 983.

Facoetti, A. , Trussardi, A. N. , Ruffino, M. , Lorusso, M. L. , Cattaneo, C. , Galli, R. , et al. (2010). Multisensory spatial attention deficits are predictive of phonological decoding skills in developmental dyslexia. *J Cogn Neurosci*, *22*(5),1011 – 1025.

Fisher, S. E. , & DeFries, J. C. (2002). Developmental dyslexia: genetic dissection of a complex cognitive trait. *Nat Rev Neurosci*, *3*(10),767 – 780.

Fisher, S. E. , & Francks, C. (2006). Genes, cognition and dyslexia: learning to read the genome. *Trends Cogn Sci*, *10*(6),250 – 257.

Fitch, R. H. , Breslawski, H. , Rosen, G. D. , & Chrobak, J. J. (2008). Persistent spatial working memory deficits in rats with bilateral cortical microgyria. *Behav Brain Funct*, *4*,45.

Fletcher, J. M. (2009). Dyslexia: The evolution of a scientific concept. *J Int Neuropsychol Soc*, *15*(4), 501 – 508.

Galaburda, A. M. , & Kemper, T. L. (1979). Cytoarchitectonic abnormalities in developmental dyslexia: a case study. *Ann Neurol*, *6*(2),94 – 100.

Galaburda, A. M. , LoTurco, J. , Ramus, F. , Fitch, R. H. , & Rosen, G. D. (2006). From genes to behavior in developmental dyslexia. *Nat Neurosci*, *9*(10),1213 – 1217.

Galaburda, A. M. , Sherman, G. F. , Rosen, G. D. , Aboitiz, F. , & Geschwind, N. (1985). Developmental dyslexia: four consecutive patients with cortical anomalies. *Ann Neurol*, *18*(2),222 – 233.

Goswami, U. , Wang, H. L. , Cruz, A. , Fosker, T. , Mead, N. , & Huss, M. (2011). Language universal sensory deficits in developmental dyslexia: English, Spanish, and Chinese. *J Cogn Neurosci*, *23*(2),325 – 337.

Gotestam, K. O. (1990). Lefthandedness among students of architecture and music. *Percept Mot Skills*, *70*(3 Pt 2),1323 – 1327; discussion 1345 – 1326.

Greely, H. , Sahakian, B. , Harris, J. , Kessler, R. C. , Gazzaniga, M. , Campbell, P. , et al. (2008). Towards responsible use of cognitive-enhancing drugs by the healthy. *Nature*, *456*(7223), 702 – 705.

Gustafson, S. , & Samuelsson, S. (1999). Intelligence and dyslexia: implications for diagnosis and intervention. *Scand J Psychol*, *40*(2),127 – 134.

Herman, A. E. , Galaburda, A. M. , Fitch, R. H. , Carter, A. R. , & Rosen, G. D. (1997). Cerebral microgyria, thalamic cell size and auditory temporal processing in male and female rats. *Cereb Cortex*, *7*(5),453 – 464.

Higgins, N. C. , Escabi, M. A. , Rosen, G. D. , Galaburda, A. M. , & Read, H. L. (2008). Spectral processing deficits in belt auditory cortex following early postnatal lesions of somatosensory cortex. *Neuroscience*, *153*(2),535 – 549.

Holopainen, L. , Ahonen, T. , & Lyytinen, H. (2001). Predicting delay in reading achievement in a highly transparent language. *J Learn Disabil*, *34*(5),401 – 413.

Huessy, H. R. (1967). The comparative epidemiology of reading disability in German and English speaking countries. *Acta Paedopsychiatr*, *34*(9),273 – 277.

Igo, R. P. , Jr. , Chapman, N. H. , Berninger, V. W. , Matsushita, M. , Brkanac, Z. , Rothstein, J. H. , et al. (2006). Genomewide scan for real-word reading subphenotypes of dyslexia: novel chromosome 13 locus and genetic complexity. *Am J Med Genet B Neuropsychiatr Genet*, *141B*(1),15 – 27.

Kebir, O. , Tabbane, K. , Sengupta, S. , & Joober, R. (2009). Candidate genes and neuropsychological phenotypes in children with ADHD: review of association studies. *J Psychiatry Neurosci*, *34*(2),88 – 101.

Keenan, J. P. , Thangaraj, V. , Halpern, A. R. , & Schlaug, G. (2001). Absolute pitch and planum temporale. *Neuroimage*, *14*(6),1402 – 1408.

Kiuru, N. , Haverinen, K. , Salmela Aro, K. , Nurmi, J. E. , Savolainen, H. , & Holopainen, L. (2011). Students With Reading and Spelling Disabilities: Peer Groups and Educational Attainment in Secondary Education. *J Learn Disabil*, *44*(6),556 – 569.

Lachmann, T. , Berti, S. , Kujala, T. , & Schroger, E. (2005). Diagnostic subgroups of developmental dyslexia have different deficits in neural processing of tones and phonemes. *Int J Psychophysiol*, *56*(2),105 – 120.

Lee, S. S. , & Mudaliar, A. (2009). Medicine. Racing forward: the Genomics and Personalized Medicine Act. *Science*, *323*(5912),342.

Leonard, C. M. , & Eckert, M. A. (2008). Asymmetry and dyslexia. *Dev Neuropsychol*, *33*(6),663 – 681.

Livingstone, M. S. , Rosen, G. D. , Drislane, F. W. , & Galaburda, A. M. (1991). Physiological and anatomical evidence for a magnocellular defect in developmental dyslexia. *Proc Natl Acad Sci USA*, *88*(18),7943 – 7947.

Lyon, G. R. , & Moats, L. C. (1997). Critical conceptual and methodological considerations in reading intervention research. *J Learn Disabil*, *30*(6),578 – 588.

Lyytinen, H. , Aro, M. , Eklund, K. , Erskine, J. , Guttorm, T. , Laakso, M. L. , et al. (2004). The development of children at familial risk for dyslexia: birth to early school age. *Ann Dyslexia*, *54*(2), 184 – 220.

Marshall, E. (2004). Forgetting and remembering. A star-studded search for memory enhancing drugs. *Science*, *304*(5667),36 – 38.

Morley, K. I. , & Montgomery, G. W. (2001). The genetics of cognitive processes: candidate genes in humans and animals. *Behav Genet*, *31*(6),511 – 531.

Paulesu, E. , Demonet, J. F. , Fazio, F. , Mc-Crory, E. , Chanoine, V. , Brunswick, N. , et al. (2001). Dyslexia: cultural diversity and biological unity. *Science*, *291*(5511),2165 – 2167.

Peiffer, A. M. , Friedman, J. T. , Rosen, G. D. , & Fitch, R. H. (2004). Impaired gap detection in juvenile microgyric rats. *Brain Res Dev Brain Res*, *152*(2),93 – 98.

Peiffer, A. M. , Rosen, G. D. , & Fitch, R. H. (2002). Rapid auditory processing and MGN morphology in microgyric rats reared in varied acoustic environments. *Brain Res Dev Brain Res*, *138*(2),187 – 193.

Peiffer, A. M. , Rosen, G. D. , & Fitch, R. H. (2004). Sex differences in rapid auditory processing deficits in microgyric rats. *Brain Res Dev Brain Res*, *148*(1),53 – 57.

Pernet, C. , Andersson, J. , Paulesu, E. , & Demonet, J. F. (2009). When all hypotheses are right: a multifocal account of dyslexia. *Hum Brain Mapp*, *30*(7),2278 – 2292.

Peschansky, V. J. , Burbridge, T. J. , Volz, A. J. , Fiondella, C. , Wissner Gross, Z. , Galaburda, A. M. , et al. (2010). The effect of variation in expression of the candidate dyslexia susceptibility gene homolog Kiaa0319 on neuronal migration and dendritic morphology in the rat. *Cereb Cortex*, *20*(4),884 – 897.

Plomin, R. , & Craig, I. (2001). Genetics, environment and cognitive abilities: review and work in progress towards a genome scan for quantitative trait locus associations using DNA pooling. *British Journal of Psychiatry Suppl*, *40*(s41 – 48).

Pugh, K. R. , Mencl, W. E. , Jenner, A. R. , Katz, L. , Frost, S. J. , Lee, J. R. , et al. (2000). Functional neuroimaging studies of reading and reading disability (developmental dyslexia). *Ment Retard Dev Disabil Res Rev*, *6*(3),207 – 213.

Ramus, F. , & Szenkovits, G. (2008). What phonological deficit? *Q J Exp Psychol (Colchester)*, *61*(1), 129 – 141.

Raschle, N. M. , Chang, M. , & Gaab, N. (2011). Structural brain alterations associated with dyslexia predate reading onset. *Neuroimage*, *57*(3),742 – 749.

Roederer, M. , & Moody, M. A. (2008). Polychromatic plots: graphical display of multidimensional data. *Cytometry A*, *73*(9),868 – 874.

Roeske, D. , Ludwig, K. U. , Neuhoff, N. , Becker, J. , Bartling, J. , Bruder, J. , et al. (2011). First genome wide association scan on neurophysiological endophenotypes points to trans-regulation effects on SLC2A3 in dyslexic children. *Mol Psychiatry*, *16*(1),97 – 107.

Rosen, G. D. , Bai, J. , Wang, Y. , Fiondella, C. G. , Threlkeld, S. W. , LoTurco, J. J. , et al. (2007). Disruption of neuronal migration by RNAi of Dyx1c1 results in neocortical and hippocampal malformations. *Cereb Cortex*, *17*(11),2562 – 2572.

Rosen, G. D. , Burstein, D. , & Galaburda, A. M. (2000). Changes in efferent and afferent connectivity in rats with induced cerebrocortical microgyria. *J Comp Neurol*, *418*(4),423 – 440.

Rosen, G. D. , Herman, A. E. , & Galaburda, A. M. (1999). Sex differences in the effects of early neocortical injury on neuronal size distribution of the medial geniculate nucleus in the rat are mediated by perinatal gonadal steroids. *Cereb Cortex*, *9*(1),27 – 34.

Rosen, G. D. , Mesples, B. , Hendriks, M. , & Galaburda, A. M. (2006). Histometric changes and cell death in the thalamus after neonatal neocortical injury in the rat. *Neuroscience*, *141*(2),875 – 888.

Rosen, G. D. , Press, D. M. , Sherman, G. F. , & Galaburda, A. M. (1992). The development of induced cerebrocortical microgyria in the rat. *J Neuropathol Exp Neurol*, *51*(6),601 – 611.

Rosen, G. D. , Sherman, G. F. , & Galaburda, A. M. (1989). Interhemispheric connections differ between symmetrical and asymmetrical brain regions. *Neuroscience*, *33*(3),525 – 533.

Rosen, G. D. , Sherman, G. F. , & Galaburda, A. M. (1994). Radial glia in the neocortex of adult rats: effects of neonatal brain injury. *Brain Res Dev Brain Res*, *82*(1 – 2),127 – 135.

Rosen, G. D. , Sherman, G. F. , & Galaburda, A. M. (1996). Birthdates of neurons in induced microgyria. *Brain Res*, 727(1 – 2),71 – 78.

Rosen, G. D. , Sherman, G. F. , Mehler, C. , Emsbo, K. , & Galaburda, A. M. (1989). The effect of developmental neuropathology on neocortical asymmetry in New Zealand black mice. *Int J Neurosci*, *45*(3 – 4),247 – 254.

Rosen, G. D. , Sigel, E. A. , Sherman, G. F. , & Galaburda, A. M. (1995). The neuroprotective effects of MK – 801 on the induction of microgyria by freezing injury to the newborn rat neocortex. *Neuroscience*, *69*(1),107 – 114.

Rosen, G. D. , Waters, N. S. , Galaburda, A. M. , & Denenberg, V. H. (1995). Behavioral consequences of neonatal injury of the neocortex. *Brain Res*, *681*(1 2),177 – 189.

Rosen, G. D. , Windzio, H. , & Galaburda, A. M. (2001). Unilateral induced neocortical malformation and the formation of ipsilateral and contralateral barrel fields. *Neuroscience*, *103*(4),931 – 939.

Russeler, J. , Scholz, J. , Jordan, K. , & Quaiser-Pohl, C. (2005). Mental rotation of letters, pictures, and three dimensional objects in German dyslexic children. *Child Neuropsychol*, *11*(6),497 – 512.

Scerri, T. S. , & Schulte Korne, G. (2010). Genetics of developmental dyslexia. *Eur Child Adolesc Psychiatry*, *19*(3),179 – 197.

Serrano, F. , & Defior, S. (2008). Dyslexia speed problems in a transparent orthography. *Ann Dyslexia*, *58*(1),81 – 95.

Service, R. F. (2005). Pharmacogenomics. Going from genome to pill. *Science*, *308*(5730),1858 – 1860.

Shaywitz, S. E. , & Shaywitz, B. A. (2008). Paying attention to reading: the neurobiology of reading and dyslexia. *Dev Psychopathol*, *20*(4),1329 – 1349.

Sherman, G. F. , Galaburda, A. M. , Behan, P. O. , & Rosen, G. D. (1987). Neuroanatomical anomalies in autoimmune mice. *Acta Neuropathol*, *74*(3),239 – 242.

Sherman, G. F. , Morrison, L. , Rosen, G. D. , Behan, P. O. , & Galaburda, A. M. (1990). Brain abnormalities in immune defective mice. *Brain Res*, *532*(1 2),25 – 33.

Sherman, G. F. , Stone, J. S. , Press, D. M. , Rosen, G. D. , & Galaburda, A. M. (1990). Abnormal architecture and connections disclosed by neurofilament staining in the cerebral cortex of autoimmune mice. *Brain Res*, *529*(12),202 – 207.

Sherman, G. F. , Stone, J. S. , Rosen, G. D. , & Galaburda, A. M. (1990). Neocortical VIP neurons are increased in the hemisphere containing focal cerebrocortical microdysgenesis in New Zealand Black mice. *Brain Res*, *532*(12),232 – 236.

Smith, S. D. (2007). Genes, language development, and language disorders. *Ment Retard Dev Disabil Res Rev*, *13*(1),96 – 105.

Sparks, R. L. , Patton, J. , Ganschow, L. , Hum-Bach, N. , & Javorsky, J. (2006). Native language predictors of foreign language proficiency and foreign language aptitude. *Ann Dyslexia*, *56*(1),129 – 160.

Stein, C. M. , Millard, C. , Kluge, A. , Miscimarra, L. E. , Cartier, K. C. , Freebairn, L. A. , et al. (2006). Speech sound disorder influenced by a locus in 15q14 region. *Behav Genet*, *36*(6),858 – 868.

Stein, J. (2001). The magnocellular theory of developmental dyslexia. *Dyslexia*, *7*(1),12 – 36.

Szalkowski, C. E. , Hinman, J. R. , Threlkeld, S. W. , Wang, Y. , Lepack, A. , Rosen, G. D. , et al. (2010). Persistent spatial working memory deficits in rats following in utero RNAi of Dyx1c1. *Genes Brain Behav*, *10*(2),244 – 252.

Terepocki, M. , Kruk, R. S. , & Willows, D. M. (2002). The incidence and nature of letter orientation errors in reading disability. *J Learn Disabil*, *35*(3),214 – 233.

Threlkeld, S. W. , McClure, M. M. , Bai, J. , Wang, Y. , LoTurco, J. J. , Rosen, G. D. , et al. (2007). Developmental disruptions and behavioral impairments in rats following in utero RNAi of Dyx1c1. *Brain Res Bull*, *71*(5),508 – 514.

van Belzen, M. J. , & Heutink, P. (2006). Genetic analysis of psychiatric disorders in humans. *Genes Brain Behav*, *5 Suppl 2*,25 – 33.

van der Lely, H. K. , & Marshall, C. R. (2010). Assessing component language deficits in the early detection of reading difficulty risk. *J Learn Disabil*, *43*(4),357 – 368.

Wallace, D. R. (2005). Overview of molecular, cellular, and genetic neurotoxicology. *Neurol Clin*, *23*(2), 307 – 320.

Watson, M. O. , & Sanderson, P. (2007). Designing for attention with sound: challenges and extensions to ecological interface design. *Hum Factors*, *49*(2),331 – 346.

Yamashita, H. , & Matsumoto, M. (2007). Molecular pathogenesis, experimental models and new therapeutic strategies for Parkinson's disease. *Regen Med*, *2*(4),447 – 455.

Yeh, M. , Merlo, J. L. , Wickens, C. D. , & Brandenburg, D. L. (2003). Head up versus head down: the costs of imprecision, unreliability, and visual clutter on cue effectiveness for display signaling. *Hum Factors*, *45*(3),390 – 407.

Young, A. M. , & Colpaert, F. C. (2009). Recall of learned information may rely on taking drug again. *Nature*, *457*(7229),533.

Zamarian, L. , Ischebeck, A. , & Delazer, M. (2009). Neuroscience of learning arithmetic evidence from brain imaging studies. *Neuroscience and Biobehavioral Reviews*, *33*(6),909 – 925.

Zatorre, R. J. (2003). Absolute pitch: a model for understanding the influence of genes and development on neural and cognitive function. *Nat Neurosci*, *6*(7),692 – 695.

Ziegler, J. C. , & Goswami, U. (2005). Reading acquisition, developmental dyslexia, and skilled reading across languages: a psycholinguistic grain size theory. *Psychol Bull*, *131*(1),3 – 29.

Ziegler, J. C. , Perry, C. , Ma Wyatt, A. , Ladner, D. , & Schulte Korne, G. (2003). Developmental dyslexia in different languages: language specific or universal? *J Exp Child Psychol*, *86*(3),169 – 193.

10.

人类神经认知发展中经验与遗传的交互作用

海伦·内维尔（Helen Neville），考特尼·史蒂文斯（Courtney Stevens），埃里克·帕库拉克（Eric Pakulak）

167
如今，脑成像的新进展使我们得以对学业成就相关的认知加工进程的神经基础，以及环境、遗传因素对上述认知加工发展的影响一探究竟。我们使用相似的办法来研究神经可塑性，或者说大脑加工进程受到不同经验影响的"可变性"。研究显示，神经可塑性的存在使与学业成就相关的重要脑区在环境经验充分的情况下有增强的空间，而在经验不充分的情况下出现缺陷。对上述系统发育的理解，尤其是对这些作用在发育过程中何时达到顶峰的理解，可以为家长、教育者，以及政策制定者提供非常重要的依据，他们可以借鉴这些研究中的证据来编制课程。在此，我们将探讨我们实验室围绕选择性注意神经可塑性展开的基础研究。选择性注意在学习和记忆的各个方面都起着至关重要的作用。同样，如下所述，在来自社会经济地位（Socioeconomic Status, SES）较低家庭（因而存在学业失败风险）的孩子中，选择性注意的关键系统不仅非常容易受到损伤，而且同时也具有高度的增长空间，如单一模式的感觉剥夺实验所证实的那样（Stevens 和 Neville，2010）。因此，我们试图检验以下假设：注意本身是可以被训练的，且注意的作用模式与"力量倍增器"（Force Multiplier）相似，可以使跨领域（认知、思考、技能）的普遍能力得到提高。如果注意的作用能够跨越各种认知加工领域，那么对注意进行训练所带来的益处就能够惠及与学业成就紧密相关的多个领域。正如下面所讨论的，在本研究中，我们同样也会考查遗传和经验在注意力发展中的交互作用。

社会经济地位

大量的学术文章，越来越多地阐释了不同的童年成长环境对儿童认知发展和学业成就的影响（近期综述见 Raizada 和 Kishiyama，2010）。研究使用 SES 指标对这些环境差异进行标准的量化，而 SES 变量旨在衡量父母教育水平、职业声望以及收入的家庭差异（Ensminger 和 Fothergill，2003）。上述测量指标是衡量 SES 最常用的指标，然而许多其他影响家庭环境差异的变量也与 SES 有关，包括父母关爱、压力、生理健康和营养、药物滥用、父母态度以及学校和邻里特征（Bornstein 和 Bradley，2003）。

168

目前研究者们正在探索如何通过测量这些因素的个体作用来解析 SES，而 SES 对于学业成就的整体作用还是相当稳固的。大量研究使用诸如标准化测验分数、成绩和毕业率作为测量指标，发现来自较低 SES 水平家庭的孩子具有学业失败或降低学业成就的风险（如，Duncan，Brooks-Gunn 和 Klebanov，1994；McLoyd，1998；Walker，Greenwood，Hart 和 Carta，1994）。学业成就领域的研究显示，来自较低 SES 水平家庭的儿童在各种高级、严格的课程作业中都表现平平，难以出众（综述见 Burney 和 Beilke，2008）。正如下面所讨论的一样，发展认知神经科学领域的研究已经转而聚焦于学业成就及与其相关的具体认知技能，其中一种重要技能则是注意。

注意的神经可塑性

注意是一个结构复杂的概念，众多研究者在注意的若干构成成分上已经达成了一致。选择性注意是一项将注意力转向目标刺激，并选择特定信号以进一步加工的能力，这种能力既依赖于对兴趣信号的增强，也依赖于对无关干扰因素的抑制。警觉是一种保持机警且集中精力的能力，无论是短暂的还是持续的（Posner 和 Rothbart，2007）。执行功能包括认知灵活性、抑制控制和工作记忆（Diamond，2006）。对于这些成分，选择性注意在大脑不同系统的神经可塑性方面都具有重要的作用。例如，在对猴子的研究中发现，听觉和触觉相关的重要脑区会发生经验依赖的改变；然而，这些改变只有在注意转向相关刺激时才会发生，仅单纯地暴露于相应环境中是没有作用的（Recanzone，Schreiner 和 Merzenich，1993）。一方面鉴于这项研究，另一方面因为注意对学习的关键作用的广泛性，目前本实验室的一个重要研究兴趣就是选择性注意的发展和神经可塑性。

在这项研究中，我们采用的关键技术手段是事件相关电位（ERPs）的记录。ERP是一种非侵入性的电生理测定技术，用于神经加工过程的测定。凭借 ERP 技术，研究者得以"偷听"神经元在加工信息时发送的电信号，就像是用听诊器来"偷听"心脏的功

169

能一样。儿童在完成指定任务时须佩戴一顶特殊的帽子,其中缝制着许多银质的"纽扣",而这些"纽扣"则负责获取并放大儿童在进行实验任务时所产生的相关脑电波。如此一来,ERP 技术就为研究者提供了一个在线测量认知加工过程的多维指标,并具有毫秒级的时间分辨率,且不要求明显的外部行为反应,因此非常适合对幼儿的研究。

运用这种方法,我们使用适于儿童的实验范式测定了持续的选择性注意对于神经加工的作用,该儿童范式是由经过检验的成人范式改版而来(Hillyard 等,1973)。在这项研究中,我们在保证物理刺激、唤醒水平和任务要求恒定的前提下[即"希尔亚德原则"(Hillyard Principle)],对注意进行了操控。例如,对被试呈现处于竞争关系的多个刺激流(如分别对双耳播放不同的听觉刺激链),被试每次需要将注意力转向一侧,以检测被注意的刺激链中的低频事件。通过比较被试在注意一个刺激链和注意转向另一个刺激链时,大脑对相同物理刺激的反应(如音调或者光的闪烁),我们便可以对选择性注意的作用进行测定。运用该范式进行的成年被试研究也同样发现选择性注意可以增强大脑对注意刺激的神经反馈:对于同样的物理刺激来说,在对其注意状态下反应的电信号强度是忽略状态下的两倍,并且这种增强至少在前 100 毫秒就开始了(Hillyard, Hink, Schwent 和 Piction, 1973;Luck, Woodman 和 Vogel, 2000;Mangun 和 Hillyard;1990)。这种早期的注意调控在某种程度上具有领域普遍性,这种现象在多种感觉通道(如听觉、视觉、触觉)中都可以观察到,且在基于刺激的不同属性(如时长和空间位置)进行选择的过程中也同样可以观察到。另外,ERP 对信号增强的过程(对注意刺激具有更强的反应)和抑制干扰因素的过程(对忽略刺激的反应减弱)分别进行表征。

我们已经在一些研究中记录了这种早期注意调控的神经可塑性,而这种调控伴随着不同种类早期经验的增强,其影响甚为深远。在先天耳聋的成人研究中,我们观察到与听觉完好的人相比,聋人在视觉刺激方面具有更强的早期注意调控效应。另外,这些作用仅限于外周视野,而非中央视野(Bavelier 等,2001;Bavelier 等,2000;Neville 和 Lawson, 1987)。同样地,在一项有关听觉空间注意的成人研究中,我们观察到与视力正常的成人相比,先天盲人对听觉空间刺激的早期注意调控更强,但这种效应仅限于外周听觉区(Röder 等,1999)。近来的一项研究中,我们观察到后天盲人并不存在这种早期注意调控效应,这提示我们选择注意的早期神经机制可能会在更早期的发育过程中显示出最强的神经可塑性(就是说,此时的神经系统既可以被增强,同时也容易受损;Fieger, Röder, Teder-Sälejärvi, Hillyard 和 Neville, 2006)。

170

在这种假设前提下,近来的行为研究提示我们,语言或阅读能力较差或者来自较低社会经济地位家庭的儿童常伴有学业失败风险,并表现出注意缺陷的症状(包括信息过滤和排除噪音缺陷;Atkinson,1991;Cherry,1981;Lipina,Martelli,Vuelta 和 Colombo,2005;Nobel,Norman 和 Farah,2005;Sperling,Lu,Manis 和 Seidenberg,2005;Stevens,Sanders,Andersson 和 Nevillie,2006;Ziegler,Pech-Georgel,George,Alanio 和 Lorenzi,2005)。无论是在语言还是非语言领域,我们都能在听觉、视觉两种知觉模态下发现注意缺陷的存在,这提示我们该缺陷具有跨领域普遍性。

为了进一步证实这种假设,我们使用 ERP 技术来检测正常发育儿童和具有学业失败风险儿童的选择性注意的神经机制。我们基于成人范式开发了一种儿童适用的实验范式,在该范式中我们同时播放两个不同的儿童故事,第一个故事对着被试的左耳播放,第二个故事则对着被试的右耳播放,然后我们要求被试将注意转向一侧的故事,同时忽略另外一侧。故事中附加了听觉标记,后者会被 ERP 记录下来。用该范式对正常发育儿童组进行测验,发现了上述早期注意调控的出现(Coch,Sanders 和 Neville,2005)。3 岁大的儿童在加工的前 100 毫秒之内也同样出现早期注意调控(Sanders,Stevens,Coch 和 Neville,2006),这提示我们只要掌握足够的线索,3 岁大的孩子就已经可以选择性地转向两个听觉刺激链之一,而且这种行为会导致刺激加工的前 100 毫秒内注意刺激所激发的神经活动振幅倍增,并相应降低未注意刺激所激发的神经活动振幅。

我们将用该范式对 6 到 8 岁的特殊语言障碍(Specific Language Impairment,SLI)儿童和正常发育儿童进行施测,并对年龄、性别、非言语 IQ 和社会经济地位进行了组间匹配,检验选择性听觉注意的组间差异(Stevens,Sanders 和 Neville,2006)。如图 1(a)、1(c)所示,正如我们之前的正常发育儿童大样本研究那样,在 100 毫秒之内,本研究中正常发育儿童组也出现了早期的注意调控。而与此相反,特殊语言障碍儿童的行为表现说明,他们确实按照指导语完成了任务(图 1(b)、1(d)),除此之外,并未出现注意的神经调节。这些结果提示我们,至少在特殊语言障碍儿童中,在某种程度上注意神经机制的缺陷可能是语言障碍的基础。

在相关的研究中,我们研究了来自于低社会经济地位家庭儿童的选择性注意神经机制。先前的行为研究发现,来自低社会经济地位家庭的儿童伴有选择性注意困难,尤其是在有关执行功能的任务和涉及过滤无关信息或抑制自动反应的任务中(Farah 等,2006;Lupien,King,Meaney 和 McEwen,2001;Mezzacappa,2004;Noble,McCandliss

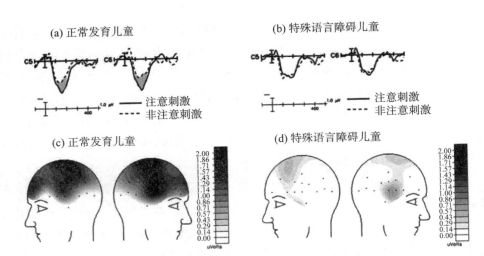

图 1　来自选择性听觉注意 ERP 范式的数据展示早期注意在 100—200 毫秒之间的调节效应。调节效应在注意刺激和非注意刺激之间是不同的，被试包括（a）正常发育儿童（p＝.001；阴影区域）和（b）特殊语言障碍儿童（p＞.4）。早期注意调节效应的电压图展示了这个调节效应发生的位置（较暗区域）；（c）正常儿童的注意调节效应分布广泛；（d）特殊语言障碍儿童没有表现出注意调节效应。数据来自 Stevens 等，2006，由《脑研究》（Brain Research）杂志授权。

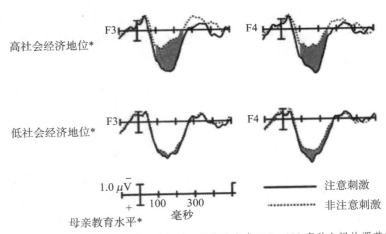

图 2　来自选择性听觉注意 ERP 范式的数据展示早期注意在 100—200 毫秒之间的调节效应，被试包括正常发育儿童（TD）和特殊语言障碍儿童（SLI），两组儿童均参加了为期 6 周、每天 100 分钟的电脑化语言训练项目，在训练前后分别进行了前测和后测。早期注意调节效应的电压图展示这个调节效应（较暗区域）发生的位置。训练之后，特殊语言障碍儿童（p＜.05）和正常发育儿童（p＜.1）相较于没有参加训练的控制组（p＜.01），都表现出早期注意调节效应的增加。控制组在相同时期进行的前后测没有表现出早期注意调节效应的变化（p＝0.96）。数据来自 Stevens 等，2013，由《学习障碍杂志》（Journal of Learning Disabilities）授权。

和 Farah，2007；Noble 等，2005）。我们运用如上任务，观察到社会经济地位较低与较高的儿童相比（图 2），前者在神经加工层面的选择性注意作用较弱（Stevens，Lauinger 和 Neville，2009）。这些缺陷的起因都是过滤无关信息能力的降低。曾有假设提出，如此必要的技能若存在早期缺陷，则会影响到后期的发展和学习（Mezzacappa，2004；Noble，Norman 和 Farah，2005；Stevens，Lauinger 和 Neville，2009）。在众多领域中，注意就像促进加工过程的"力量倍增器"，所以上述影响可能导致儿童在多个学业领域的能力降低。据以往文献报道，来自低社会经济地位家庭的儿童具有学业成就偏低的风险，与上述结果一致。

因此，综合上述聋人和盲人的成人研究，对特殊语言障碍儿童和低社会经济地位背景儿童的研究指向了注意早期机制的两个方面。首先，该机制具有相当强的神经可塑性。其次，该机制的可增强性和易受损性具有跨人群的一致性。由此我们得出假设，如果我们采用干预手段来提高早期环境的丰富性，那么我们就可以保护并增强这种可塑性，也能保护伴有发展缺陷或风险的儿童脆弱的认知神经系统。

遗传的作用

一些非常有信服力的研究发现，如选择性注意这种基本技能随着社会经济地位的不同而不同，且由于这些技能相互依存，我们无法推论造成这种差异的原因就是与社会经济地位和环境等相关的因素。另一个可行的假设是，亲子间共享的遗传因子造成了低社会经济地位相关的环境差异和认知差异。要回答这个问题，方法之一就是直接测量遗传变异对某种认知功能的作用，例如选择性注意。

大量文献记载了涉及神经递质转运、接受和代谢过程的基因变异的影响，它们对于认知功能具有各种各样的作用，而所有的认知功能都与注意息息相关（综述见Savitz，Solms 和 Ramesar，2006）。我们测定了重要神经递质（如多巴胺和五羟色胺）的相关基因对认知行为指标和上文所述选择性记忆的 ERP 记录指标的影响。结果显示，在 3—5 岁的儿童中，某些基因会导致认知行为层面的差异以及选择性注意对神经加工影响的差异（Bell 等，2008；Bell，Voelker，Braasch 和 Neville，审核中）。例如，儿童若携带突变的多巴胺转运相关基因，则其早期注意调控的效应较弱（如上所述）。另外，研究报道，该基因变异与 ADHD 患病率的上升有关（Fan，Fossella，Sommer，Wu 和 Posner，2003；Parasuraman，Greenwood，Kumar 和 Fosella，2005；Rueda，

Rothbart，McCandliss，Saccamanno 和 Posner，2005；Savitz 等，2006）。然而，如下所述，遗传因素与环境特征变量之间存在交互作用。另外，至今为止我们从未观察到在社会经济地位较高和较低儿童之间存在任何等位基因的分布差异。

干预

直接对环境变量进行操控，是另外一种探索环境和社会经济地位之间相关方向的方法。上述研究显示，早期发育过程中选择性注意的机制既容易受损又存在增强空间，因此我们探索了训练注意的可能性。另外，注意可以预测儿童的学业成就，因此本研究也同样检验了注意训练是否会导致学业成就相关的多种认知技能的提升。

在一项研究中，研究者设计了一个用于提高语言技能的计算机干预程序，对儿童进行了 6 周的高强度（100 分钟/天）干预训练，训练结束后，发现无论是伴有 SLI 的儿童还是正常发育儿童，其语言理解能力以及早期注意调控能力都有所提高（Stevens，Fanning，Coch，Sanders 和 Neville，2008；见图 3）。与此相比，对照组的正常发育儿童也进行了相隔 6 周的前测和后测，却并未发现有上述能力的提高（Stevens 等，2008）。在另一项研究中，我们对幼儿园的孩子进行选择性注意机制的检测，这些儿童中的一部分已进入了前阅读技能发展阶段，另一部分则伴有阅读障碍风险。这些儿童从幼儿

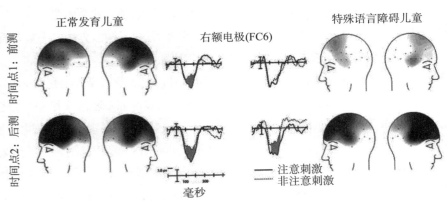

图 3　来自选择性听觉注意 ERP 范式的数据展示早期注意在 100—200 毫秒之间的调节效应，被试是来自不同社会经济背景的 3 到 8 岁儿童。这个调节效应来自高社会经济地位（第一行）和低社会经济地位（第二行）的儿童对注意和非注意刺激（阴影）加工的差异。早期注意调节效应在来自高社会经济背景儿童身上更明显（$p = .001$）。数据来自 Stevens 等，2009，由《发展科学》（*Developmental Science*）杂志授权。

园入学的第一个学期就开始参与我们的研究，研究持续了一个学期，其间我们一直对阅读障碍风险组儿童进行阅读干预（Stevens，Currin 等，2008；Stevens 等，2013）。我们发现到了学年结束的时候，阅读障碍风险组儿童的前阅读技能在行为层面上有了显著提高，并且行为成绩很接近已进入前阅读技能发展阶段的儿童。在这两个研究中，早期注意调控的增强都伴有训练项目所涉及领域的行为改变，包括语言和前阅读技能。

在最近的研究中，我们基于注意神经可塑性的基础研究开发了一个注意训练项目，并进行了实践。最近我们对比了针对学龄前儿童的 8 周训练项目的两种模式，随机抽选了一个试次（Trial），其中包括儿童花半天时间参与"开端计划"（Head Start）课堂活动，对这项研究具体细节的讨论可参阅其他材料（Stevens 等，2010）。"儿童注意力提高"（Attention Boost for Children，ABC）和"亲子纽带—关注注意力"（Parents and Children Making Connections—Highlighting Attention，PCMC-A）这两个项目，都包含儿童训练板块，同时也包含以家庭为单元，对"提早出发项目"的家长、看护者和其他家人（未来的"家长"）进行训练的板块。

对于儿童和家长训练板块，二者都从理论出发并结合研究成果设计活动和指导方法，从而对注意力进行训练，同时又营造了更为轻松、认知刺激更为丰富的家庭环境。这两个项目的区别在于训练的重点不同（一个针对儿童，一个针对家长），以及训练的途径不同（一个在课堂时间外，一个在课堂时间内）。ABC 模式着重于在小组内开展由儿童主导的训练（4—6 个儿童：2 个成人）。儿童训练部分总共持续 8 周，每周 4 天，每天 40 分钟，而且"开端计划"上课日通常被拆出来单独进行。在项目进行的 8 周内，被试要参与 3 次 90 分钟的小组活动和 4 通支援性质的电话指导，每周轮流进行。PCMC-A 模式着重对家长进行辅导，在项目进行的 8 周期间每周授课 2 个小时，通常安排在晚上或周末，指导者在每两次会面之间都会为家长进行电话指导。在 PCMC-A 项目里，家长付出的时间更多，所获得的指导也就更深入。PCMC-A 项目中的儿童主导部分是 ABC 项目的简化版（PCMC-A 项目 8 次会议，ABC 项目 32 次会议）。儿童训练部分持续 50 分钟，与家长训练部分同步进行。

儿童训练部分包含一系列的小组活动，旨在提高儿童的自我意识、自我监控水平以及注意和情绪状态的自我调节水平。从注意的认知模型来讲，这些活动主要是针对注意的某些方面，包括一般警觉性、选择性注意（包含对干扰信息的抑制）、工作记忆和任务转换。同时，这些活动也十分注重让儿童明白注意是一种什么样的体验，同时也

175

关注儿童情绪调控策略的发展,例如在感到挫折和不安的时候通过深呼吸来使自己镇定下来。

上述两种干预过程中,家长主导的部分均包含在小组内进行育儿策略授课的形式,旨在达到以下目标:a)通过可预测、有计划的问题解决策略对家庭压力进行调节;b)通过偶然原则策略来达到家庭结构的一致;c)通过可视化手段(如图片说明)进行认知指导;d)语言改进策略的掌握;e)了解什么是与年龄相符的行为、在各方面可能达到的成就,重点是注意力方面。家长也同样对孩子所参与的注意力训练活动有所了解,项目也会就如何实施家庭内部训练为家长提供建议,以便更好地进行实践。

在 8 周的训练项目中,儿童和家长都进行了前测和后测,以检测训练的成果。首先,项目对儿童进行了认知水平的实验室测量(非言语智力、语言理解、前阅读技能和执行功能),而且还让家长和老师对儿童的社交技能和问题行为进行评分。其次,对父母进行认知测量,包括对压力和育儿信心/能力进行自我报告,并且对家长的言语运用及其与孩子之间的互动行为进行直接观测。

与 ABC 模式相比,儿童和家长测验的数据普遍支持 PCMC-A 模式。家长参与得越多,儿童在非言语智力、语言理解上的分数就更高,不仅如此,家长对儿童社交技能的评分也越高,而对问题行为的评分也越低。项目越注重家长培训,家长的育儿信心和能力就越高,同时育儿压力也越小。另外,在该项目完成后,家长在功能性言语以及与孩子互动方面获得了很大的提高。总而言之,这些数据既肯定了早期儿童项目在促进学龄前儿童注意力和早期入学准备技能发展方面的积极作用,也支持了父母和家庭在为儿童提供综合高效的培养方面所起到的有力作用。

基因—环境交互作用

如上所述,我们以低社会经济地位背景的孩子为样本,研究了遗传对于认知行为测量和选择性注意 ERP 测定的影响。然而,近年来的研究提示我们上述遗传效应具有一定的可塑性,依赖并受到诸多环境因素的影响和控制,包括育儿质量、父母干预以及小团体干预(如 Caspi 等,2003;Caspi 等,2002;Bakermans-Kranenburg 和 van Ijzendoorn,2006;Bakermans-Kranenburg, van Ijzendoorn, Pijlman, Mesman 和 Femmie,2008;Sheese, Voelker, Rothbart 和 Posner,2007)。与此一致的是,越来越多的动物和人类研究记录了早期生活环境条件可以从自上而下、自下而上两个方向对基因表达进行调控,从而影响个体的表型(即基因—环境交互作用;最近的综述见 Meaney,2010)。

越来越多的证据提示我们,遗传对于大脑功能和行为的影响与环境因素之间存在交互作用,实际上它也会受到环境因素的调控。最近,为了探索这种遗传作用究竟在多大程度上受到环境因素的调控,我们在遗传变异性作用的前提下,开始测定对学龄前儿童的干预对认知的行为测量和选择性注意的 ERP 测定的影响(Dennis,2010)。我们观察到,在特定基因上携带不同遗传变异的儿童,其语言、早期阅读能力和其他认知测量成绩的提高程度也有所不同,并且选择性注意对神经加工的影响也存在差异。有趣的是,与前测分数较低相关的遗传因素,同时也与儿童干预后的成绩提高幅度存在相关。这提示我们上述遗传变异可能具有环境敏感性,因此,集中干预对丰富环境因素具有巨大的效力。这就提出了一个有趣的可能:未来为了更好地支持儿童的认知发展和学业发展,遗传信息也许可以作为调控学习环境和教学策略的一项有价值的工具,当然这还有待进一步的研究。实际上,最近人们提出了一项指导未来教育政策的体系,已经意识到了生物发展的前沿研究对于启发制定教育政策的新理念具有潜在的价值(Shonkoff,2010)。

总结

由于儿童早期入学的技能准备非常重要,目前大家对学龄前儿童相关技能训练项目抱以极大的热忱。许多项目都只关注儿童独立参与的注意训练,而本研究则支持更多以家庭为中心的学龄前干预,从而把家长和看护者纳入到更为核心的角色中来。这些发现也突出了家长和看护者在为孩子提供更好的培养环境方面的重要作用,而更好的环境则可以更好地支持儿童注意力和入学准备技能的发展,这同时也肯定了家长和看护者支持孩子生命发展中有意义的改变的重要能力。

致谢

感谢我们的合作者与我们合作完成上述研究。本研究受美国国立卫生研究院(National Institutes of Health,NIH)、国家耳聋与其他交流障碍研究所(National Institute on Deafness and other Communication Disorders,NIDCD)的 R01 DC000481

基金,以及教育学院为海伦·内维尔提供的 IES R305B070018 基金资助。

参考文献

Atkinson, J. (1991). Review of human visual development: Crowding and dyslexia. In J. Cronly-Dillon & J. Stein (Eds.), *Vision and Visual Dysfunction* (Vol. 13, pp. 44 – 57).

Bakermans-Kranenburg, M. , & Van Ijzendoom, M. H. (2006). Gene-environment interaction of the dopamine D4 receptor (DRD4) and observed maternal insensitivity predicting externalizing behavior in preschoolers. *Developmental Psychobiology*, 48,406 – 409.

Bakermans-Kranenburg, M. , Van Ijzendoom, M. H. , Pijlman, F. T. A. , Mesman, J. , & Femmie, J. (2008). Experimental evidence for differential susceptibility: Dopamine D4 receptor polymorphism (DRD4 VNTR) moderates intervention effects on toddlers' externalizing behavior in a randomized controlled trial. *Developmental Psychology*, 44,293 – 300.

Bavelier, D. , Brozinsky, C. , Tomann, A. , Mitchell, T. , Neville, H. , & Liu, G. (2001). Impact of early deafness and early exposure to sign language on the cerebral organization for motion processing. *Journal of Neuroscience*, 21(22),8931 – 8942.

Bavelier, D. , Tomann, A. , Hutton, C. , Mitchell, T. , Liu, G. , Corina, D. , et al. (2000). Visual attention to the periphery is enhanced in congenitally deaf individuals. *Journal of Neuroscience*, 20 (17),1 – 6.

Bell, T. , Batterink, L. , Currin, L. , Pakulak, E. , Stevens, C. , & Neville, H. (2008). *Genetic influences on selective auditory attention as indexed by ERPs*. Paper presented at the Cognitive Neuroscience Society, San Francisco, CA.

Bell, T. , Voelker, P. , Braasch, M. , & Neville, H. J. (under review). *Genetic variation and cognition in young children*.

Bornstein, M. H. , & Bradley, R. H. (2003). *Socioeconomic status, parenting, and child development*. Paper presented at the Monographs in parenting series, Mahwah, N. J.

Burney, V. H. , & Beilke, J. R. (2008). The Constraints of Poverty on High Achievement. *Journal for the Education of the Gifted*, 31(3),171 – 197.

Caspi, A. , McClay, J. , Moffitt, T. , Mill, J. , Martin, J. , Craig, I. W. , et al. (2002). Role of genotype in the cycle of violence in maltreated children. *Science*, 297(5582),851 – 854.

Caspi, A. , Sugden, K. , Moffitt, T. E. , Taylor, A. , Craig, I. W. , Harrington, H. L. , et al. (2003). Influence of life stress on depression: Moderation by a polymorphism in the 5 – HTT gene. *Science*, 301(5631),386 – 389.

Cherry, R. (1981). Development of selective auditory attention skills in children. *Perceptual and Motor Skills*, 52,379 – 385.

Coch, D. , Sanders, L. D. , & Neville, H. J. (2005). An event-related potential study of selective auditory attention in children and adults. *Journal of Cognitive Neuroscience*, 17(4),605 – 622.

Dennis, A., Bell, T., & Neville, H. (2010). *Gene by environment interaction in cognition in young children: Effects of genetic variation on sensitivity to focused intervention.*

Diamond, A. (2006). The early development of executive functions. In E. Bialystok & F. Craik (Eds.), *Lifespan Cognition: Mechanisms of Change* (pp. 70 – 95): Oxford University Press.

Duncan, G. J., Brooks-Gunn, J., & Klebanov, P. K. (1994). Economic deprivation and early childhood development. *Child Development*, 65(2), 296 – 318.

Ensminger, M. E., & Fothergill, K. (2003). *A decade of measuring SES: What it tells us and where to go from here*: Bornstein, Marc H. (Ed.); Bradley, Robert H. (Ed.).

Fan, J., Fossella, J., Sommer, T., Wu, Y., & Posner, M. I. (2003). Mapping the genetic variation of executive attention onto brain activity. *Proceedings of the National Academy of Science*, USA, *100* (12), 7406 – 7411.

Farah, M., Shera, D., Savage, J., Betancourt, L., Giannetta, J., Brodsky, N., et al. (2006). Childhood poverty: Specific associations with neurocognitive development. *Brain Research*, *1110*, 166 – 174.

Fieger, A., Röder, B., Teder-Sälejärvi, Hillyard, S. A., & Neville, H. J. (2006). Auditory spatial tuning in late onset blind humans. *Journal of Cognitive Neuroscience*, *18*(2), 149 – 157.

Hillyard, S., Hink, R. F., Schwent, V. L., & Picton, T. W. (1973). Electrical signals of selective attenton in the human brain. *Science*, *182*(4108), 177 – 179.

Lipina, S., Martelli, M., Vuelta, B., & Colombo, J. (2005). Performance on the A-not-B task of Argentinian infants from unsatisfied and safisfied basic needs homes. *Interamerican Journal of Psychology*, *39*, 49 – 60.

Luck, S. J., Woodman, G. F., & Vogel, E. K. (2000). Event-related potential studies of attention. *Trends in Cognitive Sciences*, *4*(11), 432 – 440.

Lupien, S. J., King, S., Meaney, M. J., & McEwen, B. S. (2001). Can poverty get under your skin? Basal cortisol levels and cognitive function in children from low and high socioeconomic status. *Development and Psychopathology*, *13*, 653 – 676.

Mangun, G., & Hillyard, S. (1990). Electrophysiological studies of visual selective attention in humans. In A. Scheibel & A. Wechsler (Eds.), *Neurobiology of Higher Cognitive Function* (pp. 271 – 295). New York: Guilford Publishers.

McLoyd, V. C. (1998). Socioeconomic disadvantage and child development. *American Psychologist*, *53* (2), 185 – 204.

Meaney, M. J. (2010). Epigenetics and the biological definition of gene x environment interactions. *Child Development*, *81*(1), 41 – 79.

Mezzacappa, E. (2004). Alerting, orienting, and executive attention: developmental properties and sociodemographic correlates in epidemiological sample of young, urban children. *Child Development*, *75*(5), 1373 – 1386.

Neville, H. J., & Lawson, D. (1987). Attention to central and peripheral visual space in a movement detection task: An eventrelated potential and behavioral study. II. Congenitally deaf adults. *Brain*

Research, *405*, 268 – 283.

Noble, K., McCandliss, B., & Farah, M. (2007). Socioeconomic gradients predict individual differences in neurocognitive abilities. *Developmental Science*, *10*, 464 – 480.

Noble, K. G., Norman, M. F., & Farah, M. J. (2005). Neurocognitive correlates of socioeconomic status in kindergarten children. *Dev Sci*, *8*(1), 74 – 87.

Parasuraman, R., Greenwood, P. M., Kumar, R., & Fosella, J. (2005). Behond heritability: Neurotransmitter genes differentially modulate visuospatial attention and working memory. *Psychological Science*, *16*, 200 – 207.

Posner, M., & Rothbart, M. K. (2007). Research on attention networks as a model for the integration of psychological science. *Annual Review of Psychoogy*, *58*, 1 – 23.

Raizada, R. D. S., & Kishiyama, M. M. (2010). Effects of socioeconomic status on brain development, and how cognitive neuroscience may contribute to levelling theplaying field. *Frontiers in Human Neuroscience*, *4*.

Recanzone, G., Schreiner, C., & Merzenich, M. (1993). Plasticity in the frequency representation of primary auditory cortex following discrimination training in adult owl monkeys. *Journal of Neuroscience*, *12*, 87 – 103.

Röder, B., Teder-Sälejärvi, W., Sterr, A., Rösler, F., Hillyard, S. A., & Neville, H. J. (1999). Improved auditory spatial tuning in blind humans. *Nature*, *400*(6740), 162 – 166.

Rueda, M., Rothbart, M., McCandliss, B., Saccamanno, L., & Posner, M. (2005). Training, maturation, and genetic influences on the development of executive attention. *Proceedings of the National Academy of Science*, *USA*, *102*, 14931 – 14936.

Sanders, L., Stevens, C., Coch, D., & Neville, H. J. (2006). Selective auditory attention in 3-to 5-year-old children: An eventrelated potential study. *Neuropsychologia*, *44*, 2126 – 2138.

Savitz, J., Solms, M., & Ramesar, R. (2006). The molecular genetics of cognition: dopamine, COMT and BDNF. *Genes*, *Brain*, *and Behavior*, *5*, 311 – 328.

Sheese, B. E., Voelker, P. M., Rothbart, M. K., & Posner, M. I. (2007). Parenting quality interacts with genetic variation in dopamine receptor D4 to influence temperament in early childhood. *Developmental Psychopathology*, *19*(4), 1039 – 1046.

Shonkoff, J. P. (2010). Building a new biodevelopmental framework to guide the future of early childhood policy. *Child Dev*, *81*(1), 357 – 367.

Sperling, A., Lu, Z., Manis, F. R., & Seidenberg, M. S. (2005). Deficits in perceptual noise exclusion in developmental dyslexia. *Nature Neuroscience*, *8*, 862 – 863.

Stevens, C., Currin, J., Paulsen, D., Harn, B., Chard, D., Larsen, D., et al. (2008). *Kindergarten children at-risk for reading failure: Electrophysiological measures of selective auditory attention before and after the early reading intervention*. Paper presented at the Cognitive Neuroscience Society, San Francisco, CA.

Stevens, C., Fanning, J., Coch, D., Sanders, L., & Neville, H. (2008). Neural mechanisms of selective auditory attention are enhanced by computerized training: Electrophysiological evidence from languageimpaired and typically developing children. *Brain Research*, (1205),55 – 69.

Stevens, C., Fanning, J., Klein, S., and Neville, H. (2010). Development and comparison of two models of preschool attention training. *IES 5th Annual Research Conference*.

Stevens, C., Harn, H., Chard, D., Currin, J., Parisi, D., & Neville, H. (2013). Examining the role of attention and instruction in at-risk kindergarteners: Electrophysiological measures of selective auditory attention before and after an early literacy intervention. *Journal of Learning Disabilities*.

Stevens, C., Lauinger, B., & Neville, H. (2009). Differences in the neural mechanisms of selective attention in children from different socioeconomic backgrounds: An event-related brain potential study. *Developmental Science*, 12(4),634 – 646.

Stevens, C., and Neville, H. (2010). Different profiles of neuroplasticity in human neurocognition. In S. Lipina and M. Sigman (Eds.), *Cognitive neuroscience and education*.

Stevens, C., Sanders, L., Andersson, A., & Neville, H. (2006). *Vulnerability and plasticity of selective auditory attention in children: Evidence from language-impaired and second-language learners*. Paper presented at the Cognitive Neuroscience Society, San Francisco, CA.

Stevens, C., Sanders, L., & Neville, H. (2006). Neurophysiological evidence for selective auditory attention deficits in children with specific language impairment. *Brain Research*, 1111,143 – 152.

Walker, D., Greenwood, C., Hart, B., & Carta, J. (1994). Prediction of school outcomes based on early language production and socioeconomic factors. *Child Development*, 65,605 – 621.

Ziegler, J. C., Pech-Georgel, C., George, F., Alanio, F. X., & Lorenzi, C. (2005). Deficits in speech perception predict language learning impairment. *Proceedings of the National Academy of Science*, USA, 102(39),14110 – 14115.

发展中的大脑

11

婴儿的大脑构造

吉莱纳·迪昂-兰贝茨（Ghislaine Dehaene-Lambertz）

当思及"教育"，我们脑海中通常浮现的是发生在学校场景中正式的传道授业解 185
惑。然而如今，发展性研究已经表明，婴儿们的学习始于生命最初的第一天。小型家
庭范围内的这种非正式教育才是使我们真正成为人类的基础。认识身边的其他人、理
解他或她所说的话、叙述故事、散步、奔跑、唱歌、计算空间和数字、识别三维客体，等
等，所有这些基本技能都是从很早就开始的复杂学习过程的结果。由于报告婴儿出生
后一个月内行为的研究非常稀缺，所以父母们和研究者们很难真正了解婴儿在这个阶
段的所想、所感和所学。也正是由于这个原因，在很长一段时间里，我们都忽略了婴儿
的这种早期学习能力。如今，借助于无创性神经影像技术的发展，我们对这一人生阶
段的丰富性有所了解，发现其实这一阶段中父母是孩子们的天然教师。这些新的研究
工具能帮助研究者更好地探索婴儿的早期能力和他们的皮层基础。威廉·詹姆斯
（William James，1892）假设婴儿早期属于杂乱无章的混沌。但研究者通过这些新工
具展示了一种虽仍处于早期但已相当复杂的组织，它能够让婴儿从杂乱无章的混沌中
脱离，与外部世界产生交互影响。与威廉·詹姆斯的观点相反，其实人类大脑早期的
特定组织已经为婴儿提供了对外部世界进行学习的卓越工具。

人不仅拥有一段漫长的发展阶段，而且不同的皮层区域也有不同的成熟时间进
程。在整个童年不断发展的过程中，神经网络同样也不断得到发展，并赋予儿童大脑
功能特征。但由于不同皮层区域的成熟阶段不同这一特征，使得信息在神经网络中的
传播产生了一定的生理性限制。长期以来，研究者将婴儿的大脑描述为分布在大片功
能不成熟的区域中的一些具备功能的皮层小岛。一些脑成像研究显示，婴儿的思维活
动包含了所有皮层区域的参与。但是不同区域的局部加工有效性和信息传播速度是
不同的，这也解释了婴儿认知的特定状态。而我在此想要表明的是，我们应该将有关
生理脑的更好的描述运用到人类学习和发展研究中。我们在对学习法则进行假设的

时候,应该充分考虑到神经"硬件"的约束,也应该把特定年龄段的激活网络所提供的计算性能考虑在内。在此,我将会从语言习得这个方面来阐述我的观点,并向读者展示早期大脑结构是如何提升人类语言学习的。

186   神经心理学和脑成像研究已经清楚地界定了成人语言加工时所涉及的大脑区域。这些区域包括了左半球的大部分区域,由两条主要通路连接的颞上区和额下区组成。这两条主要通路之一是背上侧通路,它由弓状束和包括 44 区在内的颞后区和顶下区组成;而另一条则为腹侧通路,它经过钩状体和最外囊,与包括 45 区在内的颞前区相连(Anwander,Tittgenmeyer,Von Cramon,Friederici 和 Knosche,2007;Frey,Campbell,Pike 和 Petrides,2008)。目前,已有三种模型在讨论这个网络的发展。第一个是成熟模型,这个模型假设:大脑结构中,最初只有主要区域和次要区域已成熟到可以对诸如语言这种复杂而又快速的刺激进行反应。因此脑成像研究的结果显示,最初语言所引起的激活应该只限定在接近赫氏回的颞上区。随后,随着成熟进程的发展,有效网络逐渐聚合为成人的成熟模式,为儿童提供更多资源来加工语言。因此在成熟模型中,生命起初三年内可观察到的行为发展,是与能够参与处理越来越复杂运算的大脑区域的不断发展联系在一起的。不同的是,联结主义假设,婴儿的大脑可能有冗余联结,而在成人大脑结构中,稳态网络的不同区域间却是相互竞争的。这种模型假设,婴儿的脑激活应该比成人的更扩散,而且婴儿与成人之间相同的行为可能也由不同的皮层分布予以支撑(Johnson,2001)。第三种模型假设,大脑组织进化程度的改变才是最关键的因素,它为人类提供了语言能力。这相当于婴儿已经备了一个可以促进语言习得的工具箱。这个工具箱的神经基础是经典区域所在的那些特定组织。

    结合结构像和功能像的研究来看,我们的研究结果更符合第三种模型。它们表明,语言学习基于三个网络:首先,早期的外侧裂区域的不对称组织,使语言加工偏于左侧;其次,语言网络以颞叶内的局部联结为基础,同时与顶叶,尤其是额叶存在着远距离联结;第三,这种语言网络与社会系统存在强烈的相互作用。

人类大脑中的不对称组织

形态不对称性

    大脑不对称组织的顶点围绕在外侧裂后部区域,这是人类大脑的一个显著特征。

187 人类大脑中右侧前额区域向前推,而左侧枕部区域则向后推,这种扭转运动使中线向右侧偏转（Yakovlev，1962），并使大脑右侧裂上升，超过了左侧的高度（LeMay，1984）。这使颞叶后部（Toga 和 Thompson，2003；Van Essen，2005）延伸到颞平面的区域在左右两侧产生了形状上的显著不同（Geschwind 和 Levitsky，1968）。另一项脑成像研究显示的脑结构不对称则是在以赫氏回为基础的右侧颞上沟深处（Glasel 等，2011；Ochiai 等，2004）。最后，赫氏回本身，主要负责初级听觉加工的地方，左侧要更厚一些，即使在聋人中也是如此（Emmorey，Allen，Bruss，Schenker 和 Damasio，2003）。这说明，这种不对称性是既成的，而不是接触口语环境的结果。

人类大脑的发展也是非常不对称的。一些位于右侧的大脑沟壑要比左侧对应部分早出现一至两周（Chi 等，1977；Dubois 等，2008）。在胎儿期还观察到更长或更多的大脑右侧裂，以及更大的左侧颞平面（Chi，Doolings 和 Gilles，1977；Cunningham，1982；Wada，Clarke 和 Hamm，1975；Witelson 和 Pallie，1973）。因此在出生时，婴儿大脑就已经出现了一些成人期可观察到的重要不对称结构。例如，第一，根据雅可夫林（Yakovlean）所提出的扭转而得到的右半球沟裂的伸长和缩短；第二，更延伸的左侧颞平面；第三，更厚的赫氏回；以及最后，更深的右侧颞上沟（图1，第232页；Glasel 等，2011；Hill 等，2010）。

在某些灵长类动物的大脑中也观察到了这种不对称性。目前研究已经发现，灵长类动物的大脑可能同样存在更长的左侧裂（Yeni-Komshian 和 Benson，1976）、更大的左侧颞平面（Cantalupo，Pilcher 和 Hopkins，2003；Gannon，Holloway，Broadfield 和 Braun，1998；Gilissen，2001；Hopkins 等，2008），以及额下区域偏左的不对称性（Cantalupo 和 hopkins，2001）。但还没有研究关注人脑研究新发现的更深的右侧颞上沟。对灵长类动物的大脑进行比较后发现，在黑猩猩脑中并未发现右半球额叶左侧到枕叶的扭转，但在大猩猩脑中这种左侧枕叶的扭转却非常明显（Gilissen，2001）。然而时至今日，这些不对称性并不像人类那样系统和明显，这为人类大脑外侧裂区域受到进化压力的影响而增加了人类世代中的这些特性说法提供了解释。

研究还发现了一些人类大脑中不对称结构的基因表达。如 LMO4 是妊娠期12到14周之间形成的大脑右侧偏向不对称性的基因表达（Sun 等，2005）。尽管负责脑回发展的基因表达是全脑对称的（Johnson 等，2009），但76％的人类基因在妊娠18至23周就已经在胎儿脑中表达了，其中44％受到不同的调节。由于多重交互作用、可能对脑室下区结构大小有局部调节作用的不对称基因表达（Kriegstein，Noctor 和 Martinez-Cerdeno，2006）以及随之而出现的皮层区域形状的改变等而在不同区域里

188

产生了复杂的模式。它还可能调节与这些区域或多或少有联结的纤维束。在我们的研究中，没有发现不同不对称结构（颞平面、赫氏回和颞上沟）之间的相关性，这说明这些功能可能各自与独立的基因表达相关（见图 1，第 232 页）。

这些结构上的左右差异有功能上的影响吗？

　　虽然结构上的不对称早期就存在了，但它们是否助长了功能上的不对称呢？由于早期脑损伤比成人期的脑损伤恢复得更好，一些专家，如勒纳伯格（Lenneberg，1967）假设：在生命早期大脑功能可能是等位的。然而正常婴儿的脑成像研究已经否定了这一假设。尤其是颞平面这一区域，显示出取决于呈现刺激的半球偏侧化。当婴儿接触到的刺激是语言刺激时，大脑网络中左侧激活更加明显（Penal 等，2003），在两个月大的婴儿参与的测试中结果就是如此（Dehaene-Lambertz，Dehaene 和 Hertz-Pannier，2002；Dehaene-Lambertz 等，2010）。并非任何能造成脑激活的复杂刺激都会有这种非对称性，钢琴旋律对于两侧脑平面来说，产生的激活是对称的（见图 2，第 232 页；Dehaene-Lambertz 等，2010）。同时研究者也观察到了在非语言刺激（Perani 等，2010；Telkemeyer 等，2009）或不正常言语（无精打采或哼哼）与正常言语的对比（Homae，Watanabe，Nakano，Asakawa 和 Taga，2006）时出现的朝向右侧的激活不对称性。相比之下，迪昂-兰贝茨等人（Dehaene-Lambertz 等，2002）在顺序或逆序呈现句子时没有观察到两者之间的差异。尽管逆序言语中的韵律信息对于婴儿来说并不具有可用性（如他们不能区分逆序的法语和逆序的俄语，但可以在正常语序的句子里做到），但一些语音信息（如摩擦音、元音）仍然能起到一定的作用，言语刺激的快速声学变换特征在逆序言语中仍然呈现，而在奥马等人（Homae 等，2006）所采用的言语刺激中则没有呈现。因此，这种言语刺激所产生的早期左侧偏侧化现象，应该是与这种信号中的快速转换有关。

　　事实上，人在出生时耳蜗水平上就已经有了不对称性：左侧对于语调有更大的耳声发射，而右侧则对滴答声有更大的耳声发射（Sininger 和 Cone-Wesson，2004）。因为这些耳声发射是由橄榄耳蜗传出神经调节的，而橄榄耳蜗传出神经本身是由对侧听觉皮层调节的（Perrot 等，2006）。但要找到这些周围不对称性的皮层或皮层下起源却是不太可能的。在成人中，左侧听觉皮层通常有更好的时间分辨率（Boemio，Fromm，Braun 和 Poeppel，2005；Zatorre 和 Belin，2001），而且会在短时间（20—50 毫秒时间段）内整合输入信息，这与语音长度大致符合。相比之下，右侧听觉皮层倾向于整合时长为 100—300 毫秒时间段的信息,并对较慢的声学调节更敏感(Giraud 等,2007)。与成人大脑相比,婴儿的大脑由于轴突髓鞘化程度较低,且皮层网络效率也较低,因此联系较慢。这就要求在将研究结论推广到早期年龄阶段之前,需要先对婴儿大脑基于半球间不同加工速度差异,以及左半球在言语的时间单位上激活振荡变化的相关论断进行验证。值得进一步注意的是,仅仅靠声学参数并不能充分地解释所有偏侧化结果。比如众所周知,成人对于语调或元音的知觉或多或少的左侧偏侧化,这依赖于个体的语言参数(Gandour,2002;Jacquemot,2003)。婴儿中也是类似的:我们已经发现,两个月大的婴儿加工同一元音时,尽管语言(元音识别)加工和声学参数(说话者识别)加工都依赖于频谱分析,却是在左右半球平行发生的(Bristow 等,2009)。因此,如同在成人中一样,声学参数并不足以解释大脑回应的偏侧化,而且我们需要更多功能和结构的研究来了解到底是什么使得言语加工偏向于左侧。但结构标记和功能结果至少指出,早期左右半球早于语言发展或不跟随语言发展的不同发展轨迹或许是一种原因(见图 2,第 232 页)。

早期语言网络

人在休息时,皮层区域间 MRI 信号的自发波动是同步的。成人研究已经显示,不仅在不同的感觉区域间有这种相关激活一致的模式,在高级认知系统里也是如此。一些研究(Fransson 等,2009;Fransson 等,2007)发现,婴儿甚至早产儿脑中也存在与成人研究中观察到的相似的网络。这些结果强调了这样一个事实:短距离联结和长距离联结不仅存在,而且可能在所有神经元还在皮质板上时就已经在亚板中发挥作用了(Kostovic 和 Judas,2010)。这种区域网络在早产阶段(母体受孕后的 26 周)的最早期就被观察到了。这也强调了大脑特定的基本功能组织在怀孕早期就已经定型了,这与结构主义假设的主要观点相矛盾。

190

颞上叶的一系列结构

激活模式强调大脑中处理不同功能特性的区域是相互隔离的。对于语言而言,激活并不会扩散到整个皮层,但是会保持在成人的语言网络里,例如外侧裂周区。这个网络并不只包括听觉皮层邻近的区域,也从颞上区延展到顶叶和额叶区域。这些区域分别对应特定的功能,在功能上并不相同。首先,颞上区域可以根据其不同的激活速度分成几个区域(Dehaene-Lamberz,Hertz-Pannier 等,2006)。对一个句子进行回应的过程是从初级听觉皮层的激活开始的,随后向颞上回后部区域传递,再向颞极和额下区域(布洛卡区)传递(见图3,第233页)。由于其中包含的各种延迟(几秒)在传递过程中会产生作用,这种组织不太可能单一地反映突触的延迟。更进一步而言,这种颞叶上的阶梯式激活可能是不同认知操作的结果。这些不同的认知操作可以整合越来越大和越来越抽象的言语单元,甚至可能需要更多的加工时间或者更持久的激活。现在,我们已经在婴儿研究中验证这种假设,并在成人研究中观察到了这种随着韵律结构的增加,激活也随之增加的现象(Dehaene-Lambertz 等,待发表)。

　　其次,也可以根据颞上区域对重复现象的反应划分出一些亚区域。当向婴儿呈现一个句子并立即进行重复时,可以在他们言语激活的腹侧部分观察到一个重复抑制效应(Dehaene-Lambertz 等,2010)。而在成人研究中也会观察到相似的效应(Dehaene-Lamberz,Hertz-Pannier 等,2006)。

　　这种抑制可以被解释为颞叶靠上的区域为声学或如语音或音节等基本语言片段编码的区域,这些声学或语言片段在句子中会不断变化,或者在这些脑区中的记忆缓冲特别短。相较而言,颞上叶靠下的区域可以探测到整句重复,这说明它们是在一种更加整体的水平上进行编码的,或者它们在探测到句子重复的几秒里可以保留一种特定的声学/语言片段的记忆。

191　　最后,跨通道呈现的言语加工是在颞上沟进行的。首先视觉呈现发音的口部运动,但是没有声音,如果接着听觉呈现的元音与之前呈现的音节运动一致,颞上沟区域的电生理反应会比不一致情况下产生的电生理反应低一些;在颞上区域靠下的部分也是如此;而靠上的部分对于视觉信息却是无关的(Bristow 等,2009)。这三个实验指出:为越来越复杂的声音表征编码的层级区域沿着背腹侧呈阶梯式激活,并且从后部向顶颞联合区延伸,或从前部向颞极延伸。人类颞叶所呈现的这种层级结构与猴子大脑的结构是同源的(Kaas 和 Hackett,2000;Pandya 和 Yeterian,1990)。因此很有可能是人类再利用了一个之前已经存在的、灵长类动物用来加工层级听觉表征的系统(Dehaene 和 Cohen,2007)来加工人类语言。这样一系列由加工单元构成,并可以有更长整合时间窗口的组织,将会为婴儿提供充足的工具来分割语言流中的韵律成分。

　　研究者也偶然在皮层微型结构中发现了颞上区域分工的证据。我们使用磁共振T2权重(T2w)信号作为皮层微型结构,尤其是其成熟程度的直接观测窗口(见图4,第234页)。如细胞膜的扩张(轴突和树突的生长,不同类型神经胶质细胞的增殖),构成髓鞘的疏水蛋白脂的增加和铁蛋白的沉积等微型结构的成熟过程（Fukunaga 等，2010），改变了游离水和结合水的比例，也由此降低了 T2w 的信号。我们使用基于这种信号的指标，已经测查了 14 名 1—4 个月大的婴儿语言网络的成熟情况。沿着颞上区域有一条成熟度明显逐步降低的背腹侧梯度（颞平面＞背侧颞上沟＞腹侧颞上沟）。更进一步，我们还发现成熟度也有明显的不对称性，左侧颞上沟要落后于右侧颞上沟（Leroy 等，2011）。这个发现可能会与之前提到的功能性研究有所冲突，因为之前的研究认为对听觉刺激反应的颞叶区域是双侧化发展的。功能不对称的位置更靠后，在颞平面上。但研究却发现，除了靠近赫氏回的一小部分区域右侧的成熟程度高于左侧，功能不对称的这个区域的成熟情况却是对称的。因此，语言网络的功能偏侧化并不能看成是一侧比另一侧更成熟的结果。这意味着什么呢？这是这两个区域不同命运的早期证据。事实上，在整个生命周期中，这两个颞上区域的发展和成长不尽相同（Paus 等，1999；Sowell 等，2003；Sowell 等，2002）。我们暂时不考虑这些结构上的差异是怎样与功能联系的。但是这些观察到的结果强调了两侧颞上沟不同的遗传命运。除了语言，颞上沟还负责一些重要的功能，比如社会联系、生理运动知觉和听—视觉整合等（Hein 和 Knight，2008），所以需要进一步的研究来理解这个区域发展的不对称模式是怎样有助于发展人类言语或非言语交流系统的。其中一种假设是左侧成熟的延迟可能对环境影响语言表征是有益的。

长距离联结：声音模式的存储在顶下区域，记忆在额下区域

当婴儿听到言语时，大脑激活并不只局限在颞叶。一个包含顶叶和额叶区域在内的更为广阔的大脑网络被用来提供其他有用的计算资源。对比顺序和逆序的言语引起的反应，顺序的言语在颞顶联合区引起了更大的激活。这个区域在成人加工词汇时会引起比加工非词时更多的激活（Binder 等，2000），而且这个区域还被形容成存储听觉形式的母语的字典。这个年龄的婴儿已经学习了他们母语的韵律规则（Dehaene-Lambertz 和 Houston，1998），而且能够识别一个句子是否来自他们的母语。我们可以由此认为，这个区域作为母语形式的原始词汇词典，存储了这个年龄编码的最佳单元（例如母语轮廓）。相较于婴儿，成人的这个区域的皮层要更厚一些，不管是非常熟练的双语者或在儿童早期就学过第二语言的成人都是如此（Mechelli 等，2004）。这也确定了这个区域在早期或熟练语言学习中的重要作用。

另一个非常重要的区域是左侧额下区域。两个月大的婴儿可以探测到一系列音节中一个语音的变化,甚至在延迟 2 分钟后仍能察觉(Jusczyk,Kennedy 和 Jusczyk,1995)。因此他们可以在短时间内维持一系列声音,就像成人可以在拨号时想起电话号码一样。成人的这种短时记忆的神经基础是穿过弓状束将颞顶联合区与额下皮层相连接的语言背侧通路。我们在婴儿身上也记录到他们在句子或音节重复时,左侧额下区域会产生由这些重复刺激引起的激活增强(Bristow 等,2009;Dehaene-Lambertz,Hertz-Pannier 等,2006)。这种额叶区域的重复强化效应与颞上区域出现的重复抑制效应形成对比,显示出婴儿为此付出的努力。成人在保持追踪重复刺激,或对这类刺激感知有困难时,重复增强也会经常出现。

过去额叶区域总被认为是未成熟的,不能够维持有效的功能活动。这一论断是基于一系列尸检和 PET、单光子发射计算机断层扫描(Single-Photon Emission Computed Tomography,SPECT)研究而得出的。这些研究发现了一些结果,例如额叶区域和一些主要皮层之间存在一个重要的间隔。然而这些研究是从病童的尸检结果中测量和观察到的,代谢研究的空间分辨率也有可能不足。它们和前文所提到的结果(参见 Grossman 等,2008)有所矛盾,前面一系列研究已经报告了婴儿在知觉社会性线索时前额皮层会呈现激活状态。我们使用上面提到的 T2w 标准化指标,比较了额叶和颞叶语言区域的成熟程度。令我们惊讶的是,我们观察到的最不成熟的区域并不是额下区域,而是左半球腹侧颞上沟区域,它的成熟程度落后于我们测量的其他所有结构(见图 4,第 234 页)。正如我们所预料的一样,主要皮层(运动、感觉和听觉)是最成熟的区域。其次,相较于颞平面,额下沟、中央前区域和所有布洛卡分支都被分在中等成熟的类别。这个网络中最不成熟的区域包括背侧和腹侧的颞上沟集合,以及比它们更不成熟的左腹侧颞上沟集合。因此功能研究和结构研究的结果没有一致之处。它可以很好地解释我们所观察到的为何婴儿的额下区域会参与到功能活动中。更有甚者,相关分析显示,颞部和额部区域不是独立发展的,而是在 44 区和腹侧颞上沟后部之间显示出相关的个体间变化,超过了与年龄相关的变化。在使用皮层厚度作为变量的青春期个体研究中(Lerch 等,2006),也发现了相似的结果。因此已经有研究者计划对远距离大脑区域之间皮层微结构的相关变异进行研究,来探索人类大脑的结构(Chen,He,Rosa-Neto,Germann 和 Evans,2008)。

前部和后部的语言区域是由经过背侧语言通路的弓状束所相连的。弥散张量磁共振成像序列可以用来追踪白质束的成熟情况。随着髓鞘化的发展,白质束中水的弥散量降低,部分各向异性(Fractional Anisotropy,FA)增高。我们测量了顶叶弓状不对称的部分,发现左侧的 FA 值比右侧较高,证明左侧髓鞘化更快或神经束更紧实。这种不对称性与 44 区和颞上沟后部灰质成熟不对称是相关的(见图 5,第 234 页)。

　　总而言之,我们观察到属于背侧语言通路区域的成熟性之间有所关联。由此这条背侧通路可能为音节(Bristow 等,2009)或句子(Dehaene-Lambertz,Hertz-Pannier 等,2006)重复时布洛卡区的激活增强提供了神经基础。语言习得主要是指通过对语言输入进行统计分析后转化为母语特征的自下而上的加工。这种背侧通路的早期参与会改变我们的看法吗? 这种系统可以提供什么新的计算资源类型呢? 与其他灵长类动物相比,人类的弓状束非常重要(Rilling 等,2008),而且明显参与到基于工作记忆的语音环节。工作记忆不只是成年人回忆电话号码时需要使用,而且可能在语言习得初期至关重要,它可以增加听觉缓冲期的持续时间,为分析语音信号提供一个较长的时间窗口。背侧通路通过与运动和躯体感觉区域紧密联系的 44 区,为婴儿提供了语言知觉和语言产生系统之间的早期接口(Petrides 和 Pandya,2006)。因此,44 区可以被看成功能中心,存储了听觉刺激、视觉刺激和本体感受刺激所需的跨通道模板。这个交叉区域处于实现两项功能的恰当位置。第一,它可能会通过传输所发声音和内部模板之间听觉差异的这种失匹配信号来促使婴儿产生运动。第二,它可能促使婴儿通过模仿照顾者语言产生和减少与目标之间差距的努力而加强母语语音对比中的听觉表征。事实上,婴儿会很快融入于社会情境,寻求目光接触,模仿成人的动作,例如从出生就开始的嘴部张合。他们也会很快在社会交往中开始发出声音,或对听到的语言刺激进行反应,这个过程也与模型的发展过程契合程度越来越高(Kuhl 和 Meltzoff,1996)。斯科特等人(Scott 等,2009)提出,额下区域对于成人进行轮流对话非常重要。因此,在额叶和颞叶区域将会超前地建立一个经过弓状束的有效环形通路,来加强知觉和语言产生中使用语音表征的频率。与这个假设一致的是,伊曼达等人(Imada 等,2006)使用 MEG 进行研究,发现了新生儿、6 个月大和 12 个月大的婴儿在对元音反应时额叶激活的渐进性发生情况。这种激活和 44 区表征变形的顺序协调可能都为个体神经元所支持,正如里佐拉蒂(Rizzolati)和他的同事描述的恒河猴的运动神经元一样(Kohler 等,2002; Rizzolatti 和 Craighero,2004)。

社会网络的相互作用

　　语言不是孤立的功能。婴儿也可以使用语言与其他人交流,并且快速融入与照顾者的互动。仅仅暴露在语言中并不能充分习得一种特定语言，这已经被库尔等人（Kuhl 等，2003）有力地证明了。这些研究者的报告指出，9 个月大的英语母语婴儿可以保持分辨外来（广东话）语音对比的能力，但这种能力仅在他们与说中文的人一起玩时才出现，而当他们仅仅是暴露在说话者的录像或者录音中时，这种能力就消失了。因此，在儿童交流活动中，被动地暴露而不主动参与并不是保持这种分辨语音对能力的充分条件。事实上，我们的研究发现，语言网络和其他可能促进其效率的系统是相联系的。举个例子，清醒的婴儿在听到他们的母语时，会在右半球额叶区域呈现激活增强（见图 6，第 235 页）。这可能与识别已知刺激所产生的警觉增强有关，或者与更加特定的语言记忆识别加工有关，这种加工与顶叶存储的母语语调轮廓有关。

　　第二个例子是由妈妈的声音所引起的广泛的激活（见图 7，第 235 页）。行为学研究指出，刚刚出生的婴儿已经可以识别妈妈的声音了（DeCasper 和 Fifer，1980；Mehler，Bertoncini 和 Barriere，1978）。我们使用 fMRI 观察到，婴儿听到他们妈妈的声音，和听到之前参与研究的其他婴儿的妈妈的声音相比，所测量到的激活有一些差异之处。首先，妈妈的声音会在婴儿的左侧颞叶后部引起更高的激活（见图 2，第 232 页）。这个区域是背侧语言通路的一部分，并参与到成人的语音表征中（Caplan，Gow 和 Makris，1995），而且在使用事件相关电位记录婴儿语音失匹配响应时，左侧颞叶后部被认为是可能的皮层来源（Bristow 等，2009；Dehaene-Lambertz 和 Baillet，1998）。这些结果支持了这样一个观点：婴儿的语音加工对谈话者的特征是非常敏感的，而且这种能力在听到一个非常熟悉的声音，例如妈妈的声音时会得到提高。这个结果与一个行为研究的结果一致。该行为研究发现在呈现干扰性背景谈话的情况下，相较于与不熟悉的谈话人交流，婴儿在和妈妈交流时能更好地听到词汇（Barker 和 Newman，2004）。我们的发现也可以解释为什么妈妈话语的清晰性对婴儿语音分辨能力有巨大的影响（Liu，Kuhl 和 Tsao，2003）。这也再次证明了我们以上提到的动态模型。在这个模型中，语音表征通过与照顾者的互动而增强，这多亏了背侧通路中颞叶区域前部自上而下的影响。

　　第二，妈妈的声音会在一些区域引起显著的血氧水平依赖负反应，例如眶额皮层、壳核和杏仁核等区域，这部分区域一般与成人的情绪加工有关。这指出，在婴儿语言和情感网络之间存在有趣的潜在联系，它可能在学习过程中扮演着重要的角色。最后，妈妈的声音所激活的前额皮层前部和未知声音激活的眶额皮层之间有着一种平衡关系（见图 7，第 235 页）。这让人想起当成人在想到自己或其他熟悉的人时，与想起不认识的人时所引起的激活,在额叶区域存在空间分离(Amodio 和 Frith,2006)。当将关注外部世界和内部阶段所引起的激活进行对比时,也会出现此现象(Wicker,Ruby,Royet 和 Fonlupt,2003)。婴儿大脑组织再一次显示出它与成人大脑的表现如此接近。已有研究报告 4 个月大的婴儿在知觉交流线索时会出现额叶前部的激活(Grossmann 等,2008),这种激活在 1 岁大的婴儿看见他们妈妈的笑脸,而非不认识的人脸时也会出现(Minagawa-Kawai 等,2009)。因此,这个区域可能对于母婴联系和情感依恋有重要作用。

总而言之,神经影像学研究为婴儿发展提供了新的视角。与结构主义的主张相反,结构化组织从第一天开始就已经出现,即使在早产很多的婴儿身上也有如是发现(Smyser 等,2010)。这种特定的组织为婴儿加工外部世界提供了计算工具中的"瑞士军刀"。我们在此通过语言的例子可以发现,一些成人大脑的特性(如不对称性在成熟阶段之前就已经存在了)和一些完整的功能通路(如背侧语言通路)等,可以解释婴儿是如何轻松地学会他们的母语的。这种对神经结构的强调并非对环境因素重要性的否认。相反,我们已经知道,语言网络与情感、注意网络存在内在的关联,强调了婴儿积极参与学习说话和学习与其他人说话两种过程中的事实。人类进化所选择的这种最有效率的原始结构,帮助婴儿在环境中选择正确的线索,以便建构丰富而又庞大的人类社会群组。依靠脑成像的发展,我们能够更好地理解大脑发育中的结构和功能特性,可以更好地定义人类思维的神经运算法则,这些新的研究进展已经开始!

参考文献

Amodio, D. M., & Frith, C. D. (2006). Meeting of minds: the medial frontal cortex and social cognition. *Nat Rev Neurosci*, 7(4), 268 – 277.

Anwander, A., Tittgemeyer, M., von Cramon, D. Y., Friederici, A. D., & Knosche, T. R. (2007). Connectivity-Based Parcellation of Broca's Area. *Cereb Cortex*, 17(4), 816 – 825.

Barker, B. A., & Newman, R. S. (2004). Listen to your mother! The role of talker familiarity in infant streaming. *Cognition*, 94(2), B45 – 53.

Barkovich, A. J. (2000). Concepts of myelin and myelination in neuroradiology. *AJNR Am J Neuroradiol*, 21(6), 1099 – 1109.

Binder, J. R., Frost, J. A., Hammeke, T. A., Bellgowan, P. S., Springer, J. A., Kaufman, J. N., et al. (2000). Human temporal lobe activation by speech and non-speech sounds. *Cerebral Cortex*, 10(5), 512 – 528.

Boemio, A. , Fromm, S. , Braun, A. , & Poeppel, D. (2005). Hierarchical and asymmetric temporal sensitivity in human auditory cortices. *Nat Neurosci*, *8*(3),389 – 395.

Bristow, D. , Dehaene-Lambertz, G. , Mattout, J. , Soares, C. , Gliga, T. , Baillet, S. , et al. (2009). Hearing faces: how the infant brain matches the face it sees with the speech it hears. *J Cogn Neurosci*, *21*(5),905 – 921.

Cantalupo, C. , & Hopkins, W. D. (2001). Asymmetric Broca's area in great apes. *Nature*, *414* (6863),505.

Cantalupo, C. , Pilcher, D. L. , & Hopkins, W. D. (2003). Are planum temporale and sylvian fissure asymmetries directly related? A MRI study in great apes. *Neuropsychologia*, *41*(14),1975 – 1981.

Caplan, D. , Gow, D. , & Makris, N. (1995). Analysis of lesions by MRI in stroke patients with acoustic-phonetic processing deficits. *Neurology*, *45*(2),293 – 298.

Chen, Z. J. , He, Y. , Rosa-Neto, P. , Germann, J. , & Evans, A. C. (2008). Revealing modular architecture of human brain structural networks by using cortical thickness from MRI. *Cereb Cortex*, *18*(10),2374 – 2381.

Chi, J. G. , Dooling, E. C. , & Gilles, F. H. (1977). Gyral development of the human brain. *Annals of Neurology*, *1*,86 – 93.

Cunningham, D. J. (1892). *Contribution to the surface anatomy of the cerebral hemispheres*. Dublin: Royal Irish Academy.

DeCasper, A. J. , & Fifer, W. P. (1980). Of human bonding: Newborns prefer their mother's voices. *Science*, *208*,1174 – 1176.

Dehaene-Lambertz, G. , & Baillet, S. (1998). A phonological representation in the infant brain. *NeuroReport*, *9*,1885 – 1888.

Dehaene-Lambertz, G. , Dehaene, S. , Anton, J. L. , Campagne, A. , Ciuciu, P. , Dehaene, G. P. , et al. (2006a). Functional segregation of cortical language areas by sentence repetition. *Hum Brain Mapp*, *27*(5),360 – 371.

Dehaene-Lambertz, G. , Dehaene, S. , & Hertz-Pannier, L. (2002). Functional neuroimaging of speech perception in infants. *Science*, *298*(5600),2013 – 2015.

Dehaene-Lambertz, G. , Hertz-Pannier, L. , Dubois, J. , Meriaux, S. , Roche, A. , Sigman, M. , et al. (2006b). Functional organization of perisylvian activation during presentation of sentences in preverbal infants. *Proc Natl Acad Sci USA*, *103*(38),14240 – 14245.

Dehaene-Lambertz, G. , & Houston, D. (1998). Faster orientation latencies toward native language in two-month-old infants. *Language and Speech*, *41*,21 – 43.

Dehaene-Lambertz, G. , Montavont, A. , Jobert, A. , Allirol, L. , Dubois, J. , Hertz-Pannier, L. , et al. (2010). Language or music, mother or Mozart? Structural and environmental influences on infants' language networks. *Brain and Language*, *114*(2),53 – 65.

Dehaene, S. , & Cohen, L. (2007). Cultural recycling of cortical maps. *Neuron*, *56*(2),384 – 398.

Dubois, J. , Benders, M. , Cachia, A. , Lazeyras, F. , Ha-Vinh Leuchter, R. , Sizonenko, S. V. , et al. (2008). Mapping the early cortical folding process in the preterm newborn brain. *Cerebral Cortex*,

18(6),1444 – 1454.

Emmorey, K. , Allen, J. S. , Bruss, J. , Schenker, N. , & Damasio, H. (2003). A morphometric analysis of auditory brain regions in congenitally deaf adults. *Proc Natl Acad Sci USA*, *100* (17), 10049 – 10054.

Fransson, P. , Skiold, B. , Engstrom, M. , Hallberg, B. , Mosskin, M. , Aden, U. , et al. (2009). Spontaneous brain activity in the newborn brain during natural sleep-an fMRI study in infants born at full term. *Pediatr Res*, *66*(3),301 – 305.

Fransson, P. , Skiold, B. , Horsch, S. , Nordell, A. , Blennow, M. , Lagercrantz, H. , et al. (2007). Resting-state networks in the infant brain. *Proc Natl Acad Sci USA*, *104*(39),15531 – 15536.

Frey, S. , Campbell, J. S. , Pike, G. B. , & Petrides, M. (2008). Dissociating the human language pathways with high angular resolution diffusion fiber tractography. *J Neurosci*, *28* (45), 11435 – 11444.

Fukunaga, M. , Li, T. Q. , van Gelderen, P. , de Zwart, J. A. , Shmueli, K. , Yao, B. , et al. (2010). Layer-specific variation of iron content in cerebral cortex as a source of MRI contrast. *Proc Natl Acad Sci USA*, *107*(8),3834 – 3839.

Gandour, J. , Wong, D. , Lowe, M. , Dzemidzic, M. , Satthamnuwong, N. , Tong, Y. , et al. (2002). A cross-linguistic FMRI study of spectral and temporal cues underlying phonological processing. *J Cogn Neurosci*, *14*(7),1076 – 1087.

Gannon, P. J. , Holloway, R. L. , Broadfield, D. C. , & Braun, A. R. (1998). Asymmetry of Chimpanzee Planum Temporale: Humanlike Pattern of Wernicke's Brain Language Area Homolog. *Science*, *279*(9 January),220 – 222.

Geschwind, N. , & Levitsky, W. (1968). Human brain: Left-Right Asymmetries in Temporal Speech Region. *Science*, *161*,186 – 187.

Gilissen, E. (2001). Structural symmetries and asymmetries in human and chimpanzee brains. In D. Falk & K. R. Gibson (Eds.), *Evolutionary anatomy of the primate cerebral cortex* (pp. 187 – 215). Cambridge: Cambridge University Press.

Giraud, A. L. , Kleinschmidt, A. , Poeppel, D. , Lund, T. E. , Frackowiak, R. S. , & Laufs, H. (2007). Endogenous cortical rhythms determine cerebral specialization for speech perception and production. *Neuron*, *56*(6),1127 – 1134.

Glasel, H. , Leroy, F. , Dubois, J. , Hertz-Pannier, L. , Mangin, J. , & Dehaene-Lambertz, G. (2011). A robust cerebral asymmetry in the infant language network: the rightward superior temporal sulcus. *Neuroimage*, *58*(3), 716 – 723.

Grossmann, T. , Johnson, M. H. , Lloyd-Fox, S. , Blasi, A. , Deligianni, F. , Elwell, C. , et al. (2008). Early cortical specialization for face-to-face communication in human infants. *Proc Biol Sci*, *275*(1653),2803 – 2811.

Hein, G. , & Knight, R. T. (2008). Superior temporal sulcus-It's my area: or is it? *J Cogn Neurosci*, *20* (12),2125 – 2136.

Hill, J. , Dierker, D. , Neil, J. , Inder, T. , Knutsen, A. , Harwell, J. , et al. (2010). A surface-based analysis of hemispheric asymmetries and folding of cerebral cortex in term-born human infants. *J Neurosci*, *30*(6),2268 – 2276.

Homae, F., Watanabe, H., Nakano, T., Asakawa, K., & Taga, G. (2006). The right hemisphere of sleeping infant perceives sentential prosody. *Neurosci Res*, *54*(4),276 – 280.

Hopkins, W. D., Taglialatela, J. P., Meguerditchian, A., Nir, T., Schenker, N. M., & Sherwood, C. C. (2008). Gray matter asymmetries in chimpanzees as revealed by voxel-based morphometry. *Neuroimage*, *42*(2),491 – 497.

Imada, T., Zhang, Y., Cheour, M., Taulu, S., Ahonen, A., & Kuhl, P. K. (2006). Infantspeech perception activates Broca's area: a developmental magnetoencephalography study. *Neuroreport*, *17* (10),957 – 962.

James, W. (1892). Psychology. Briefer Course. *In Writings* (1878 – 1899) (pp. 18 – 34). New-York: Holt (published again in Library of America, 1212 p. 1992).

Johnson, M. B., Kawasawa, Y. I., Mason, C. E., Krsnik, Z., Coppola, G., Bogdanovic, D., et al. (2009). Functional and evolutionary insights into human brain development through global transcriptome analysis. *Neuron*, *62*(4),494 – 509.

Johnson, M. H. (2001). Functional brain development in humans. *Nature Reviews Neuroscience*, *2*(7), 475 – 483.

Jusczyk, P. W., Kennedy, L. J., & Jusczyk, A. M. (1995). Young infants' retention of information about syllables. *Infant Behavior and Development*, *18*,27 – 41.

Kaas, J. H., & Hackett, T. A. (2000). Subdivisions of auditory cortex and processing streams in primates. *Proc Natl Acad Sci USA*, *97*(22),11793 – 11799.

Kohler, E., Keysers, C., Umilta, M. A., Fogassi, L., Gallese, V., & Rizzolatti, G. (2002). Hearing sounds, understanding actions: action representation in mirror neurons. *Science*, *297*(5582),846 – 848.

Kostovic, I., & Judas, M. (2010). The development of the subplate and thalamocortical connections in the human foetal brain. *Acta Paediatr*, *99*(8),1119 – 1127.

Kriegstein, A., Noctor, S., & Martinez-Cerdeno, V. (2006). Patterns of neural stem and progenitor cell division may underlie evolutionary cortical expansion. *Nat Rev Neurosci*, *7*(11),883 – 890.

Kuhl, P. K., & Meltzoff, A. N. (1996). Infant vocalizations in response to speech: vocal imitation and developmental change. *J Acoust Soc Am*, *100*(4 Pt 1),2425 – 2438.

Kuhl, P. K., Tsao, F. M., & Liu, H. M. (2003). Foreign-language experience in infancy: Effects of short-term exposure and social interaction on phonetic learning. *Proc Natl Acad Sci USA*.

LeMay, M. (1984). Radiological Developmental and fossil asymmetries. In N. Geschwind & A. M. Galaburda (Eds.), *Cerebral dominance* (pp. 26 – 42). Harvard University Press: Cambridge.

Lenneberg, E. (1967). *Biological foundations of language*. New York: Wiley.

Lerch, J. P., Worsley, K., Shaw, W. P., Greenstein, D. K., Lenroot, R. K., Giedd, J., et al. (2006). Mapping anatomical correlations across cerebral cortex (MACACC) using cortical thickness from MRI. *Neuroimage*, *31*(3),993 – 1003.

Leroy, F. , Glasel, H. , Dubois, J. , Hertz-Pannier, L. , Thirion, B. , Mangin, J. F. , et al. (2011). Early Maturation of the Linguistic Dorsal Pathway in Human Infants. *J Neurosci*, *31*(4),1500 – 1506.

Liu, H. -M. , Kuhl, P. K. , & Tsao, F. -M. (2003). An association between mother's speech clarity and infants' speech discrimination skills. *Developmental Science*, *6*,F1 – F10.

Mechelli, A. , Crinion, J. T. , Noppeney, U. , O'Doherty, J. , Ashburner, J. , Frackowiak, R. S. , et al. (2004). Neurolinguistics: structural plasticity in the bilingual brain. *Nature*, *431*(7010),757.

Mehler, J. , Bertoncini, J. , & Barriere, M. (1978). Infant recognition of mother's voice. *Perception*, 7 (5),491 – 497.

Minagawa-Kawai, Y. , Matsuoka, S. , Dan, I. , Naoi, N. , Nakamura, K. , & Kojima, S. (2009). Prefrontal Activation Associated with Social Attachment: Facial-Emotion Recognition in Mothers and Infants. *Cereb Cortex*, *19*,284 – 292.

Ochiai, T. , Grimault, S. , Scavarda, D. , Roch, G. , Hori, T. , Riviere, D. , et al. (2004). Sulcal pattern and morphology of the superior temporal sulcus. *Neuroimage*, *22*(2),706 – 719.

Pandya, D. N. , & Yeterian, E. H. (1990). Architecture and connections of cerebral cortex: implications for brain evolution and function. In A. B. Scheibel & A. F. Wechsler (Eds.), *Neurobiology of higher cognitive function* (pp. 53 – 83). New York: Guilford Press.

Paus, T. , Zijdenbos, A. , Worsley, K. , Collins, D. L. , Blumenthal, J. , Giedd, J. N. , et al. (1999). Structural maturation of neural pathways in children and adolescents: in vivo study. *Science*, *283*(5409),1908 – 1911.

Pena, M. , Maki, A. , Kovacic, D. , Dehaene-Lambertz, G. , Koizumi, H. , Bouquet, F. , et al. (2003). Sounds and silence: An optical topography study of language recognition at birth. *Proc Natl Acad Sci USA*, *100*(20),11702 – 11705.

Perani, D. , Saccuman, M. C. , Scifo, P. , Spada, D. , Andreolli, G. , Rovelli, R. , et al. (2010). Functional specializations for music processing in the human newborn brain. *Proc Natl Acad Sci USA*, *107*(10),4758 – 4763.

Perrot, X. , Ryvlin, P. , Isnard, J. , Guenot, M. , Catenoix, H. , Fischer, C. , et al. (2006). Evidence for corticofugal modulation of peripheral auditory activity in humans. *Cereb Cortex*, *16*(7),941 – 948.

Petrides, M. , & Pandya, D. N. (2006). Efferent association pathways originating in the caudal prefrontal cortex in the macaque monkey. *J Comp Neurol*, *498*(2),227 – 251.

Rilling, J. K. , Glasser, M. F. , Preuss, T. M. , Ma, X. , Zhao, T. , Hu, X. , et al. (2008). The evolution of the arcuate fasciculus revealed with comparative DTI. *Nat Neurosci*, *11*(4),426 – 428.

Rizzolatti, G. , & Craighero, L. (2004). The mirror-neuron system. *Annu Rev Neurosci*, *27*,169 – 192.

Scott, S. K. , McGettigan, C. , & Eisner, F. (2009). A little more conversation, a little less action-candidate roles for the motor cortex in speech perception. *Nat Rev Neurosci*, *10*(4),295 – 302.

Sininger, Y. S. , & Cone-Wesson, B. (2004). Asymmetric cochlear processing mimics hemispheric specialization. *Science*, *305*(5690),1581.

Smyser, C. D. , Inder, T. E. , Shimony, J. S. , Hill, J. E. , Degnan, A. J. , Snyder, A. Z. , et al. (2010). Longitudinal analysis of neural network development in preterm infants. *Cereb Cortex*, *20*

(12),2852 – 2862.

Sowell, E. R. , Peterson, B. S. , Thompson, P. M. , Welcome, S. E. , Henkenius, A. L. , & Toga, A. W. (2003). Mapping cortical change across the human life span. *Nat Neurosci*, 6(3),309 – 315.

Sowell, E. R. , Thompson, P. M. , Rex, D. , Kornsand, D. , Tessner, K. D. , Jernigan, T. L. , et al. (2002). Mapping sulcal pattern asymmetry and local cortical surface gray matter distribution in vivo: maturation in perisylvian cortices. *Cerebral Cortex*, 12(1),17 – 26.

Sun, T. , Patoine, C. , Abu-Khalil, A. , Visvader, J. , Sum, E. , Cherry, T. J. , et al. (2005). Early asymmetry of gene transcription in embryonic human left and right cerebral cortex. *Science*, 308 (5729),1794 – 1798.

Telkemeyer, S. , Rossi, S. , Koch, S. P. , Nierhaus, T. , Steinbrink, J. , Poeppel, D. , et al. (2009). Sensitivity of newborn auditory cortex to the temporal structure of sounds. *J Neurosci*, 29 (47), 14726 – 14733.

Toga, A. W. , & Thompson, P. M. (2003). Mapping brain asymmetry. *Nat Rev Neurosci*, 4(1),37 – 48.

Van Essen, D. C. (2005). A Population-Average, Landmark-and Surface-based (PALS) atlas of human cerebral cortex. *Neuroimage*, 28(3),635 – 662.

Wada, J. A. , Clarke, R. , & Hamm, A. (1975). Cerebral hemispheric asymmetry in humans. Cortical speech zones in 100 adults and 100 infant brains. *Archives of Neurology*, 32(4),239 – 246.

Wicker, B. , Ruby, P. , Royet, J. P. , & Fonlupt, P. (2003). A relation between rest and the self in the brain? *Brain Res Brain Res Rev*, 43(2),224 – 230.

Witelson, S. F. , & Pallie, W. (1973). Left hemisphere specialization for language in the newborn: Neuroanatomical evidence for asymmetry. *Brain*, 96,641 – 646.

Yakovlev, P. I. (1962). *Morphological criteria of growth and maturation of the nervous system in man*. Research Publications-Association for Research in Nervous and Mental Disease (Baltimore, MD), 32,3 – 46.

Yeni-Komshian, G. H. , & Benson, D. A. (1976). Anatomical study of cerebral asymmetry in the temporal lobe of humans, chimpanzees, and rhesus monkeys. *Science*, 192(4237),387 – 389.

Zatorre, R. J. , & Belin, P. (2001). Spectral and temporal processing in human auditory cortex. *Cerebral Cortex*, 11(10),946 – 953.

12.

社会认知和教育的种子

安德鲁·梅尔佐夫（Andrew N. Meltzoff）

社会认知和教育的种子

如果有人从事物的根源来考察，无论是根源的状态，还是其他事物，我们将获得最 202 清晰的认识。

——亚里士多德

教育、神经可塑性和发展心理学存在许多共通的地方：所有这些都是在思考人类的原始天性及其是如何根据经验而转化的。

现代社会中，教育者、神经科学家和发展心理学家主攻的课题不同，使用的技术手段不同，在不同场合为不同的受众发表研究。然而，在这种分化出现之前，这三派的观点都是关于文明之起源，以及人与动物之间有何区别的哲学问题，且长久以来始终交织在一起。在《理想国》（*Republic*）中，柏拉图考量了公平社会的设计，随后立即产生了两个关于儿童的问题："他们的教育将会是什么样的？"和"你知道的，不是吗，任何过程的开端都是最重要的，尤其是对于那些年轻和脆弱的东西而言。因为在那个时候他们最具有可塑性，可以如某人所希望的那样呈现出任何一种受影响的模式。"（《理想国》第二卷）

在《爱弥儿》（*Emile*）一书中，卢梭对教育进行了思索，并对一种关于儿童抚养的革命性观点予以支持："为什么不在他开口说话之前开始他的教育"和"如我之前所言，一个人的教育始于出生，早于他可以开口说话或理解他所学之物。经验先于教导。"（《爱弥尔》第一卷）

当然，这些思想家对于大脑知之甚少，也没有预期到会出现许多有关儿童发展的实证性研究,但是他们在教育孕育文明和童年是"神圣的"(卢梭)和"最重要的"(柏拉图)等这些观点上持一致意见。

现代科学家已经得到许多可以证明儿童期重要性的实证数据,并发现了一些可以佐证某些哲学家的重要论断的生理机制。神经科学家对于"神经可塑性"概念的介绍,与柏拉图对于早期可塑性的思索相似;胡贝尔和威塞尔也因为他们关于"关键期"的研究而被授予诺贝尔奖,他们的研究发现与柏拉图关于婴幼儿的观点相似。现代教育学家试图扩展初等教育和中等教育,他们认为孩子们应该得到"P-12"教育(P = preschool,学前),而且父母是婴儿的第一个老师,也是婴儿最好的老师——这呼应了卢梭之前的革命性的疾呼,教育应该始于出生。

我们可以对古老理念和现代观点的结合有所领悟,却难以就前行的最佳路线得出通用的论断。当代学者约翰·布鲁尔(John Bruer)在 1997 年曾写过一篇具有煽动性的文章,名为《教育和脑:一座太远的桥》(Euducation and the Brain:a Bridge too far)。他认为在脑科学和教育实践中存在着巨大的分歧。

现在也许有某种方式可以使柏拉图和卢梭的梦想与布鲁尔眼中的严肃事实统一起来。那就是第三个要素,在本章节起始段落中提到过的,有时我们也会遗忘了的某个方面——儿童发展。即使我们接受布鲁尔关于两块大陆(脑科学和教育)相距太远而不能有所联系的比喻,我们也不应该忽略它们之间出现的另外一块大陆(儿童发展)。这样也许我们可以建构一些规模较小的联系桥梁。儿童的大脑随着经验改变的过程(神经科学)可能与儿童的思维、情绪、意图和动作(儿童心理)的发展学习有所联系,而这又转而可能与为促进儿童学习和帮助每个儿童实现他们所有潜能而设计的学习环境(教育)有所关联。如果我们从神经科学出发,在其与儿童心理和教育之间建立桥梁,将会比从第一步直接向第三步建立联系所面临的距离要短一些。

关于儿童发展的科学研究是一门相对较新的学科。儿童发展的第一次系统性研究也许是达尔文(Darwin,1877)的《一个婴儿的简述》(a Biographical Sketch of an Infant)。这是他对于他自己的孩子——多迪(Doddy)的心理成长的一次小心翼翼的记录,之后发表在了哲学期刊《心智》(Mind)上。随后皮亚杰(Jean Piaget)提供的数据超越了达尔文的观察。当皮亚杰想要了解婴儿对于他们看不见的东西是否仍然相信其真实性时,他不只是简单地等待和观察婴儿,他把婴儿们最喜欢的东西藏在遮挡物下,来测试他们是否会尝试寻找它。在一次有趣的历史转折中,皮亚杰于 1921 年成了位于卢梭出生地日内瓦的让-雅克·卢梭研究中心的主任。皮亚杰拓展了他的研究领域,改进了婴儿观察技术,但他并没有利用实验科学最有效用的工具——随机分组和控制组。实验婴儿心理学诞生于 20 世纪 50 年代晚期和 60 年代早期,而第一次有关婴儿研究的国际会议在 1978 年举行。

本章节中我将关注儿童的社会认知方面——儿童对于自己的了解,以及他们对其他人的了解的科学发展。我这么做有以下两个原因。第一,有关早期社会认知的实证性发现令人震惊。皮亚杰的理论(Piaget,1954)提出婴儿刚出生时是"唯我论者",与其他人没有最初的联结。一项新的研究所展示的新生儿的本质完全颠覆了我们的观点。实验结果显示,婴儿自出生开始就能识别自己与他人之间的平等性,而我们现在才开始真正了解这些基于自我—他人映射的心理学及神经科学。第二,人类教育基本依靠社会认知。好的教师就像好的父母,会从学习者的角度,改善他们的教学以促使他更好地吸收的目的;相应地,细心的学习者会不断地尝试领悟老师的意图(Bruner,1996)。教师和学习者都积极地投入社会认知的活动中。

在本章,我探索了社会认知的起源和早期发展,但不是一份巨细无遗的文献综述。本章节提供了一些从我们实验室的研究中挑选出的能够解释教育"始于出生"这个哲学观点的例证。我回溯了那些发生在婴儿期到儿童早期的社会认知中的关键变化。这些具体的主题包括:(i)通过社会性模仿学习,(ii)儿童最初认识到其他人和自己一样,是有感知觉的,以及(iii)小学儿童的自我知觉,及他们的学习兴趣如何被他们成长所处的文化环境所影响。

儿童期的模仿

使人类区别于其他生物的特征是人类具备从观看其他人的行为中学习和模仿他们的能力。我观察别人的动作,然后我可以模仿着使用这个动作作为我自己的行为模式。我可以复制其他人的成功,避免他们的失败,也可以通过观察他们来了解自己。尽管许多其他动物也能从经验中学习,但他们不具备通过观察其他同类的经验来学习的能力。

模仿是人类文化的基础。生物学的进化之外,模仿作为一代代人类传播天才发明和社会实践的机制,在人的进化过程中起了重要的补充。没有模仿,怎样生火、怎样使用杠杆及怎样打结这样的知识将在每一代中不断地被重新探索。这样的技能不是原创的,也不是从试错或通过明确的引导中学习到的,而是儿童通过观察文化中专家的行为,然后吸取相关经验传承得到的。在缺乏正规学校教育的文化中,师徒关系和模仿是"教育"的主要形式,这已经持续了近千年。亚里士多德也曾说过:"模仿是人类自孩童起就具有的本能,人比低等动物高级的原因正在于此,他可能是世界上最能模仿的生物,而且学习就是始于模仿的。"[《诗论》(*Poetics*)]

亚里士多德一直都是正确的,但这并没有终止科学家们继续探索什么是模仿的机制,以及模仿是如何随年龄而发展的。实证研究已经揭示了两个有关儿童模仿的令人惊讶的事实:(i)它的起源,及(ii)它是如何被情绪调节的。

原始状态

概念问题。如果我们正在寻找模仿的起源,面部表情的模仿是一个绝佳的起点。婴儿具有面部运动技能,所以复制别人的表情并不难。但是,存在一个概念问题。婴儿可以看见其他人的脸,但却看不见他们自己的脸。如果他们太小,是没有办法看到自己在镜子中的脸的。面部模仿其实是一个非常大的挑战,因为婴儿必须将他观察到的别人的姿势和他们自己的姿势匹配上,而他们自己的姿势对于其本人而言是看不见的,只能靠本体触觉感受通达。面部模仿被认为可能是有关于动作的"他人心理"的哲学问题。儿童从内部认识自己,从外部认识他人。他是怎样把两者结合于一处的呢?

传统发展理论认为,面部模仿是认知过程中的里程碑。皮亚杰(Piaget,1962)认为,幼小的婴儿缺乏联结自己和他人的途径,因此不能表现出这种"不可见的模仿"。婴儿生来是"唯我论者",皮亚杰(Piaget,1954)是这么论述的。

实验发现和推论。我和我的同事在医院中测试过新生儿。测试的婴儿最大的为出生36个小时,最小的婴儿仅有42分钟。新生儿展示了一些简单的面部姿势:伸舌头和张闭嘴。在其他研究中,也有让婴儿观看手部动作、嘴唇皱起和头部运动的。让很多人惊讶的是,实证数据表明,幼小的婴儿可以模仿所有这些行为(Meltzoff 和 Moore,1997a,1997b)。这非常值得注意,因为他们在使用自己的行为来模仿他们看见的其他人的动作时,并不能看见自己在这么做。人在出生时已经存在了一种基本的自己与他人之间的人际联结。模仿是使社会行为趋于一致的一种能力(见图1)。

我之前提出来的解释框架认为,婴儿存在一个基本躯体图式,可以使他们甚至是新生儿"就像我自己一样"看见其他人的动作。模仿是一种匹配目标的加工,目标或行为目的是视觉相关的。婴儿自发产生的动作提供了躯体感觉反馈,可以与视觉特定目标进行比较。根据这个图式,这种比较也是有可能的,因为人类行为是在共同的编码

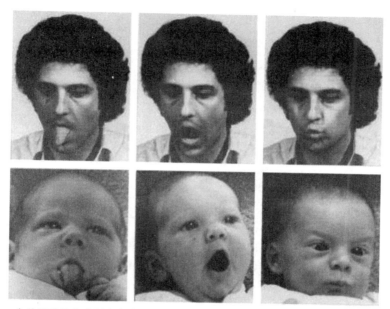

图 1　一个月以下的人类新生儿模仿成人面部表情的照片（来自 Meltzoff 和 Moore，1977a）。

中表征的，而这种编码是我们用来作为"跨模式"表征的参考，超越了视觉或触觉等单一的模式，并用一种通用语言把它们整合起来（Meltzoff 和 Moore，1997b）。我们还假设，婴儿出生前的动作可能也为他们的模仿作了准备。

　　婴儿在子宫里的影像可以显示出他们头部、面部和手部的运动。这种子宫中的活动经验为他们提供了关于身体部分如何运动的躯体感受记忆。事实上，舌头的运动方式与关节的运动方式存在很大的差异。婴儿在出生后再看到这些动作时，会把这些动作与出生前的运动模式经验联系起来（Meltzoff 和 Moore，1997a）。

　　其本质是婴儿出生在一个社会化的世界，能够通过与他人的第一次见面而与其建立联系。他们同等地感知自己和他人的行为。他们在与母亲的第一次接触中，感受到这并不是外来的事物，而是一个"和我一样"行动的人。这对社会认知理论有着深远的含义。如今，科学家借助如脑电图（Electroencephalography，EEG）等婴儿大脑测量手段，对神经关联性有了新的探索（Marshall 和 Meltzoff，2011）。

调控模仿：情绪和道德的起源

　　概念问题。人类模仿从三个方面超越了对简单动作和特殊习惯的复制。第一，人类也通过观察其他人的行为来学习如何使用工具，处理特定的文化事物。第二，人类并不只在一对一的互动中学习，也通过观察其他人之间的互动直接学习。第三，人类通过观察其他人如何回应来理解"好"或"坏"。一个儿童不需要被直接表扬或批评，就能从监听父母是如何回应兄弟姐妹的动作中进行学习。如果这是一个被禁止的行为，儿童会调整他们模仿的自然倾向。我们实证地研究了这些问题。

实验发现和推论。在这些研究中，研究者让婴儿观察一个成人对物体表现出的新异动作。举个例子，成人（示范者）拿出一个黑色的盒子，并使用一根木条作为工具推盒子底部来启动这个物体。而给婴儿展示同样的盒子时，他们会立即模仿这个动作。随后，我们测试了情绪是否调控了模仿。我们让一个 18 个月大的婴儿观看示范者对物体表现出的新异行为，而第二个人（感情表达者）则带着生气的负面情绪重复这个动作，就像模范者做的是一个被禁止的动作。然后向儿童展示物体。我们发现儿童们调整了他们的反应，他们没有模仿这个被禁止的动作（Repacholi，Meltzoff 和 Olsen，2008）。

这不是"情绪蔓延"，因为儿童的动作是由感情表达者是否看着这个儿童决定的。如果示范者和感情表达者完成同样的流程，而且之后感情表达者会离开屋子，在这样的情况下，婴儿就会模仿这种被禁止的行为。如果感情表达者转过背去或者闭上眼睛，儿童也会模仿这种被禁止的行为。关键特征就是感情表达者是否从视觉上监控儿童——如果感情表达者看着婴儿，婴儿就不会模仿。

这项研究确认，即使是语前儿童也不是盲从的模仿者。此外，婴儿也会从二手经验中学习。婴儿本身并没有被斥责——他只是简单地观察其他人被斥责，这对抑制模仿就非常有效。

然而个体差异还是存在的。有些儿童是极其卓越的自我调控者，而有些却不是。我们好奇的是，抑制控制是不是存在先天的差异，以及 18 个月大的婴儿在进入我们的社会之前，是如何通过母婴互动培养这种差异的。此外，我们还想评价我们所采用的语前测量是否能预测初学儿童的延迟满足和他们调控行为的能力。

关于道德感是怎样的呢？语前婴儿只有在被关注时才能够克制重复那些被禁止的行为。再长大一些的儿童能够在更广泛的情况下进行克制。道德领域有许多方面都可以进行实证研究，这种研究范式可能提供了一个好的开端。当然，（婴儿）被注视时将规则内化进而调控行为而产生的变化是一种重大的转变。这种发展性的变化是科学家、哲学家和宗教领袖等人的兴趣所在。

认识到其他人是有感情的存在

人类的精神世界非常复杂——思维、感觉和知觉——我们借由这些密切关注他人，进而理解我们的同类。理解他人内在精神世界的一个重要手段，就是注意他们的眼睛——眼睛通常被称为"灵魂之窗"。

如果正在和你对话的人突然把目光转向其他东西，你也会不自觉地跟随他的目光。目光追视是室内和室外学习与教育的重要因素。目光追视代表着共同的立场和共享的主题。当儿童试着理解一些词的意思时，父母的视线方向也是他们参考的内容。尽管有些词语可能代表消失的物体、事物的一部分或者虚构的事物（Quine，1960），父母们还是会花大量的时间将此时此处所有的物体为婴儿做上标记（Markman，1989；Tomasello 和 Farrar，1986）。奥古斯汀（Augustine）提出，儿童通过对大人的目光追视来辅助语言的获得："我注视那些他们用声音来指示的事物，并将它们记下来。他们的目的很明确，并用身体姿态，以及对所有种族都普遍使用的自然语言，如面部表情和目光注视等来辅助表达。"（《忏悔录》（The Confessions）第 1 卷）

研究者们试图发现婴儿是通过何种机制来理解别人目光的意义的。一个儿童由注视一个成人转向面对一个物体时，这个过程只代表一个简单的物理运动还是归因于心理状态的转变？

婴儿的目光追视

概念问题。普遍的观察都表明，婴儿会追随另一个人的目光，但是这种单独的观察并不能说明这个过程的机制。一种较少强调儿童本身作用的理论认为，头就是一个大的移动球体，婴儿经常伴随头的转动完成目光跟随，然后通过周围视野不经意地捕捉目标物体。所以目光追视仅仅是一个物理运动，而不是一个心理过程。另外一个更充足的解释认为，婴儿倾向于注视别人注视的东西。他们通过心理接触和智力经验来确定注视目标。关于目光追视的机制还需要更多实验探讨。

实验发现和推论。在一个研究中研究者让成人随机注视远端的物体（图 2）。本研究设计的巧妙之处在于一种条件下成人眼睛睁开转向物体，另一种条件下则是闭起眼睛转向物体。两种情况下头动的方向一致。如果婴儿只是简单追随头部转动，在两种条件下表现应该一致。结果证明 1 岁的婴儿更倾向于追随眼睛睁开的大人，说明他们了解目光接触的意义（Brooks 和 Meltzoff，2002）。然而，另一个研究证明这种关于目光接触的知识是有限的。如果成人的视线被眼罩遮住，1 岁的婴儿会错误地跟随成人的"视线"。这个结果似乎说明 1 岁的婴儿能够识别闭眼的单元但是不能排除无生命性的遮挡物的影响。这是为什么呢？

图 2　12 个月大的婴儿会跟随成人的目光。婴儿通过注视其他人的视线来了解其他人和事（Meltzoff 等，2009）。

别人"和我一样"：用自我经验理解他人

概念问题。婴儿在能够理解无生命性的遮挡物（眼罩）之前，首先要会理解生理性的遮挡物（闭眼）。我认为他们用自己的身体行为经验（如闭眼或睁眼）来为其他人的匹配行为赋予意义。如果是这样的话，那么给婴儿提供戴眼罩的个人经验，可以让他们第一次理解他人戴眼罩的感受。

实验发现和推论。梅尔佐夫和布鲁克斯（Meltzoff 和 Brooks，2008）做了一些相关的研究。他们让婴儿坐在一个桌子旁，桌子上放着一个有趣的物体。当他们转向看这个物体的时候，主试慢慢地升起一个眼罩遮住他们的视线。接着眼罩慢慢地降低，并允许婴儿把玩。随后另一件有趣的物体被放在桌子上，婴儿看向它，主试再一次用眼罩遮住他的视线，这个过程重复 10 分钟。这种训练只用眼罩遮挡婴儿自己的视线，而不是由其他人戴上眼罩。随后，成人第一次戴上眼罩，进而实施标准目光追视测验。

以上这种经验性的训练完全改变了婴儿对成人行为的追随。此时他们不再追随戴眼罩成人的目光（Meltzoff 和 Brooks，2008）。他们把自身的经验延伸到了他人身上。因为当一个眼罩挡在眼前的时候，他们看不见物体（个人经验），所以他们进而推断其他人在遇到相似情境的时候也无法看见。控制条件下给婴儿同时长、同强度的训练，使他们对一个挡住桌子的黑布熟悉，最后没有发现以上效应。

婴儿通过感受他人的行为对于自身经验的意义来理解这种行为。这为探索理解心理状态提供了视觉感知之外的新方法。而对于意图,梅尔佐夫(Meltzoff,1995)发现18个月的婴儿可推断出他人的简单意图。他在研究中让一位成人试着拆开一个杠铃形状的玩具,但由于手滑,他的目的并没有达成。随后他换了一种新方式进行尝试,仍然失败了。婴儿只看见了为达到目的所付出的努力,但没有看到成功的行为。然而,当把玩具给婴儿时,他会小心地用手抓住物体的末端,接着用力地撕扯。这个结果说明语前婴儿已经理解了我们的目标,并且会重复我们试图完成的目标,而不是重复我们已经做了的动作。

这些有关目光注视的工作都为婴儿的目标归因和理解他人目的提供了一些理论证据。婴儿可以理解他人有目的行为的一个原因,就是他们自己本身也有目的,他们自己也尝试过撕扯物体的失败。我认为,婴儿是通过自身的经验去理解他人的相似行为。其他"像我一样"行动的人都有和我相似的心理状态。我用自己的经验去理解他人的行为。这样做是理解意图的第一步。

文化刻板印象和学校

成人的社会世界很复杂,当我们遇到一个陌生人或和朋友交往时,人们倾向于用简单的方法去预测结果。一种策略就是使用刻板印象——即用一个对社会群组的简单概念去解释和预期个体的行为。如果我告诉你,你会在一个房间里面见到一位图书管理员,在另一个房间里面见到一位运动员,你会立刻在脑海中浮现出对于对应群体的刻板印象,进而为进一步的社会交往进行准备(或许你觉得在一个房间里面会见到一个小巧的、温顺的人,而在另外一个房间见到一个高大的、充满活力的人)。刚开始你可能意识不到这种刻板印象,也没有更深层次的思考:一个专业的马术运动员可能比一个图书管理员更小巧温和。

许多刻板印象是无害的,但是有一些是有危害的。卢梭意识到了埃米尔(Émile)接受公共学校教育可能会遇到的负面刻板印象和歧视,所以为这个男孩提供了一个保护伞。他为埃米尔提供了一个训练有素的私人导师,而不让这个孩子和其他儿童一起接受公立学校的教育。不管人们对这种教育方法的看法如何,从出生开始到这个孩子长大成人,仅仅对他进行私人教育是不切实际的。当然卢梭也意识到了这种教育方法的不可行性。所以他又能做些什么呢?

第一步是通过让儿童进入正式学校来考查他们会面对的刻板印象,以及这些刻板印象对于儿童教育和自身发展的影响。接下来就是设计一些干预手段来改变这些刻板印象。我们这里主要关注前者。

负面学业的刻板印象主要集中在种族和性别上。这种刻板印象在数学和阅读上表现得尤其明显。一个普遍的刻板印象即男性比较擅长科学、技术、工程以及数学（Science，Technology，Engineering and Mathematics，即 STEM 学科），而女性比较擅长阅读和文学（Nosek，Banaji 和 Greenwald，2002；Nosek 等，2009；National Academy of Sciences Report，2011）。这里我们所关注的就是这些文化刻板印象是怎么被儿童吸纳进而影响他们的认同感和学业的。

有证据证明，早在小学的时候，美国的女生就会将"女生不擅长数学"这种刻板印象内化并把这种看法延伸到她们自身（Cvencek，Meltzoff 和 Greenwald，2011）。对于那些"和我一样"的其他儿童的学业刻板印象会影响儿童的自我概念，并进一步限制他们的学业兴趣和抱负。

幼童中的数学—性别刻板印象

概念问题。美国青少年参加的数学和阅读能力的标准化测试叫做学业能力倾向测试（Scholastic Aptitude Test，SAT）。过去 20 年中的每一年，男生在 SAT 数学部分的测试上得分明显超过女生。这使得一些人推测男生对数学具有更高的天分，而另一些人则认为这是由养育过程中的差异造成的。除此之外，仍然有一些人怀疑测试的效度，或认为有其他因素起作用（Ceci 和 Williams，2007；Spelke，2005）。我们不能用任何一种简单的方法去解除这种怀疑，但是我和我的同事决定就幼童对数学的文化刻板印象，以及他们自己对于学科的兴趣和定义的感觉进行评测（Cvencek，Meltzoff 和 Greenwald，2011）。

我们在三个观念间做了概念上的区别（对于成人的社会心理，这种区分更加明显），这三个观念在有关教育和发展心理学方面的著作中经常是合并的。首先，我们说过，一个儿童的性别认同指的是儿童自己和特定的性别（男性或女性）之间是如何联系的。第二，数学—性别刻板印象指的是数学在男性和女性之间的联系。第三，数学自我概念指的是自己和数学之间的联系。这些概念上的差异使我们可以区分儿童对群组的文化刻板印象认知（数学—性别刻板印象）和儿童对数学的自我认同。原则上，在一个对性别持有刻板印象的社会中长大，个体可以不继承这种刻板印象。这里的刻板印象指的是这个人所身处的社会群组，而自我概念指的是作为个体的你。与这三种概念相关联的发展性模式是怎么样的呢？

实验发现和推论。我们测试了许多在校儿童,在 1 年级到 5 年级之间,每个年级都有同样多的男生和女生。我们采用外显测试(自我报告)和内隐测试(儿童内隐联结测试,Child Implicit Association Test)进行了测查(详情见 Cvencek,Meltzoff 和 Greenwald,2011)。我们的结果证实了之前的研究,显示出女生和男生在 1 年级时已经认同了他们自己的性别(性别认同)。而我们的新发现则是,早在 2 年级的时候,儿童就已经内化了"男生擅长数学"这一美国普遍的刻板印象(数学—性别刻板印象)。发展过程中稍晚的时期内,自我概念中掺入了性别差异的影响,如男生倾向于对数学产生自我认同(数学自我概念),而女生则是对阅读。结果的图示在图 3 中。

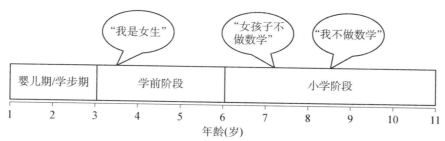

图 3　基于幼童的性别认同、数学—性别刻板印象和数学自我概念的儿童发展时间轴(见 Cvencek,Meltzoff 和 Greenwald,2011)。

令人惊讶的结果是,早在 2 年级时,男生和女生就都相信数学是男生所擅长的。这甚至早于他们学习乘法表(美国学校 3 年级学习的内容)。众所周知,从幼儿园到 2 年级,每个年级都会教授数学或学前数学。在此期间,女生都能比男生获得更高的分数。我们并不认为,儿童会由此用他们关于数学的个人经验去构建这些早期的刻板印象或学术自我概念。接下来又是怎样的呢?

我们认为,即使是最年幼的女生和男生也深受普遍文化刻板印象的影响。他们混合文化刻板印象和他们自己的经验来进行推断。儿童用一种心理学的方式无意识地完成了一次亚里士多德式的三段论:我是一个女生,女生不擅长数学,所以我不擅长数学(Cvencek,Meltzoff 和 Greenwald,2011)。

从发展的角度来看,儿童从婴儿期开始就已经跟从那些"和我一样"的其他人。他们热衷于动作模仿,在他们还是语前婴儿时就开始复制别人的行为。他们在 3 岁时就开始模仿更抽象的规则(Williamson,Jaswal 和 Meltzoff,2010)。我假设模仿在儿童

213

认同别人的早期阶段非常有用,但同时也开始对儿童接受社会中他们所属的群组的特性产生影响。如果之前没有出现的话,到了上学的年龄,他们也会开始"模仿"并呈现出其他"和我一样"的人的学业特性。如果女生尚未与数学产生联结,那么根据文化刻板印象,在那种文化中幼小的女孩子将会倾向于认为数学"不是我擅长的",这可能会影响他们的自我概念、兴趣和未来的抱负。

我们在追问几个问题:(i)父母、教师、同伴和媒体在创造这些刻板印象时有些什么相关影响?(ii)那些能够克服文化刻板印象的个体机制是什么?他们可能有超越主流刻板印象的个人关系(例如母亲是数学教师,或类似这样的角色模范者)。(iii)文化间有差异吗?在一些文化里女生在标准化数学测试中系统性的优于男生,科文塞克(Cvencek)和我会在2011年秋天开始一项跨文化的研究,来探查新加坡小学儿童数学刻板印象、自我概念的发展。

反思

关于人类天性的问题实在太令人迷惑,它是任何一个学科得以存在和区分的基础。社会认知的情况就是这样。我们从内部了解自己,从外部了解其他人。我们是怎样相互联系起来的呢?

现代科学为这个问题提供了研究手段。我们测试了婴儿的社会心理。婴儿并不会说话或理解语言词汇,然而他们与自己的母亲互动,他们表达感情,他们不只是机械行事的人。他们不用语言思考。关键问题是他们怎么想我们的。社会认知发展(相对新颖的)领域在关注这个问题,而实证的结果似乎很有意义。

214 **理论**

从最初到现在,我们知道了新生儿不只在视觉上会被面孔所吸引,而且他们可以整合它们。当婴儿看见一个人的动作,他们可以把这种行为映射到他们自己相应的身体部位并复制这种行为。但令人疑惑的是,新生儿从没见过他们自己的面孔——子宫里并没有镜子,但他们仍然得以联结。

我坚持认为,这种在动作水平上对自己和他人之间对等的认识,是人类社会认知的基本原理。从新生儿第一次看见另一个人面孔的时刻开始,他们把它识别为"和我一样"。这种和其他人类伙伴一见如故的关系只是社会理解的开始,而不是它的高峰;

它加强并支持了对文化的适应,但并不是在最初就产生的。

这种"和我一样"式的结合,也为心理变化提供了途径。它孕育了两个方向的变化。从别人到自己,婴儿观察别人并学习更多人类动作的随意结果,但不需要产生这种行为。这可以扩大学习机会,并不局限于试错学习和独立探索。婴儿可以从别人的成功(和失败)中受益,因为别人的努力是婴儿自己行为的代用品。还不能完成太多动作的婴儿通过这种方式适应这个世界,并在物理世界中表现自己的经验。

从自己到他人,在自己所感受到的经验基础上,婴儿拓宽他们对于其他人的理解。当婴儿表现出和其他人相似的行为时,他们就把其他人的经验归于自己所有的经验中。婴儿自己觉得享受并产生微笑,这给予他们一个支点去联接正性情绪和进行这种愉悦行为的其他人。某个年龄的婴儿可能会尝试操纵客体并在达成目标过程中体验失败。这为他们提供了一种解释其他人尝试失败的方式。他们获得了关于再三尝试这种行为模式的一手经验,并从中了解到这种行为与朝向目标的努力其实是共存的。他们可以认识到另一种与他们的行为模式相匹配的可能。其他"和我一样"行动的人在我也表现同样行为的时候,也有和我一样的内部状态和感觉,这是一种无意识的推理过程。随着儿童自我经验的不断增加,他们对于其他人的观察也在不断扩宽。

有相似的论断提出,追视成人的模式在每天的生活中都会出现。婴儿将其他人的观看行为用一种"和我一样"的方式来进行解释。他们知道当他们闭上眼睛或者前面有遮挡物时,他们看不见那端的物体。这让他们可以推断其他人的知觉经验。当其他人从心理上与外部世界联系或不联系时,他们都是可以辨别的。这是理解他人观点的开端——换位思考的前期,以及认识到别人看待这个世界的方式的相似性(和差异性)(更多具体观点见 Moll 和 Meltzoff,2011)。

无可否认,这些发展只是迈向理解他人思维和心意的第一步。但是,这是一个有效的开端,因为以往理论里的一个主要障碍已经被移除了。我们并不需要对一个"唯我论"的新生儿如何从他或她的壳中显现出来进行解释,因为这已经不是原始状态了;我们也不必把新生儿看做具备和成人一样的理解能力,因为婴儿有着通过将自己的经验和对别人的观察结合在一起来转换初始理解状态的类比能力。

婴儿关注他们与个体(爸爸、妈妈、兄弟姐妹)的关系,而稍大一些的儿童则成长为关注群体。我认为这种"和我一样"的机制不只适用于婴儿,在稍大的儿童身上也会发挥作用,并促使他们基于自身相关的属性对人们进行分类。新的实验显示学龄前儿童已经能够根据性别对自己"分组"(Cvencek,Greenwald 和 Meltzoff,2011),年长儿童则可以根据其他更加任意的属性(Dunham，Baron 和 Carey，2011)给自己"分组"。本章节中,我们从学术角度考虑到了教育和儿童认同感的启示。我们发现小学儿童已经接受了关于男生与数学是相联系的这种文化刻板印象。在小学里,儿童不仅行为像其他人(动作模仿),也开始呈现出被他们自身所属群体标记的文化特性。这种"和我一样"的机制以往使得幼小的婴儿与个体相联系,现在也能将稍大些的儿童与群体及其相关特性联系起来。

从理论到实践

柏拉图思考成人对我们的孩子产生的影响,而卢梭对社会"偏见"的绝望,使得他支持私人导师多过支持公共教育。然而,儿童并不能完全脱离我们的文化。

我们能做什么呢? 我们可以向普通大众和政策制定者宣传我们在儿童发展领域的新发现。科学证明儿童在观察着我们,这使得我们这些被模仿者要自我反省。我们现在理解了教育始于"出生",我们是那些"年轻弱小生命"的老师。社会依赖于儿童的教育,柏拉图的问题值得我们所有人思考:"他们的教育将会是什么样的?"

致谢

对于库尔和布鲁克斯对初稿提出的宝贵评论,我深表感激。同时我还要感谢科文塞克(D. Cvencek)、戈普尼克(A. Gopnik)、摩尔(K. Moore)、格林沃尔德(A. Greenwald)和生命科学学习中心(LIFE Science of Learning Center)的成员们对以上问题的有益讨论。NSF(OMA－0835854)和 NICHD(HD－22514)提供了基金支持。

参考文献

Aristotle. (2001). *The basic works of Aristotle*. R. McKeon (Ed.). New York: Modern Library.

Augustine, St. (1997). *The Confessions* (M. Boulding, Trans.). New York: Vintage Books.

Brooks, R. , & Meltzoff, A. N. (2002). The importance of eyes: How infants interpret adult looking behavior. *Developmental Psychology*, 38 ,958 - 966.

Bruer, J. T. (1997). Education and the brain: A bridge too far. *Educational Researcher*, 26 ,4 - 16.

Bruner, J. (1996). *The culture of education*. Cambridge, MA: Harvard University Press.

Ceci, S.J. , & Williams, W. (2007). *Why aren't more women in science? Top researchers debate the evidence*. Washington, DC: American Psychological Association Press.

Cvencek, D. , Greenwald, A. G. , & Meltzoff, A. N. (2011). Measuring implicit attitudes of 4-year-olds: The preschool implicit association test. *Journal of Experimental Child Psychology*, *109*,187 – 200.

Cvencek, D. , Meltzoff, A. N. , & Greenwald, A. G. (2011). Math-gender stereotypes in elementary school children. *Child Development*, *82*,739 – 1033.

Darwin, C. (1877). A biographical sketch of an infant. *Mind*, *2*,285 – 294.

Dunham, Y. , Baron, A. S. , Carey, S. (2011). Consequences of 'minimal' group affiliations in children. *Child Development*, *82*,793 – 811.

Markman, E. M. (1989). *Categorization and naming in children: Problems of induction*. Cambridge, MA: MIT Press.

Marshall, P. J. , & Meltzoff, A. N. (2011). Neural mirroring systems: Exploring the EEG mu rhythm in infancy. *Developmental Cognitive Neuroscience*, *1*,110 – 123.

Meltzoff, A. N. (1995). Understanding the intentions of others: Re-enactment of intended acts by 18-month-old children. *Developmental Psychology*, *31*,838 – 850.

Meltzoff, A. N. , & Brooks, R. (2008). Selfexperience as a mechanism for learning about others: A training study in social cognition. *Developmental Psychology*, *44*,1257 – 1265.

Meltzoff, A. N. , Kuhl, P. K. , Movellan, J. & Sejnowski, T. J. (2009). Foundations for a new science of learning. *Science*, *325*,284 – 288.

Meltzoff, A. N. , & Moore, M. K. (1977a). Imitation of facial and manual gestures by human neonates. *Science*, *198*,75 – 78.

Meltzoff, A. N. , & Moore, M. K. (1997b). Explaining facial imitation: A theoretical model. *Early Development and Parenting*, *6*,179 – 192.

Moll, H. , & Meltzoff, A. N. (2011). How does it look? Level 2 perspective-taking at 36 months of age. *Child Development*, *82*,661 – 673.

National Academy of Sciences Report (2010). *Rising above the gathering storm, revisited: Rapidly approaching category 5*. National Academy of Sciences Press: Washington, DC.

Nosek, B. A. , Banaji, M. R. , & Greenwald, A. G. (2002). Math = male, me = female, therefore math ≠ me. *Journal of Personality and Social Psychology*, *83*,44 – 59.

Nosek, B. A. , Smyth, F. L. , Sriram, N. , Lindner, N. M. , Devos, T. , Ayala, A. , ... Greenwald, A. G. (2009). National differences in gender-science stereotypes predict national sex differences in science and math achievement. *Proceedings of the National Academy of Sciences*, *106*, 10593 – 10597.

Piaget, J. (1954). *The construction of reality in the child* (M. Cook, Trans.). New York: Basic Books.

Piaget, J. (1962). *Play, dreams and imitation in childhood* (C. Attegno & F. M. Hodgson, Trans.). New York: Norton.

Plato. (1997). *Plato: Complete works*. J. M. Cooper (Ed.). Indianapolis, IN: Hackett Books.

Quine, W. V. O. (1960). *Word and object*. Cambridge, MA: MIT Press.

Repacholi, B. M. , Meltzoff, A. N. , & Olsen, B. (2008). Infants' understanding of the link between visual perception and emotion: 'If she can't see me doing it, she won't get angry'. *Developmental Psychology*, *44*,561 – 574.

Rousseau, J. -J. (1972). *Émile* (B. Foxley, Trans.). London: J. M. Dent & Sons Ltd. (Original work published 1762).

Spelke, E. S. (2005). Sex differences in intrinsic aptitude for mathematics and science? *American Psychologist*, *60*,950 – 958.

Tomasello, M. , & Farrar, M. J. (1986). Joint attention and early language. *Child Development*, *57*,1454 – 1463.

13.

神经振荡和同步的发展变化：关于晚期关键期的证据

彼德·乌尔哈斯(Peter J. Uhlhaas)，沃夫·辛格(Wolf J. Singer)

同步振荡的作用

在低频(delta、theta 以及 alpha)和高频(beta 和 gamma)段上的同步神经振荡是 218
正常脑功能协调活动的基本机制(Buzsaki 和 Draguhn，2004；Fries，2009)。非人灵
长类动物的神经振荡波幅及同步性的侵入性电生理研究和人类脑电图、脑磁图
(EEG/MEG)研究得到的大量证据表明：神经振荡的波幅和同步性与各种认知能
力、感知觉能力有着密切的关系。研究发现 beta/gamma 波段(20—80 Hz)振荡节律
在建立离散神经的精确同步反应中所起的作用，是振荡和皮层计算之间的一个重要
关联。格雷及其同事(Gray 等，1989)指出，皮层细胞产生的动作电位和 beta 及
gamma 频段的振荡节律一致，这使得拥有同样节律的神经元能够高度精确地同步放
电。使神经同步成为可能是 beta/gamma 频段皮层振荡的一个主要作用，并且借助
建立系统化的相位迟滞，能促成放电时离散神经之间精确的时序相关(Womelsdorf
等，2007)。

自发振荡和同步是一种高度动态化的现象，取决于多种条件：如中枢状态
(Herculano 等，1999)、刺激结构(Gray 和 Singer，1989；Gray 等，1989)以及注意(Fries
等，2001)。同步强度和感知觉加工密切相关，这些感知觉加工包括特征整合、子系统 219
整合、亮度感知和双眼竞争(最近一篇综述见 Uhlhaas 等，2009a)。另外，同步强度能
够预测动物是否能够在知觉判断任务中给出正确反应(Kreiter 和 Singer，1996)，提示
其有重要功能。

除了在 beta 和 gamma 频段上的高频振荡，在 theta 和 alpha 频段上的振荡节律也
在皮层计算中发挥重要作用。alpha 频段(8—12 Hz)的活动和抑制功能有关(Klime-

sch 等，2007），但也和远程 gamma 振荡谐调有关（Palva 和 Palva，2007）；另外研究者提出，theta 频段的活动是记忆形成和提取的亚系统进行大规模整合的基础（Buzsaki，2005）。总而言之，同步的距离和同步振荡的频率之间存在着某种关联。近程同步倾向于选择发生在较高频段（gamma 频段），而远程同步则发生在 beta、theta（4—8 Hz）和 alpha（8—12 Hz）频段（Kopell 等，2000；von Stein 等，2000）。

在神经同步和认知、感知觉加工之间的关系受到广泛关注的同时，神经同步在皮层网络发展中可能起到的作用却较少被研究到。神经网络的发展依赖神经活动的自组织过程，在这个过程中，同步的神经活动的产生和振荡起了重要作用（Ben-Ari，2001；Hebb，1949；Khazipov 和 Luhmann，2006；Singer，1995；图 1，第 236 页）。皮层网络的发展和成熟非常依赖神经活动，因此，同步振荡在连接的稳定和修剪过程中起了关键作用（Hebb，1949）。比如，在尖峰定时依赖可塑性中，突触前后几十毫秒的关键窗口内的尖峰具有深远的功能影响（Markram 等，1997）。在海马的 theta 周期去极化的波峰施以刺激会引起长时程增强作用（Long-term Potentiation，LTP），而在波谷施以刺激则导致长时程减弱作用（Long-term Depotentiation，LTD；Huerta 和 Lisman，1993）。在 beta 和 gamma 频段的振荡也存在同样的关系（Wespatat 等，2004），表明振荡提供了一个时序结构，可对突触前和突触后激活的振幅和时间进程之间的关系进行精确谐调，以决定突触变化的极性（增强或减弱）。由此可见，皮层网络发展过程中突触连接的广泛修改取决于神经活动的精确时序。

与之相反，振荡活动的同步性则是皮层网络成熟的重要指标。神经振荡依赖于随着发展而显著变化的解剖和生理参数（Buzsaki 和 Draguhn，2004）。因此，beta 和 gamma 频段的神经活动同步化依赖同一块皮层内，或不同皮层区域间，甚至两个半脑之间神经相互连接形成的皮层关联（Engel 等，1991；Löwel 和 Singer，1992）。此外，伽马氨基丁酸能中间神经元（GABAergic Interneurons）在局部神经环路内建立神经同步的过程中发挥重要作用。有证据表明，单个伽马氨基丁酸能神经元足够使一大片锥体神经元的发放同步（Cobb 等，1995），并且抑制突触后电位（Inhibitory Post-Synaptic Potential，IPSP）的持续时间。而抑制性突触后电位能够决定单一网络内部振荡的主要频率（Wang 和 Buzsaki，1996）。

出生后，以伽马氨基丁酸能形式进行的神经传递（Doischer 等，2008；Hashimoto 等，2009）和轴突的髓鞘化（Ashtari 等，2007；Perrin 等，2009）都在发生变化。因此可以预期，振荡的频率和同步性（振幅）都会发生变化，精确度也会变化，这样在发展的不同阶段,节律性的活动才能远程同步起来。

下面,我们将展示在儿童和青少年期神经同步参数发生重大变化的证据。尽管高频活动在发展的早期已出现,如后文所示,只有在由青少年期向成人期转化的过程中皮层网络才能保持精确的同步,这与同期发生的解剖和生理变化是一致的。

静息态振荡

EEG 频谱的发展性变化由博格(Berger)首次描述,后续的研究确认了在不同频段振荡的振幅和分布发生了明显的改变(相关综述见 Niedermeyer,2005)。成人静息态活动的特征是枕叶电极主要记录到了 alpha 振荡,而低频(delta、theta)和高频(beta、gamma)振荡则较弱。然而在儿童期和青少年期,振荡波幅在很多频域内都较弱,对于 delta 和 theta 频段的活动来说尤其明显(Whitford 等,2007)。这些发展性的变化在后部比额部发生得更快(Niedermeyer,2005),且遵循着线性轨迹直到 30 岁(Whitford 等,2007)。当将相对振幅考虑在内时,alpha 和 beta 频段的振荡随着年龄而增长,而低频段的活动则下降。

青少年期静息态活动的改变在睡眠中也能观察到。坎贝尔和范伯格(Campbell 和 Feinberg,2009)分析了一群 9 到 12 岁的儿童在非快速眼动睡眠期(Non-rapid Eye Movement Sleep,non-REM)delta 和 theta 频段的活动,这项分析每年进行两次,一共持续了 5 年,他们发现低频振荡发生了重大的改变。delta 振荡的能量在 9 到 11 岁之间没有发生变化,但在 16.5 岁时减少了大约 60%。theta 频段的振荡也观察到了相似的结果。依作者所述,低频段振荡能量的减少反映了突触修剪的过程,和青少年期这个发展阶段无关。

和慢波活动的减弱相反,静息态 gamma 频段的振荡在发展过程中增加了。这个频段的活动在 16 个月的时候就能被观察到,振幅的增长一直会持续到 5 岁(Takano 和 Ogawa,1998)。额叶电极记录到的振幅和语言及认知技能的发展之间的相关提示,早期 gamma 频段的活动在认知功能的成熟过程中有着重要作用(Benasich 等,2008)。

振荡波幅的变化伴随着振荡同步化的发展趋势。有假设认为,白质的成熟包含了近程和远程纤维的差异发展,并且反映为 beta 频段振荡的相干性变化,撒切尔等人(Thatcher 等,2008)检验了这个假设。2 个月和 16 岁之间的 EEG 相干性表现为近程

（＜6 cm）相干性的增加，但远程（＞24 cm）相干性则没有随着年龄发生变化。斯里尼瓦桑等人（Srinivasan 等，1999）报告了远程相干性在 alpha 频段的显著增加。作者研究了 20 名儿童（6—11 岁）和 23 名成人（18—23 岁）的 EEG 相干性。儿童的前部电极能量较弱，且伴随前部和后部电极相干性较低。这些发现提示，除了节律活动实质上的增加，儿童和青少年时期的振荡成熟化伴随着振荡同步精确性的增加，说明皮层网络在空间和功能组织上的持续成熟。

稳态响应的成熟

稳态响应（Steady-State Responses）是对时域调制刺激的基本神经响应，且在频率和相位上表现出同步化。因此，稳态范式在探测神经网络的功能方面十分理想，可以产生并保持不同频段的振荡活动。前人的研究表明，听觉的稳态响应在 40 Hz 频段达到峰值（Galambos 等，1981），提示皮层网络的一个自然共振频率。

发展研究一直关注听觉稳态响应（Auditory SSR，即 ASSR）。罗雅斯等人（Rojas 等，2006）使用 MEG 研究了 5 到 52 岁年龄段内 69 名被试的 40 Hz 频段 ASSR。回归分析显示，年龄具有显著效应，表明 200 到 500 毫秒内 40 Hz 频段 ASSR 的振幅在发展的过程中显著增强。值得注意的是，40 Hz 频段的能量在儿童和青少年时期有显著的增强，并且似乎在成年早期达到稳定期。

听觉稳态响应的成熟需时较长，由鲍尔森等人（Poulsen 等，2009）近期的研究证实。研究者在一个纵向研究中使用 EEG 测量了 46 名 10 岁被试，并在 18 个月后进行了重测。与成人组的对比发现，儿童的 40 Hz 频段 ASSR 较弱。除了儿童 ASSR 振幅总体较弱，成人还以较低的变异性和较高的峰值频率为特点。源波形的发展性变化分析表明，成人在左侧颞叶皮层有较高的溯源强度，然而在右侧颞叶的源和脑干的源之间的活动并没有差别。

任务相关振荡的发展

奇布劳等人（Csibra 等，2000）使用 EEG 测量了 6 到 8 个月大的婴儿在进行凯尼撒方形（Kanisza Squares）感知任务时 gamma 频段的响应，此任务要求个体能够把轮廓元素组成连贯的客体表征。基于前人的行为研究，婴儿在 6 个月大的时候还不能进行凯尼撒图形的感知。作者假设 8 个月大的婴儿能够知觉整合是和 gamma 频段振荡的出现有关。额叶电极在 240 到 320 毫秒诱发了振荡响应,并且振荡没有发生在低龄组,支持了上述假设,提示婴儿期 gamma 频段振荡的出现确实和特征知觉的成熟化有关。

进一步的研究已经证实,视觉加工过程中神经同步的成熟化会一直持续到成年期。韦克尔·伯格纳等人(Werkle-Bergner 等,2009)研究了儿童(10—12 岁)、早期成人(20—26 岁)和老年人(70—76 岁)在方形和圆形知觉过程中诱发的 gamma 频段振荡的振幅和相位稳定性。相比于成人,儿童在枕叶电极上 30—148 Hz 频段的诱发振荡明显较弱。70—76 岁的被试,虽然和早期成人组表现出相似的相位同步,但区别在于对较大刺激进行知觉时诱发的 gamma 频段的振荡波幅减弱。

乌尔哈斯等人(Uhlhaas 等,2009b)在一项研究中探索了诱发振荡及其同步性的发展,这项研究观察了儿童、青少年和早期成人被试在穆尼面孔(Mooney Face[①];见图 1,第 236 页)知觉过程中的反应。在成人被试中,对竖直穆尼面孔的知觉表征和顶叶电极显著的 gamma 频段振荡以及 theta 频段和 beta 频段大范围的远程同步有关。在发展过程中,这些参数的明显变化伴随着检出率的提高和反应时的降低。特别是 beta 和 gamma 频段的神经同步性一直增长到青少年早期(12—14 岁),之后在青少年晚期(15—17 岁),相位同步性和高频段振荡的振幅都有减少。相对于晚期青少年被试,18—21 岁成人的高频段振荡表现出显著增加,伴随着 beta 频段相位同步模式拓扑学上的重新组织,也伴随着额叶和顶叶电极 theta 频段相位同步性的增加。综上所述,从青少年期到成年早期振荡减少和同步的发展,反应了和功能网络重组有关的关键发展阶段,并且伴随着神经元间交互作用的时间精确性和空间特异性的增加。

神经同步的变化也在听觉加工的发展过程方面得到证实。缪勒等人(Müller 等,2009)在一项听觉探异任务(Oddball Task[②])中观察了低龄儿童(9—11 岁)、高龄儿童(11—13 岁)、早期成人(18—25 岁)、老年人(64—57 岁)在 0—12 Hz 频段上不同的振荡活动。EEG 数据的同步性和振荡波幅差异表现最强的地方在儿童和成年早期的对比,以及对注意刺激和偏差刺激加工。儿童以额叶中部电极的 delta 和 theta 频段的同

---

① 一种只有两种颜色、特征极少的面孔图,任务是要求被试根据残余信息对面孔图是否是真面孔进行知觉判断。——译者注
② 被试对小概率刺激进行反应的任务。——译者注

224 步性较低为特点,同时远程同步性也较低。然而,局部和远程同步性的较弱却伴随着儿童在相同频段激发和诱发的振荡能量[①]的相对增加。可以推测,随着发展的进行,在青少年期低频活动会有转向更精确的振荡同步的特点。约达诺娃等人(Yordanova 等,1996)报告了 alpha 频段的相似结果。

发展过程中神经同步的改变,也表现在运动系统 beta 频段的振荡和运动指令的准备和执行有关(Kilner 等,2000)。通过测量外展肌电(electromygraphic,EMG)记录信号的协变性,可以探究脊髓向运动神经元输入的同步性。法默等人(Farmer 等,2007)分析了 50 名被试(4—59 岁)1—45 Hz 频段肌电信号在发展过程中的相干性。显著的发展变化出现在 7—9 岁和 12—14 岁的 beta 频段的相干性,相比于儿童被试,青少年被试表现出 beta 频段相干性等级的提升。

与解剖及生理变化的关系

随着 gamma 频段振荡在婴儿时期出现(Benasich 等,2008;Takano 和 Ogawa,1998),振荡向着更高频段转化,同步性也越来越精确(James 等,2008;Müller 等,2009;Poulsen 等,2009;Rojas 等,2006;Uhlhaas 等,2009b)。这种发展会一直持续到成年早期,神经的同步化在整个青少年期则会一直进行,这是脑成熟的一个重要阶段。

青少年期神经同步化的发展是和这一阶段认知功能的发展并存的。这些认知功能依赖于神经同步,比如工作记忆和执行功能(Luna 等,2004);并且伴随着同期的解剖和生理的改变(Toga 等,2006)。特别指出的是,gamma 频段振荡的晚期发展和最近的研究数据一致,这些数据提示了青少年期存在伽马氨基丁酸能神经递质的重要变化。桥本等人(Hashimoto 等,2009)发现,在猴子的发展早期,伽马氨基丁酸的 α_2 亚基在背腹侧前额叶(Dorsolateral Prefrontal Cortex,DLPFC)占据优势,然而成年动物则表达了更多的 α_1 亚基。这个转变伴随着伽马氨基丁酸递质活跃性的明显改变,包括锥体神经元的微型突触后电位持续时间的显著减少。α 亚基表达的转变与在青少年时期观察到的 gamma 频段振荡的振幅和频率的增加有直接关联。因为 α_1 亚基在

225 细小白蛋白—正性篮状细胞(Parvalbumin-positive Basket Cells,PV-BCs)的突触中占有绝对优势(Klausberger 等,2002),而这种细胞在 gamma 频段振荡的产生中至关重

---

① 可以简单地认为注意刺激"激发"了振荡能量,偏差刺激"诱发"了振荡能量。——译者注

要(Sohal 等,2009)。

慢波振荡(delta、theta)的减少和突触修剪有关(Feinberg 和 Campbell,2010)。根据这个观点,儿童时期突触数量较多可以解释过剩的 delta 和 theta 频段振荡,也可以解释青少年时期高新陈代谢率减弱会导致慢波活动的减少以及能量消耗的降低。

除了振荡波幅的改变,同步精确性的改变也被观察到,并且可能和解剖的变化有关。白质的发展持续到成年早期(Ashtari 等,2007;Salami 等,2003),通过提高神经振荡的精确性和频率,可能有助于皮层区域间远程同步的成熟。多个研究证实了这一点,表明青少年时期长轴突纤维髓鞘化的增加使得远程连接加强。

另外,青少年时期高频振荡的发展和同步的数据与其他一些结果也是一致的,并且拓展了对这些结果的认识,比如不同认知任务下 fMRI 活动模式随着年龄而变化(Casey 等,2008),以及静息态随着年龄而改变(Supekar 等,2009)。这些研究发现了影响任务表现的关键脑区随着年龄增长而激活增强的发展模式(Durston 等,2006)。成人被试在有关工作记忆、执行控制和视觉加工等任务中额叶和顶叶区域的激活,相比儿童和青少年更加显著和集中(Crone 等,2006;Golarai 等,2007;Rubia 等,2007)。因为血氧水平依赖信号的波幅和神经元在 gamma 频段的同步振荡紧密正相关,fMRI 数据和"皮层网络在高频段同步精确共振的能力是随着发展而增加的,并且是成熟化标志"的观点完全一致。

对神经病理学和教育的启示

除了说明正常大脑成熟进程中神经同步所起到的作用,前文回顾的数据对于神经精神病学疾病的理解也有重要启示,比如自闭症谱系障碍(Autism Spectrum Disorders,ASDs)和精神分裂症,这些都和异常的神经同步及畸变的神经发展有关(Uhlhaas 和 Singer,2010,2007)。考虑到神经同步在不同发展阶段的皮层回路塑造中的重要作用,我们假设在 ASDs 患者中,产前和产后阶段异常的大脑发育导致皮层回路不能支持婴儿期高频振荡的表达。这些损伤的振荡可能反过来减少谐调了的发放模式的时序精确性,从而在后续的发展中阻碍活动依赖的回路选择。精神分裂症则是另外一种情况,临床症状在青少年后期至成年期才会典型地表现出来。因为高频振荡和同步在青少年后期明显加强,并和皮层网络的重组有关,我们推测,精神分裂症患

226

者的皮层回路不能支持他们在青少年后期出现的神经编码体系,因此会依赖于时序上更加精确、空间上更局限的同步模式。

考虑到教育层面,皮层网络在青少年后期显著改变的数据可能与教育更加相关。这些数据提示了弥散的工作网络向着局限的、可能更特异化的亚网络群发展,并且在跨皮层区域的时序精确性和相位相干性上会出现较晚但是实质性的增长。这些变化提示,在青少年晚期存在一个大脑发展的关键期。这个发展阶段的神经基础相比于生命早期关键期的神经基础被研究得较少,而在生命早期,大脑架构广泛受制于依赖经验加工的表观遗传学塑造。研究较少的原因是,直到最近,青少年后期的大脑发展一直被认为是稳定的过程——和最后阶段的髓鞘化有关,但却和功能网络的重组无关。随着新的证据的提出,看起来似乎不仅需要更深层地探究这种晚期重组的神经生理变化基础,也需要探究这个发展阶段可能为表观遗传,特别是教育影响提供机会的可能时间窗口。如果支持这些晚期发展变化的机制同那些在早期关键期起作用的机制具有共同的特征,那么我们应该预期增强对使用依赖性修饰的敏感性,比如对表观遗传塑造的敏感性。这也许会给弗洛伊德的观点——青少年晚期提供了"第二次机会",注入了新的活力。

227 ## 致谢

本文由德国马普学会(Max Planck Society)和 BMBF 资助(编号:01GWS055;P. J. Uhlhaas, W. Singer)。ER 是由赫蒂基金会通过法兰克福高等研究院以及通过FONDECYT 1070846 赠款和 CONICYT/DAAD 联合合作赠款支持的。

参考文献

Ashtari, M. , et al. (2007) White matter development during late adolescence in healthy males: A cross-sectional diffusion tensor imaging study. *Neuroimage*, *35*,501 – 510.

Ben-Ari, Y. (2001) Developing networks play a similar melody. *Trends Neurosci*, *24*,353 – 360.

Benasich, A. A. , et al. (2008) Early cognitive and language skills are linked to resting frontal gamma power across the first 3 years. Behav. *Brain Res*, *195*,215 – 222.

Buzsaki, G. (2005) Theta rhythm of navigation: link between path integration and landmark navigation, episodic and semantic memory. *Hippocampus*, *15*,827 – 840.

Buzsaki, G., and Draguhn, A. (2004) Neuronal oscillations in cortical networks. *Science*, *304*, 1926 – 1929.

Campbell, I. G., and Feinberg, I. (2009) Longitudinal trajectories of non-rapid eye movement delta and theta EEG as indicators of adolescent brain maturation. *Proc. Natl. Acad. Sci. USA*, *106*, 5177 – 5180.

Casey, B. J., Jones, R. M., Hare, A. T. (2008) The adolescent brain. Ann. *N. Y. Acad. Sci*, *1124*, 111 – 126.

Cobb, S. R., et al. (1995) Synchronization of neuronal activity in hippocampus by individual GABAergic interneurons. *Nature*, *378*, 75 – 78.

Crone, E. A., et al. (2006) Neurocognitive development of the ability to manipulate information in working memory. *Proc. Natl. Acad. Sci. USA*, *103*, 9315 – 9320.

Csibra, G., et al. (2000) Gamma oscillations and object processing in the infant brain. *Science*, *290*, 1582 – 1585.

Doischer, D., et al. (2008) Postnatal differentiation of basket cells from slow to fast signaling devices. *J. Neurosci*, *28*, 12956 – 12968.

Durston, S., et al. (2006) A shift from diffuse to focal cortical activity with development. *Dev. Sci. 9*, 1 – 8.

Engel, A. K., et al. (1991) Interhemispheric synchronization of oscillatory neuronal responses in cat visual cortex. *Science*, *252*, 1177 – 1179.

Farmer, S. F., et al. (2007) Changes in EMG coherence between long and short thumb abductor muscles during human development. *J. Physiol*, *579*, 389 – 402.

Feinberg, I., and Campbell, I. G. (2010) Sleep EEG changes during adolescence: An index of a fundamental brain reorganization. *Brain Cogn*, *72*, 56 – 65.

Fries, P. (2009) Neuronal gamma-band synchronization as a fundamental process in cortical computation. Annu. Rev. *Neurosci*, *32*, 209 – 224.

Fries, P., et al. (2001) Modulation of oscillatory neuronal synchronization by selective visual attention. *Science*, *291*, 1560 – 1563.

Galambos, R., et al. (1981) A 40 – Hz auditory potential recorded from the human scalp. *Proc. Natl. Acad. Sci. USA*, *78*, 2643 – 2647.

Golarai, G., et al. (2007) Differential development of high-level visual cortexcorrelates with category-specific recognition memory. *Nat. Neurosci*, *10*, 512 – 522.

Gray, C. M., and Singer, W. (1989) Stimulus-specific neuronal oscillations in orientation columns of cat visual cortex. *Proc. Natl. Acad. Sci. USA*, *86*, 1698 – 1702.

Gray, C. M., et al. (1989) Oscillatory responses in cat visual cortex exhibit inter-columnar synchronization which reflects global stimulus properties. *Nature*, *338*, 334 – 337.

Hashimoto, T., et al. (2009) Protracted developmental trajectories of GABA(A) receptor alpha1 and alpha2 Subunit expression in primate prefrontal cortex. *Biol. Psychiatry*, *65*, 1015 – 1023.

Hebb, D. O. (1949) *The organization of behavior: A neuropsychological theory*. Wiley.

Herculano-Houzel, S. , et al. （1999）Precisely synchronized oscillatory firing patterns require electroencephalographic activation. *J. Neurosci*, *19*,3992 – 4010.

Huerta, P. T. , and Lisman, J. E. （1993）Heightened synaptic plasticity of hippocampal CA1 neurons during a cholinergically induced rhythmic state. *Nature*, *364*,723 – 725.

James, L. M. , et al. （2008）On the development of human corticospinal oscillations: age-related changes in EEG-EMG coherence and cumulant. *Eur. J. Neurosci*, *27*,3369 – 3379.

Khazipov, R. , and Luhmann, H. J. （2006）Early patterns of electrical activity in the developing cerebral cortex of humans and rodents. *Trends Neurosci*, *29*,414 – 418

Kilner, J. M. , et al. （2000）Human cortical muscle coherence is directly related to specific motor parameters. *J. Neurosci*, *20*,8838 – 8845.

Klausberger, T. , et al. （2002）Cell type-and input-specific differences in the number and subtypes of synaptic GABA(A) receptors in the hippocampus. *J. Neurosci*, *22*,2513 – 2521.

Klimesch, W. , et al. （2007）EEG alpha oscillations: the inhibition-timing hypothesis. *Brain Res. Rev*, *53*,63 – 88.

Kopell, N. , et al. （2000）Gamma rhythms and beta rhythms have different synchronization properties. *Proc. Natl. Acad. Sci. USA*, *97*,1867 – 1872.

Kreiter, A. K. , and Singer, W. （1996）Stimulus-dependent synchronization of neuronal responses in the visual cortex of the awake macaque monkey. *J. Neurosci*, *16*,2381 – 2396.

Löwel, S. , and Singer, W. （1992）Selection of intrinsic horizontal connections in the visual cortex by correlated neuronal activity. *Science*, *255*,209 – 212.

Luna, B. , et al. （2004）Maturation of cognitive processes from late childhood to adulthood. *Child Dev*, *75*,1357 – 1372.

Markram, H. , et al. （1997）Regulation of synaptic efficacy by coincidence of postsynaptic APs and EPSPs. *Science*, *275*,213 – 215.

Müller, V. , et al. （2009）Lifespan differences in cortical dynamics of auditory perception. *Dev. Sci*, *12*, 839 – 853.

Niedermeyer, E. （2005）Maturation of the EEG: Development of Waking and Sleep Patterns. In: Niedermeyer, E. , Da Silva, F. L. , （Eds. ）. *Electroencephalography: Basic Principles, Clinical Applications, and Related Fields*. Lippincott Williams & Wilkins, Philadelphia, 209 – 234.

Niessing, J. , et al. （2005）Hemodynamic signals correlate tightly with synchronized gamma oscillations. *Science*, *309*,948 – 951.

Palva, S. , and Palva, J. M. （2007）New vistas for alpha-frequency band oscillations. *Trends Neurosci*, *30*, 150 – 158.

Perrin, J. S. , et al. （2009）Sex differences in the growth of white matter during adolescence. *Neuroimage*, *45*,1055 – 1066.

Poulsen, C. , et al. （2009）Age-related changes in transient and oscillatory brain responses to auditory stimulation during early adolescence. *Dev. Sci*, *12*,220 – 235.

Rojas, D. C. , et al. （2006）Development of the 40 Hz steady state auditory evokedmagnetic field from ages 5 to 52. *Clin. Neurophysiol*, *117*,110 – 117.

Rubia, K., et al. (2007) Linear age-correlated functional development of right inferior fronto-striato-cerebellar networks during response inhibition and anterior cingulate during error-related processes. *Hum. Brain Mapp*, *28*,1163 – 1177.

Salami, M., et al. (2003) Change of conduction velocity by regional myelination yields constant latency irrespective of distance between thalamus and cortex. *Proc. Natl. Acad. Sci. USA*, *100*,6174 – 6179.

Singer, W. (1995) Development and plasticity of cortical processing architectures. *Science*, *270*,758 – 764.

Sohal, V. S., et al. (2009) Parvalbumin neurons and gamma rhythms enhance cortical circuit performance. *Nature*, *459*,698 – 702.

Srinivasan, R. (1999) Spatial structure of the human alpha rhythm: global correlation in adults and local correlation in children. *Clin. Neurophysiol*, *110*,1351 – 1362.

Supekar, K., et al. (2009) Development of large-scale functional brain networks in children. *PLoS Biol*, *7*,e1000157.

Takano, T., and Ogawa, T. (1998) Characterization of developmental changes in EEG-gamma band activity during childhood using the autoregressive model. *Acta Paediatr. Jpn*, *40*,446 – 452.

Thatcher, R. W., et al. (2008) Development of cortical connections as measured by EEG coherence and phase delays. *Hum. Brain Mapp*, *12*,1400 – 1415.

Toga, A. W., et al. (2006) Mapping brain maturation. *Trends Neurosci*, *29*,148 – 159.

Uhlhaas, P. J., and Singer. W. (2010) Abnormal oscillations and synchrony in schizophrenia. Nat. Rev. *Neurosci*, *11*,100 – 113.

Uhlhaas, P. J., and Singer. W. (2007) What do disturbances in neural synchrony tell us about autism. Biol. *Psychiatry*, *62*,190 – 191.

Uhlhaas, P. J., et al. (2009a) Neural synchrony in cortical networks: history, concept and current status. Frontiers Integr. *Neurosci*, *3*,17.

Uhlhaas, P. J., et al. (2009b) The development of neural synchrony reflects late maturation and restructuring functional networks in humans. *Proc. Natl. Acad. Sci. USA*, *106*,9866 – 9871.

von Stein, A., et al. (2000) Top-down processing mediated by interareal synchronization. *Proc. Natl. Acad. Sci. USA*, *97*,14748 – 14753.

Wang, X. J., and Buzsaki, G. (1996) Gamma oscillation by synaptic inhibition in a hippocampal interneuronal network model. J. *Neurosci*, *16*,6402 – 6413.

Werkle-Bergner, M., et al. (2009) EEG gamma-band synchronization in visual coding from childhood to old age: Evidence from evoked power and inter-trial phase locking. Clin. *Neurophysiol*, *120*, 1291 – 1302.

Wespatat, V., et al. (2004) Phase sensitivity of synaptic modifications in oscillating cells of rat visual cortex. J. *Neurosci*, *24*,9067 – 9075.

Whitford, T. J., et al. (2007) Brain maturation in adolescence: concurrent changes in neuroanatomy and neurophysiology. Hum. *Brain Mapp*, *28*, 228 – 237.

Womelsdorf, T., et al. (2007) Modulation of neuronal interactions through neuronal synchronization. *Science*, *316*, 1609 – 1612.

Yordanova J. Y., et al. (1996) Developmental changes in the alpha response system. Electroencephalogr. Clin. *Neurophysiol*, *99*, 527 – 538.

总　　结

14.

人脑的可塑性与教育的总结陈词

安东尼奥·巴特罗,斯坦尼斯拉斯·迪昂,沃尔夫·辛格,艾伯特·加拉布尔达,海伦·内维尔,法拉内·瓦尔加-哈德姆

脑与认知科学研究方法的高度发展,使我们可以客观观测儿童大脑的发展轨迹,也使我们能阐明这个轨迹是怎样被父母、教育和其他环境影响因素所塑造的。 233

我们能使用非侵入性的脑成像方法,同行为测验一起,来研究婴儿大脑和心理的构建和发展。这些结果揭示,半脑特异化的语言网络早期构建的高度结构化,以及脑网络在生命的最初几个月里的快速成熟。这些过程现在已经可以使用客观的测量来说明。

脑的发展成熟进程一直持续到青少年期和成年早期,伴随着不同脑区动态交互作用的显著改变。出生时表现出的弥散网络变得独立且功能专一。基因决定了的连接架构分布,提供人类所共有的神经基础,但很快就会被特定的文化经验所重塑。

需要特别指出,学校是儿童生命中的重要事件。脑成像结果揭示了早期教育对不同认知功能的巨大影响,比如语言、文学、数学和推理。举例来说,成年文盲的脑和学习了字母语言的成人脑在许多方面有明显的区别。发展中的脑具有卓越的适应性,使教育可以增强脑的变化成为可能。脑的发展和神经连接持续不断地产生及移除有关,通过这个过程,经验决定了哪些神经元将被巩固。这种广泛的可塑性通过一些极端案例得到证实,比如半脑切除的儿童。其他例子来自对盲童的研究,结构完整但丧失了视觉能力的视觉皮层能够对触觉进行广泛反应,包括盲文阅读。即使正常发展的脑,类似的"皮层再利用"过程也出现在正常发展的过程中:新近获得的阅读和数学能力侵入进化上较古老的皮层区域,使它们的功能调整为专门加工这些人类的新发明,比如数字和字母。

儿童大脑的可塑性是巨大的,这种可塑性会在大脑几近全部的通路上持续一生的存在。举例来说,神经影像研究显示,成人的拼音化教程使得成人显示出类似于学龄 234

儿童学习阅读时的大脑变化。近期的实验证据更表明,数以百万神经元的神经通路、树突、突触修剪,甚至基因表达都和学习经验有关。

研究者们厘清了儿童学习发生的条件。第二语言学习实验证明,对语言的被动暴露是低效的,与老师主动进行社会交互非常重要。这些实验强调了教师和家庭的重要作用,他们能提供学习的最佳社会环境。一些早期干预项目教给儿童和家长集中注意的方法原则,被认为是非常有效的。另外,这些早期干预项目似乎对社会或经济剥夺的儿童特别有效,因此有可能给教育系统带来更多公平和公正。

通过一些特殊的基因疾病,比如脆性 X 综合征,精神发育迟滞的突触机制和基因机制可得到阐述。如今,分子医药工具正开启新式干预方法的可能性。神经的可塑性开始于出生前,那时脑刚开始形成;这个过程中,基因的变异或突变,还有早期环境影响,均可导致脑的变化,这就可以解释为什么一些孩子会形成学习障碍。教育的认知科学正引导着新式工具来评估单个孩子的发展,且能探测可能的学习困难、隐藏的障碍还有个体差异。这些能够发展出特异于单个孩子的干预工具。适应性的计算机软件和在线教学的应用,配上精心调整的难度,能够在这里发挥特殊作用。

总而言之,脑科学和教育之间联系深远、发展飞速。神经可塑性是关键的桥接过程,它的分子的、神经的以及脑的机制应当在未来进行更好的研究。然而,当前的科学知识已经足以让我们推断,早期教育的投入对脑有着深刻的影响,这种影响贯穿一生,并且表现在健康、经济和社会公平上。然而这些观念主要关注于工具性功能,迄今为止,关于通过教育来确立道德价值观、社会行为准则和道德行为倾向的机制还知之甚少。由于这些属性和能力对人类的未来至关重要,迫切需要加强对它们的研究。

译后记

人脑的可塑性与教育是教育神经科学研究的核心主题，为我们理解文化学习与环境经验对脑与心智的塑造作用提供了重要的科学依据。脑的可塑性是指"脑在外界环境和经验的作用下不断塑造其结构和功能的能力"。长期以来，有关神经可塑性的研究，大多数聚焦于动物研究以及人类基本的感觉运动功能的研究。这类研究有助于我们对神经可塑性的理解，但是这些研究都还不足以帮助我们深入地理解与人类独特的高级学习与经验有关的可塑性。鉴于此，本书聚焦于人类高级学习、教育与脑可塑性之间的交互作用。

本书是《受教育的脑：神经教育学的诞生》一书的延续，以人脑的可塑性为核心，将不同学习领域的研究整合起来，描述了人脑在接受教育的过程中展现出的改变其自身功能甚至结构的强大能力。借助脑与认知科学的研究技术与手段，研究者可以客观地测量儿童大脑的发展轨迹，父母、教育和其他环境是如何影响儿童的大脑发育与认知发展的。研究表明，早期教育的投入对脑有着深刻的影响，这种影响会贯穿人的一生，并且表现在健康、经济和社会公平上。脑的发育进程一直持续到青少年期和成年早期，从出生时弥散性的脑网络逐渐形成独立且功能专一的神经网络，这些网络会受到特定文化经验的重塑。儿童、青少年的脑所具有的这种强大的可塑性与适应性，使得教育可以塑造脑的结构与功能。因此，语言、阅读、数学、道德和推理等学校教育活动在儿童生命的历程中发挥了重要的作用。教育的过程是"皮层再利用"的过程，通过教育形成的阅读和数学能力侵入进化上较古老的皮层区域，将这些皮层区域的功能调整为专门加工数字和字母等人类的文化发明。"神经元再利用"的理论为我们提供了理解和改进儿童阅读学习和计算的新框架。不同领域的学习具有特定的神经机制，例如，第一语言与第二语言习得的认知神经机制不同，代数运算的神经机制也不同于几何运算的神经机制。神经影像研究显示，成人的拼读学习会使成人的脑产生类似于学龄儿童学习阅读时产生的变化。这说明，人脑终身都具有可塑性。第二语言学习的实验证明，有效的第二语言学习方式是，主动地与教师进行社会交互。因此，教师和家长在第二语言学习中可以发挥重要的作用,他们可以为儿童提供最佳的第二语言学习环境。总之,本书以丰富的证据证明,人脑的可塑性是可教育性的基础,教育塑造了人脑与认知。

为了翻译本书,周加仙研究员在试译的基础上,选择了优秀的译者,组建了一个交叉学科的翻译团队。具体分工如下:第 1 章,周加仙;第 2 章,周加仙;第 3 章,周加仙、毛垚力;第 4 章,陶然;第 5 章、第 6 章,柳恒爽;第 7 章,陈文;第 8 章,王筠新;第 9 章,陈文;第 10 章,王筠新;第 11 章、第 12 章,陈冰玏;第 13 章、第 14 章,陶然。为了保证翻译的质量,我们在初译的基础上,各章节的译者之间进行了互校,然后由陶然、毛锐进行了初步的统稿,最后由周加仙对照原文进行反复的审读、修改,最后定稿。由于本书涉及的学科多,研究的程度深,因此翻译的难度大。如果有不足之处,还请读者不吝赐教。

周加仙

2021 年 5 月 1 日

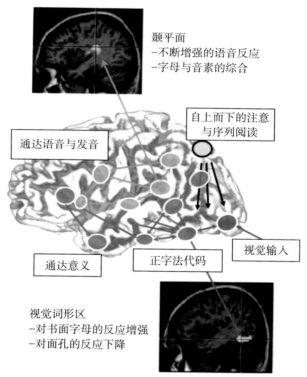

颞平面
-不断增强的语音反应
-字母与音素的综合

自上而下的注意
与序列阅读

通达语音与发音

视觉输入

通达意义

正字法代码

视觉词形区
-对书面字母的反应增强
-对面孔的反应下降

图 1　阅读的脑机制概览图,展示阅读引起变化的两个主要脑区。中图摘自 Dehaene,2009,显示熟练阅读者的左半球脑区。在阅读过程中,投射到视网膜的字形首先到达枕叶视觉区,继而到达左半球的视觉词形区(VWFA),在此字母串的视觉词形得到加工:字母次序和字母之间的关系。大部分单词会被并行地快速加工,个体并不感到困难。但是对于长单词,可能需要从左向右注意字母次序,这个过程会激活顶叶背侧。视觉符号串被识别后,会被传输到不同的脑区,这些脑区与语义和语音(听觉语音和言语发音)有关。上下两幅图展示识字成人相比文盲成人激活显著增强的两个脑区(根据 Dehaene,Pegado 等,2010 数据重制):视觉词形区(下图)和颞平面(上图)。这些脑区构成了词形—音素转换通路。这条通路的发展对于阅读习得至关重要。

238

随着阅读成绩的提高，对书面句子的激活增强

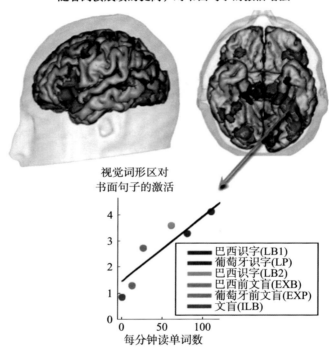

图 2　成人阅读学习引起差异的概览。图像显示的是与阅读表现提升相关的激活，这些
激活是对视觉呈现句子的响应（根据 Dehaene，Pegado 等，2010 数据重制）。识字
增加了视觉词形区（VWFA，见插图）的激活，即使是未接受学校教育而在成年阶
段学习识字的前文盲成人也是如此。识字能力的获得也使得整个左半球语言区
域网络对视觉呈现的文字表现出激活。

婴儿研究的神经科学技术

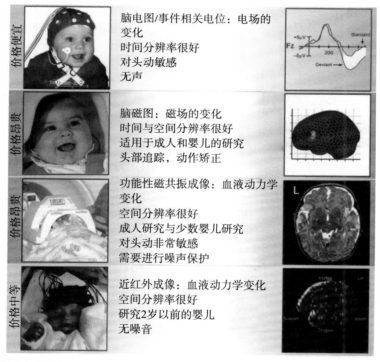

图 1　在婴儿和儿童身上广泛使用的，检测对他们语言信号响应的四种技术（摘自 Kuhl 和 Rivera-Gaxiola，2008）。

240

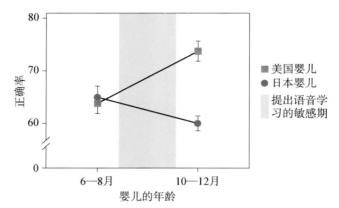

图 3　区分美式英语/ra-la/语音对立对的年龄效应,被试是 6—8 个月和 10—12 个月的美国婴儿和日本婴儿。图中表明正确率的平均值和标准差(Kuhl 等,2006)。

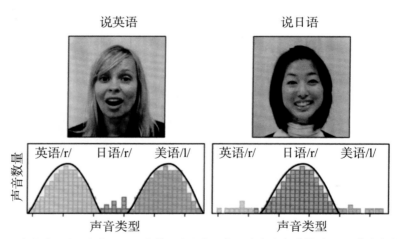

图 4　分布式学习的理想情况。一位英国女士和一位日本女士在说"妈妈语",英文/r/和/l/、日语/r/的分布情况如图所示。这些简单的刺激表现出儿童对于分布式线索的不同敏感性(由 Kuhl,2010b 改编而来)。

接触外语

A　　　　现场接触　　　　　　　　　　　电视接触

汉语普通话语音辨别

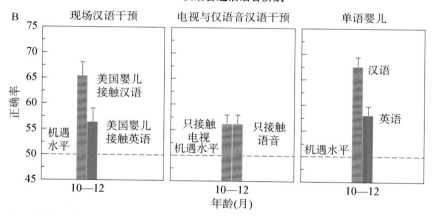

图 5　外语学习实验展示的语言学习过程中社会交互的必要性。9 个月大的婴儿进行了 12 个阶段的汉语普通话学习,学习是通过(A)与汉语老师自然互动(左),或者通过电视获得同样的语言信息(右),或者通过录音(未显示)。(B)与使用英语进行互动的控制组相比,自然互动对汉语音素的习得效果显著(左);通过电视或者录音进行的学习则没有任何效果(中);年龄匹配的中国和美国婴儿学习各自母语的数据比较(右;由 Kuhl 等,2003 中的图改编而来)。

242

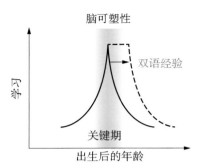

图6 根据 NLM-e 观点,单语儿童和双语儿童同时"开启"语音学习的关键期。但是,双语儿童的关键期对经验"开启"的时间较长,因为言语输入中的高度异质性。

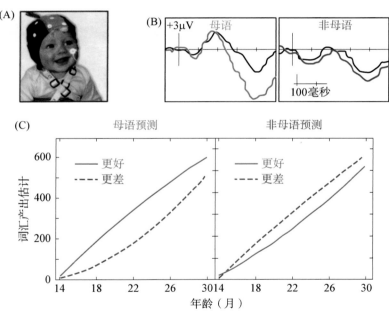

图7 (A)7.5 个月大的婴儿穿戴 ERP 电极帽。(B)7.5 个月大的婴儿在接收电极(CZ)位置表现出的对母语(英语)和非母语(汉语)语音对立对的不同响应。差异波(英语红色,汉语蓝色)减去标准波(黑色)可以得到失匹配负波(MMN)。婴儿的失匹配负波对母语英语对立对的响应强于对非母语对立对,说明婴儿的母语学习已经开始。(C)母语对立对的失匹配负波值在+1 个标准差和−1 个标准差的 7.5 个月大的婴儿,在 14 到 30 月之间表现出的词汇增加的等级线性增长模型(C 图左侧);非母语对立对的失匹配负波值在+1 个标准差和−1 个标准差的 7.5 个月大的婴儿表现出的词汇增加(C 图右侧;Kuhl, 2010a)。

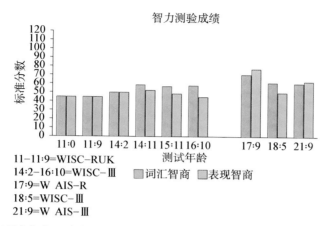

图 2　亚历克斯在 11 岁和 21 岁 9 个月之间的标准化（平均值 100，标准差 15）智力商数（粉色：词汇智商，蓝色：表现智商）。普通人群一般智商在 80 到 109 之间。

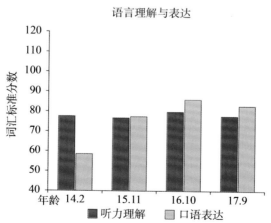

图 4　在青少年期，亚历克斯的日常语言理解和表达技能在口语交流方面有所改善。

244

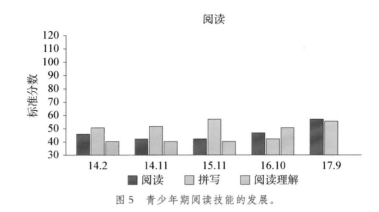

图 5　青少年期阅读技能的发展。

245

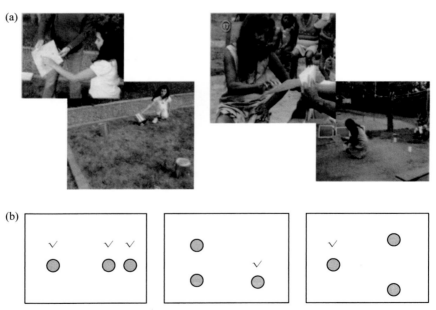

图 1　两种文化的成人和儿童在纯几何地图定位测验中的表现。(a)实验设置和样例任务,左图为美国儿童,右图为亚马逊流域土著成人。(b)4 岁儿童参与实验中使用的三种地图结构;两种文化中的成人仅使用了三角形地图进行测验。对号标示了 4 岁儿童成功完成任务时的目标位置;两种文化中的成人在所有位置的表现都高于概率水平(参见 Shusterman 等,2008; Dehaene 等,2006)。

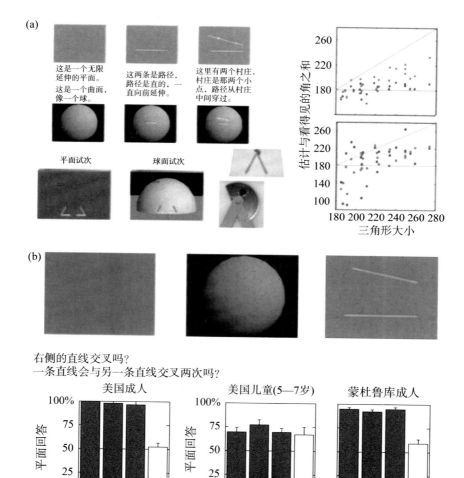

图2　抽象几何知觉测验的形式。(a)三角形补全研究的测验内容和指导语。让被试观察平面或者球面(左上)，然后让其判断位于两条直线相交处的三角形隐藏顶点的位置和角度(左下)。点图展示的是每个试次的角度估计之和的平均数，在每个试次中被试都可以看到三角形的其中两个角，被试包括美国成人(右上)和美国6岁儿童(右下)。平面条件下的试用用蓝色表示，球面条件下的试用用红色表示；实线代表正确反应。(b)关于点和线直觉研究的一个例子，包括实验材料和实验中问到的问题。对于所有问题，被试给予口头的是/否回答。被试反应的柱形图分别标出平面和球面条件下的反应，同时也将所做答案是否区分两种表面进行分别展示(根据 Izard 等，2011a 改编)。

247

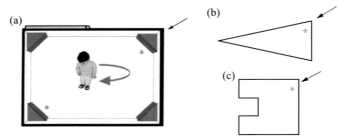

图 3　儿童在不同形状的房间内进行再定位能力测验的俯瞰图。箭头指向隐匿物的位置（在儿童之间进行了隐匿物位置的平衡），星号标示儿童认为的隐匿物位置。(a)在矩形房间内（参见 Hermer 和 Spelke，1996）。(b)在三角形房间内（参见 Lourenco 和 Huttenlocher，2006）。(c)在正方形房间内，但是其中一面墙上的凸起破坏了正方形的对称性（参见 Wang 等，1999）。

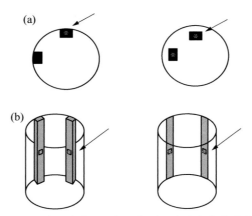

图 4　儿童对在三维延伸表面布局中使用几何线索，或几何上相似的独立物体结构，或投影相似的二维表面标记结构进行再定位能力测验的说明图。箭头代表隐匿物的位置，星号代表儿童认为的隐匿物位置。(a)柱状物紧靠墙壁或独立在墙壁之外的俯瞰图。(b)柱状物是三维投影或者二维投影的斜视图（参见 Lee 和 Spelke，2010）。

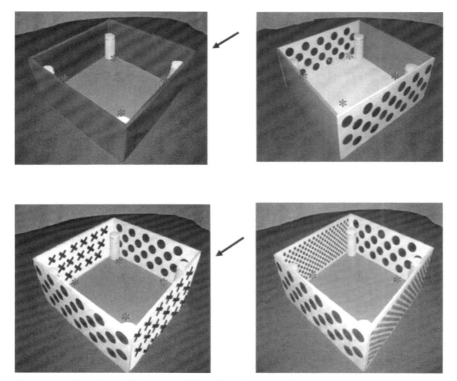

248

图 5　在方形房间内测量儿童再定位能力的示意图,方形房间的墙壁由颜色、装饰物或花纹的大小互相区分。箭头代表隐匿物的位置,星号代表儿童搜索的位置(参见 Huttenlocher 和 Lourenco,2007)。

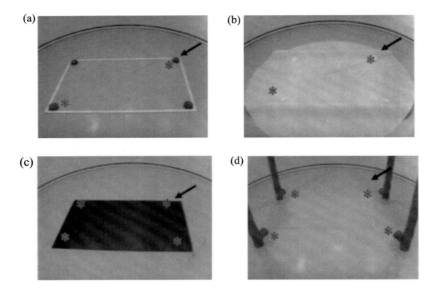

图 6 在三维延伸表面比较儿童利用极细微差别进行再定位能力测验的示意图。这些差别可能是由(a)边长 2 厘米的框架或(b)两处平缓凸起,或边缘亮度差别显著的(c)二维图形或(d)独立的物体引起的。箭头代表隐匿物的位置,星号代表儿童搜索的位置(参见 Lee 和 Spelke,2011)。

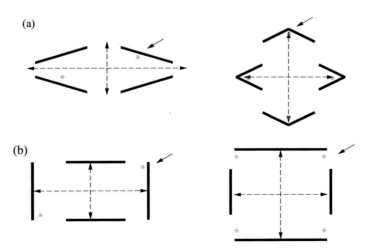

图 7 儿童利用墙面距离进行再定位和利用角度和长度信息进行再定位的能力测验示意图。虚线箭头代表测验场地的空间距离关系。实线箭头代表隐匿物位置。星号代表儿童在(a)非连续的菱形环境和(b)非连续的矩形环境中的搜索位置(参见 Lee 等,2012)。

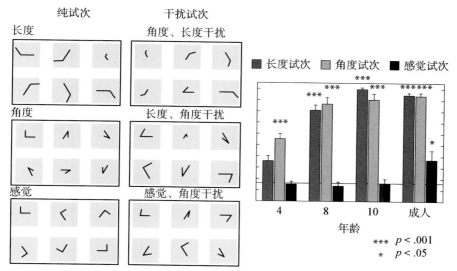

图 8　检测儿童和成人对简单图形进行区分时在长度、角度和感觉等维度上不同敏感性测验的示意图。左边的示意图展示了这些形状除了在测试的特征朝向上不同，其他方面都是相同的；中间的示意图展示的形状则随机地在第二个维度上变化；右侧则是成人和儿童的表现情况（参见 Izard 和 Spelke，2009；Izard 等，2011b）。

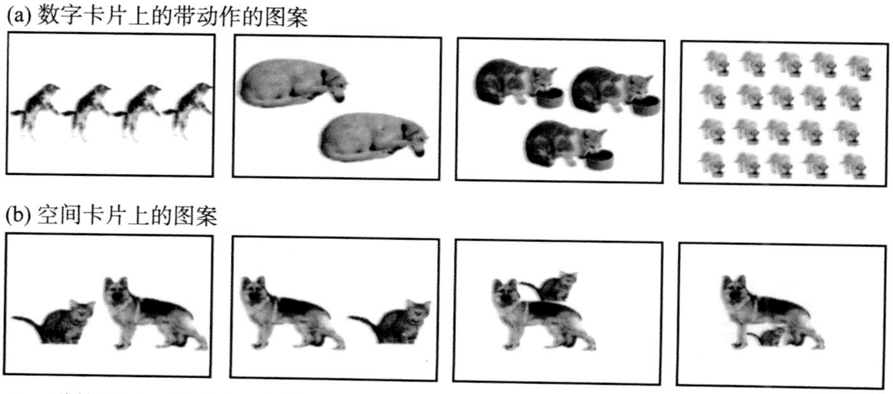

(a) 数字卡片上的带动作的图案

(b) 空间卡片上的图案

图 10　引导 IC 进行数字和空间描述的图片示意图。IC 是一位失聪少年，他使用一种非常规的手语系统。（a）当给 IC 顺序呈现不同数量的同种物体的图片时，IC 能够自发地产生数字手语来区分先后呈现的不同图片。（b）当给 IC 顺序呈现空间组合不同的同种物体的图片时，他从未打出表示它们之间关系的手势，即使反复引导并给予手语范例。

252

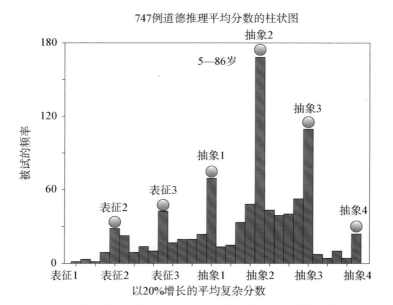

图 5 基于罗殊分析(Rasch analysis)的道德争论的分布层次。

253

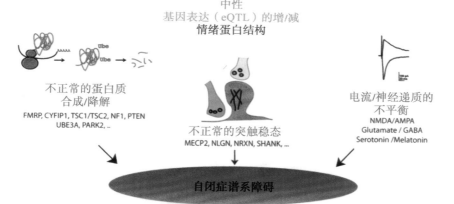

图 1　人类基因组多样性以及和自闭症相关的生物过程。基因组多样性由单核苷酸多态性（SNP）和拷贝数变异（CNV）构成。在上图左上方，SNPs 由人类基因组序列中两种不同核苷酸的可能性所表明。在上图右上方，CNVs 是大于 1000 kb 基因片段的缺失或获取。它们可以通过 SNP 向量来检测，并由 SnipPeep 软件可视化。SNPs 和 CNVs 可能是中性的，也可能改变基因表达或蛋白质结构。这些变异中的一部分能够影响蛋白质的翻译和降解、突触内稳态以及突触间电信号的平衡。这些特征已经被证实会增加自闭症的患病风险。

254

(A) 突触

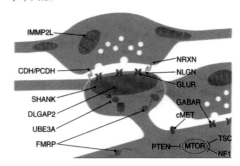

(B) 体细胞

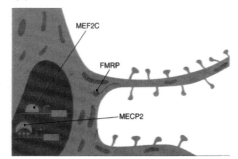

(C) 联结

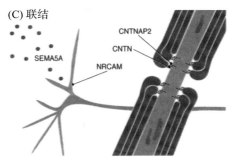

图 2 　和 ASD 有关的蛋白质在视觉皮层的分布。　ASD 相关的蛋白质参与三种主要的生物过程。第一（A 图），在突触的细胞黏附位置，钙粘蛋白（CDH）、原钙粘蛋白（PCDH）、神经连接蛋白（NLGN）和轴突蛋白（NRXN）等蛋白质参与了突触识别和组装。在突触后密集区，SHANK3 和 DLGAP2 等支架蛋白构成突触成分，并为膜蛋白和肌动蛋白骨架提供联结。FMRP 在树突内转运 mRNA，并且调节局部突触蛋白的翻译过程。在细胞质内，mTOR 通路调节翻译过程，并受 PTEN、NF1、TSC1/TSC2 和 c-MET 等蛋白质的影响。E3 连接酶 UBE3A 参与了突触蛋白定位到蛋白酶体的过程。谷氨酸盐受体（GLUR）和 GABA 受体（GABAR）分别在产生兴奋电位和抑制电位过程中起到关键作用。IMMP2L 是一种线粒体膜内肽酶。第二（B 图），在细胞核内，甲基绑定蛋白 MECP2 和 MEF2C 等转录因子调节参与神经回路和突触功能形成的神经元基因的表达。FMRP 蛋白转运和调节突触内 mRNA 的翻译。最后（C 图），郎飞结蛋白如 CNTN 和 CNTNAP2 等在轴突和髓鞘之间形成紧密的连接。在细胞膜或细胞间隙内，细胞黏附分子和 NRCAM 或 SEMA5A 等分泌蛋白的作用是引导轴突的外向生长。

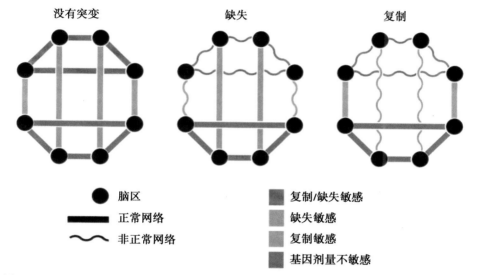

图3　**脑网络对基因剂量的不同耐受性。**　根据不同的耐受性,异常基因剂量对功能的影响可能是局部的,即使基因变异广泛分布。在进化上较古老的脑网络所负责的生物进程可能已经发展出较多的补偿机制,而进化上较近的认知功能则没有。在上图中,我们区分了四种可能性,有的脑网络对基因剂量不敏感(深蓝色),有的脑网络仅对异常复制(浅蓝色)或缺失(橘黄色)敏感,最后,还有那些对基因剂量异常完全没有耐受性的脑网络(红色)。节点代表脑区,节点之间的直线代表正常功能连接。波浪线则代表异常连接。

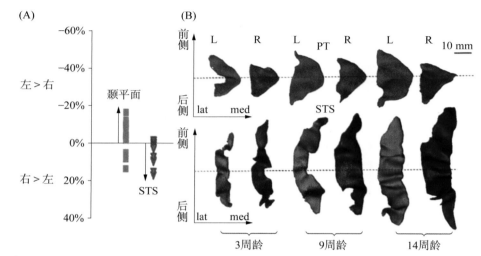

图 1　**婴儿大脑的结构不对称性。**（A）14 名婴儿的颞平面表面和颞上沟（STS）的偏侧化指数（L－R/L＋R）。（B）在观测的时间跨度上，有 3 名婴儿的左侧颞平面和右侧颞上沟较大（参见Glasel 等，2011）。

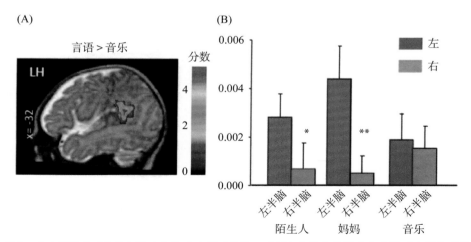

图 2　**在左侧颞平面上的言语功能的半球不对称性。**（A）3 个月大的婴儿的大脑对言语和音乐刺激响应激活的比较，脑区位于左侧颞平面（这里我们把激活渲染到矢状位 T2 结构像上）。（B）三种声音刺激在左侧和右侧颞平面引起激活平均值的箱形图，三种声音刺激分别是音乐、妈妈的声音和（随意匹配的）陌生人的声音。言语条件下有显著的左右不对称性，但是音乐条件下没有（＊＊＊p＜.01，＊p＜.05，参考 Dehaene-Lambertz 等，2010）。

257

血氧依赖水平反应的平均相位

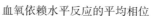

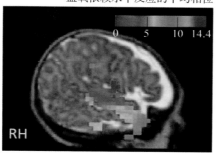

图3　**在3个月大的婴儿颞上区域的相位测量。** 用3个月大的婴儿做被试,测量了单个句子诱发的fMRI响应的相位(参考 Dehaene-Lambertz 等,2006b)。在双侧颞叶发现,系统化的梯度响应延迟在赫氏回(粉色)附近出现了快速在线响应,但是向后往颞平面和威尔尼克区方向,以及沿着颞上沟向颞叶和布洛卡区方向(黄绿色)则响应速度越来越慢。成人研究也发现了类似的模式(Dehaene-Lambertz 等,2006a),但并不能仅仅用突触或血流动力学延迟来解释,或许反应了不同长度的言语片段(音素、音节、词和短语)的整合和关闭。婴儿的这种梯度变化甚至早于婴儿的咿呀学语,并且这个过程和其他动物研究中发现的解剖结构的梯度组织十分相似(Kaas 和 Hackett,2000;Pandya 和 Yeterian,1990),提示这个区域天生如此,导致语言的习得也是一个嵌套的分级结构。

258

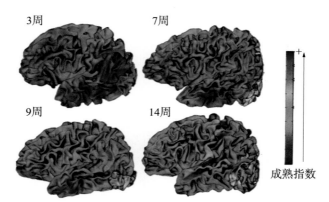

图 4 **在生命第一个月中皮层的发育过程。** 在每个皮层点上测量到的 T2w 信号指标渲染到三维图形(左半球)上,包括 4 个年龄的数据。因为缺少 T2w 图像的部分脑脊液(CSF)数据,灰色区域的指标无法计算。初级皮层的成熟度显然高于其他皮层。相反,颞叶脑区的成熟较晚,尤其是与额叶相比较。

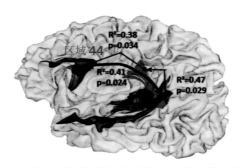

图 5 **背侧通路的白质和灰质成熟度的相关情况。** 单个婴儿的颞上沟、中央前沟/额下沟,以及弓形束展示在脑图上。婴儿的弓形束局限在顶叶和颞叶部分,较容易辨认。群组水平上相关显著的脑区用红色标出,包括弓形束的顶叶部分、颞上沟后部腹侧以及中央前沟和额下沟交界的 44 区(参考 Leroy 等,2011)。

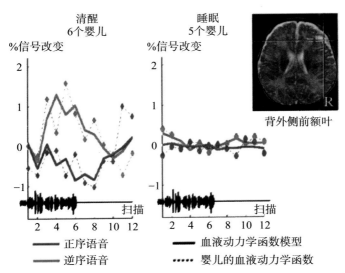

图 6　3个月大的婴儿在清醒和睡眠状态下对正序和逆序言语的响应。　睡眠状态下,婴儿的额叶区域对声音没有反应,但是颞叶有反应。在婴儿清醒的状态下,对母语(正序语音)有强烈的反应,但是对未知语言(逆序语音)没有反应。这些结果表明,婴儿的颞叶区域参与认知活动(参考 Dehaene-Lambertz 等,2002)。

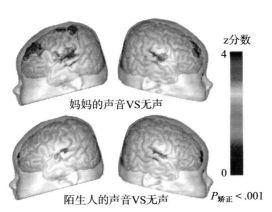

图 7　**两个月大的婴儿对熟悉(母亲)和不熟悉语音的响应激活。**　母亲的声音引发了颞叶后部语言区的较大激活,激活还表现在前额叶的前部和杏仁核。语言系统和注意以及情绪系统的关系密切(参考 Dehaene-Lambertz 等,2010)。

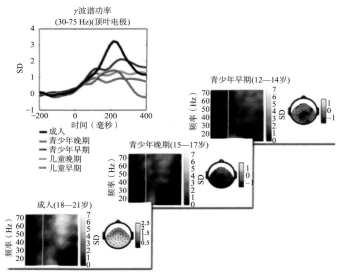

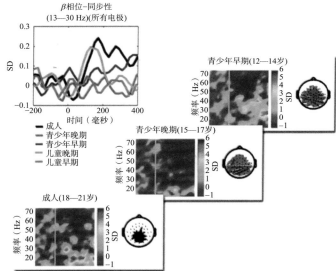

图 1 **任务相关的神经同步性的发展。** 左侧图：对 100—300 毫秒内所有电极 30—75 赫兹的振荡波谱功率进行比较，任务是在不同年龄和呈现频率条件下判断穆尼面孔（x 轴是时间，y 轴是标准化波谱功率的标准差），包括青少年早期、青少年晚期和成人。数据表明，gamma 振荡在青少年向成人发展过程中增加显著。右侧图标：对不同年龄阶段（如左侧图标）100—300 毫秒内所有电极 13—30 赫兹频率范围内相位同步性进行比较。所有电极平均后的 beta 和 gamma 波段相位同步振荡如图所示（x 轴是时间，y 轴是标准化的相位同步性的标准差），包括青少年早期、青少年晚期和成人。注意观察青少年晚期组在相位锁定上的显著下降（由 Uhlhaas 等，2009b 改编）。